普通高等学校"十二五"规划教材

焙烤工艺学

主　编　葛英亮
副主编　陈林林　谢玉锋　卞　春
主　审　王继伟　赵　全

U0319275

中国铁道出版社
CHINA RAILWAY PUBLISHING HOUSE

内 容 简 介

本书采用由总及分的写作方式,介绍了焙烤食品生产的原辅料、各种焙烤食品的加工工艺与原理、在焙烤食品加工生产中常遇到的问题及其解决方法等一系列知识。在工艺篇介绍了部分典型产品的加工方法和技术,重点介绍了面包、饼干、月饼、糕点、方便面等焙烤食品的加工原理和技术,并附有部分焙烤加工中常用的技术、名词、常用词汇英汉对照以及相关国家标准等内容。

本书既注重必要的理论讲授,又注重实际操作技术,对各种典型的焙烤制品详细介绍其配方、制作工艺和加工注意事项,适合作为普通高等学校食品科学与工程专业教材,也可作为高职高专、成人高校教材或社会培训教材,亦可供从事焙烤工艺的专业人员、教学科研人员乃至喜爱焙烤工艺的家庭 DIY 人士参考。

图书在版编目(CIP)数据

焙烤工艺学/葛英亮主编.—北京:中国铁道出
版社,2012.5
ISBN 978 - 7 - 113 - 14563 - 7

Ⅰ. ①焙… Ⅱ. ①葛… Ⅲ. ①焙烤食品—食品
工艺学 Ⅳ. ①TS213.2

中国版本图书馆 CIP 数据核字(2012)第 149356 号

书　　名:焙烤工艺学			
作　　者:葛英亮　主编			

策　　划:王　芳　李小军	
责任编辑:鲍　闻	读者热线:400 - 668 - 0820
封面设计:刘　颖	特邀编辑:段　恒
责任印制:李　佳	

出版发行:中国铁道出版社(北京市西城区右安门西街 8 号　　邮政编码:100054)
网　　址:http://www.51eds.com
印　　刷:化学工业出版社印刷厂
版　　次:2012 年 5 月第 1 版　　2012 年 5 月第 1 次印刷
开　　本:787mm×1092mm　1/16　印张:15　字数:362 千
书　　号:ISBN 978 - 7 - 113 - 14563 - 7
定　　价:38.00 元

本书编写人员

葛英亮(哈尔滨学院工学院)

陈林林(哈尔滨商业大学食品工程学院)

谢玉锋(哈尔滨学院工学院)

卞　春(哈尔滨学院工学院)

朱俊友(安阳工学院生物与食品工程学院)

胡瑞君(黑龙江生物科技职业学院食品生物系)

前　言

　　社会的发展，生活水平的提高，促使一批新兴产业的崛起，焙烤食品已从礼品时代走入了日常生活之中，以其品种繁多、花样新颖、营养丰富、食用方便的特点，为广大人民群众所喜爱，成为日常生活中不可或缺的具有独特风味的食品类型，焙烤食品工艺也逐渐形成了一门具有完整体系的学科。

　　作为多年从事教学、科研并置身于生产第一线的教师，已经深感编写一本适合普通高等学校食品科学与工程专业焙烤工艺学教材的迫切，为此编者总结十余年的教学经验，参考中外数十本同类书籍和上百篇的相关论文，形成本书，以期为课程数量繁多、课时数量较少的教学模式提供一本更为恰当的教材。本书既注重必要的理论讲授，又注重实际操作技术，对各种典型的焙烤制品详细介绍其配方、制作工艺和加工注意事项，适合作为普通高等学校食品科学与工程专业教材，也可作为高职高专、成人高校教材或社会培训教材，亦可供从事焙烤工艺的专业人员、教学科研人员乃至喜爱焙烤工艺的家庭 DIY 人士参考。

　　本书分三篇，共 12 章。其中绪论、第一篇第二章、第二篇第二章、第二篇第六章第一节、第三篇第一章第一节和第三节由葛英亮编写；第一篇第一章、第二篇第一章、第二篇第三章、第三篇第二章由陈林林编写；第一篇第三章第五至八节、第二篇第四章、第二篇第六章第二节和第三节、第三篇第一章第二节、第三篇第三章第一节由谢玉锋编写；第一篇第三章第一至四节、第二篇第五章、第二篇第六章第四节、第三篇第三章第二至四节由卞春编写，参考文献由卞春进行整理；朱俊友老师、胡瑞君老师及我的学生马艳秋负责全书的校对及图例、表格及英语注释资料的收集工作，全书由葛英亮进行统编，由哈尔滨学院王继伟教授和赵全教授统审。本书在编写的过程中得到了哈尔滨学院教务处和科研处的大力支持，在此一并表示感谢。

　　因编者水平有限，不足和疏漏在所难免，敬请批评指正。

葛英亮于哈尔滨

2012 年 4 月

目 录

绪　　论

民以食为天,食品是人类赖以生存和发展的物质基础,在食品中,我们经常食用的主食是米面制品。本书介绍的是米面制品中最重要的一类——焙烤食品。

焙烤食品工艺学是一门广而杂的学科,涉及范围广泛,内容繁杂,体系复杂。在我国,焙烤食品的生产历史悠久,其与人民的生活息息相关。经过几千年的沉淀,我国的焙烤食品具有品种多、花样多、工艺方法多等特点。现在我国的焙烤食品技术逐步与国际相接轨和融合创造出了许多更加美味、方便食用、价格便宜的新品种。

不断开发新的产品,巩固传统食品,生产出适合我国特色的焙烤食品是我们这一代所肩负的任务,满足消费者的需求是我们努力的根源所在。

一、焙烤食品简介

焙烤食品作为面制品中的一类,深受广大人民的喜爱,在国内外都有很广泛的市场。焙烤食品工艺学与油炸食品工艺学、粮油加工工艺学等同为面制品的分支,是食品工艺学中极其重要的一门课程。

为更好地介绍焙烤工艺学这门繁杂的科学,我们对面制品进行了总结和归纳,定义如下:**面制品**是以小麦粉为主要原料,运用其物理、化学的性质变化,经过食品加工和处理,改变了原有的形状、性质,从而适于食用的一类食品。从广义上来讲,凡是在食品中应用粉类原料的制品,只要其能够被人们感官所认识即可称之为面制品。

焙烤食品则是一类以谷物为基础原料,以蛋、糖、乳等为主要原料,采用焙烤工艺进行定型和加工熟制的一大类食品。其基础原料随着食品原料的发展而不断增多,主要为谷物粉料,如:小麦粉、玉米粉、紫薯粉、糯米粉等,通过发酵或不发酵、成型或不成型等工艺进行高温焙烤而熟化或半熟化的一大类食品。有时焙烤食品又被称为烘烤食品(其实焙烤食品与烘烤食品是有一定差异的,主要差别在于是否直接用明火加热)或烤制食品。在某些工艺中应注意焙烤食品与烘烤食品的区别,二者不可等同。中式重油重糖的焙烤食品常常被称之为面糖食品。

二、焙烤食品的分类

随着食品工业的发展,焙烤食品的种类愈加庞杂,其体系更难以规划,总体上看,焙烤食品主要包括面包、饼干、糕点三大类。由于焙烤食品没有统一的分类标准,部分学者认为采用油炸方式的部分食品,如饼类、方便面类等也均属于焙烤食品。

焙烤食品可分为许多大类,而每一大类中又可分为数以百计的不同花色品种,它们之间既存在着同一性,又有各自的特色,这就给我们为其明确具体地分类带来极大的困难。随着食品技术的相互交融,各种跨技术的焙烤食品层出不穷,如与糖果工艺结合的巧克力蛋糕、与饮料工艺结合的冰淇淋蛋糕等新品种的诞生,使得焙烤工艺学这门食品科学得以长足的发展,但给焙烤食品的分类带来了更大的困难。若须给焙烤食品分类只能采用一些简单概括的分类方式,而这些分类方式也不尽科学。目前分类方法也很杂乱,通常有根据原料的配合、制法、制品的特性、产地等分类方法。

（一）按生产工艺特点分类

按生产工艺特点可分为以下几类:

1. 面包类

面包类是指以发酵焙烤食品为主的,含水量较高的一类焙烤食品。它包括主食面包、听型面包、硬质面包、软质面包、果子面包等。

2. 饼干类

饼干类以发酵非发酵面制品为主的,含水量相对较低、易于贮存的一类焙烤面制品。它包含韧性饼干、酥性饼干、甜酥性饼干和发酵饼干等。

3. 糕点类

糕点类包括蛋糕和点心两种,蛋糕有海绵蛋糕、油脂蛋糕、水果蛋糕和装饰大蛋糕等类型;点心有中式点心和西式点心。

4. 松饼类

松饼类包括派类、丹麦式松饼、牛角可松和我国的千层油饼等。

（二）按膨化程度和方法分类

按膨化程度和方法可分为以下几类:

1. 用酵母发酵（人工驯化酵母和野生酵母发酵）进行焙烤的面制品

这类制品包括面包、苏打饼干、烧饼等。

2. 用化学方法（小苏打、碳酸氢铵、发粉等）膨松的面制品

这类面制品指蛋糕、炸面包圈、油条、饼干等。主要是利用化学疏松剂如小苏打、碳酸氢铵等产生二氧化碳等气体使制品膨松。

3. 利用快速搅打蛋等乳化剂持气膨化的制品

这类制品指天使蛋糕、海绵蛋糕一类不用化学疏松剂,利用鸡蛋等的乳化和持气性,通过快速搅打充气的制品。

4. 非膨化类制品及部分月饼、饼干等特色焙烤制品

焙烤制品的种类繁多,其起源也有各种各样的传说和推测,虽有些品种源于偶然,但都体现了人类的智慧,在此不一一赘述。

三、焙烤食品的特点

（一）采用焙烤工艺

焙烤工艺不同于蒸煮和油炸,焙烤工艺能赋予食品特殊的风味,在熟制的过程中,食品内部产生大量的变化:体积膨胀,结构变得疏松多孔;表面温度升高,产生褐变反应（美拉德反应和焦糖化反应）,食品颜色发生改变,特殊风味物质的产生;水分在加工中不断蒸发,部分产品含水量极低,具有较好的保存性,也便于携带和存放;在焙烤加工中,出现了蛋白质变性、淀粉糊化、水解等生化反应,使得制品更易于人体吸收,营养较为丰富。

（二）以谷物粉料为主料

焙烤食品多以谷物粉料为主料,辅以其他物质,生产形状各异、口感各异、营养成分不同的食品。不同类别的焙烤食品有各自的工艺特点,也就具备了相异的产品特点:不同的口感,或松软,或酥脆,或内软外硬等;不同的产品口味,或甜,或咸,或油腻,或清淡等;不同的营养构成,或蛋白的含量高,或脂肪的含量高,或糖类的含量高等。

（三）不需经过调理或加工就能直接食用

焙烤食品具有携带方便,食用简便的特点,可以不经调理或加工直接食用。鉴于此,早在中世纪时,焙烤食品就已经作为军备食品使用。俄罗斯面包(大列巴)有时可以看做是焙烤食品再加工食用的一个例外,其食用方法之一是切片烤制或蒸制后,与红肠或苏伯汤等一起食用。

（四）均属固态食品

绝大部分焙烤食品均属固态食品,但部分西点和新型的焙烤食品表面由于装饰等原因可呈半固态。

四、焙烤食品的发展

焙烤食品历史悠久,在世界饮食文化中占有极其重要的地位。目前,占世界60%以上的人以面包为主食,而点心类的焙烤食品覆盖的人群更广泛,焙烤食品已经成为人们主食中不可缺少的一类。在我国,由于经济的发展,饮食文化的交融,传统饮食习惯的改变,越来越多的人早餐以面包、糕点等焙烤食品为主。

（一）我国焙烤食品技术的发展

中国无疑是面食文化的发祥之地之一,中华民族的智慧,足以让我们骄傲。在古代中国,焙烤食品是广大劳动人民喜爱的食品之一。很早以前,“古人”或“新人”学会用火,在薄石板上烤食野生植物籽实的时候,就可视作烤制植物食品的开端,也可看做焙烤食品的开端。虽然这种食品制作条件十分简陋,但它已具有焙烤食品的某些属性——采用火间接加热的方式进行面制食品的熟制。到了新石器时期,先民能够将舂去(麦麸)皮的整粒谷物烤、爆、煮、蒸,制成比较香美的饭、粥、羹、糗(谷物熬熟后晾干捣粉),这使得主食的种类和加工工艺更加丰富,而烤也成为粮食加工的一大工艺类别。

中国古代的面食品种,通称为“饼”。据《名义考》,古代凡以麦面为食,皆谓之“饼”。以火炕,称“炉饼”,即今之“烧饼”;以水沦,称“汤饼”(或煮饼),即今之切面、面条;蒸而食者,称“蒸饼”(或笼饼),即今之馒头、包子;绳而食者,称“环饼”(或寒具),即今之馓子。

进入西周以后,工艺水平进一步发展,原材料进一步丰富,以五谷为主要原料的制品也日益增多,出现了石磨、臼等加工器具,出现了蒸、煮、煎、炸、烙等面制品加工方式。

秦汉魏晋南北朝时期,焙烤制品工艺到达了第一个高潮,出现了精巧石磨、方便铛烤炉、一次成型禽兽模具和凿孔竹勺及发酵方法中的酸浆发酵法和酒粥发酵法,此外各民族的融合加深,“胡饼”工艺被引进;而有记载的《齐民要术·饼法》中,对制饼的加工方法和工艺有着详细的介绍。

隋唐五代宋元时期,焙烤食品在成型、发酵、夹心等多个方面都有了长足的发展,增加了许多花色和特色的节日焙烤制品、宴席专用点心等。

到了明清时期,焙烤制品的加工进入了第二个高潮,有据可考的有明代戚继光用于作战时备"光饼"作为行军干粮,这是面粉经酵面发面后烙烤制成,其制作原理与面包相同。焙烤原料方面,出现质地优异的"飞面"和澄粉;焙烤工艺方面,发酵方法与工艺,发明肉冻等特殊馅料,而且成型方法多达30余种。

到了近代,科技发展促进了以手工方式生产的中国传统面点的发展,出现了很多新材料新工艺与传统加工方式相结合的新型面点,在原料中更多地采用了西点中常用的原材料如:咖啡、蛋片、干酪、炼乳、奶油、糖浆等,同时采用了新型的食品添加剂,传统手工工艺逐渐发展为机械化制造工艺。

(二) 国外焙烤食品技术的发展

早在古埃及和古罗马就有焙烤食品出现,在古埃及的坟墓中以及古罗马的庞贝古迹中都发现木乃伊化的酵母发面面包,而在世界各地都存在焙烤制品起源的痕迹,时间早晚不同,加工工艺各异:埃及是目前发现的最早利用自然发酵技术制作面包的民族;在1万年前西亚的人类就已经采用谷物粉与水调和进行烘烤,这是较早的饼干雏形。(一说,饼干发源于180多年前比斯开湾的一只船的搁浅,各种原料偶尔混合后的烘烤,但这缺乏科学依据。)同时,北美的印地安人,采用橡面与植物果实作为主要原料作为烤饼;在《圣经》中也有焙烤面制品的记述:"你们既是无酵的面,应当把旧酵除净,好使你们成为新团。因为我们逾越节的羔羊基督已经被杀献祭了。所以我们守这节不可用旧酵,也不可用恶毒邪恶的酵,只用诚实真正的无酵饼。"现代西式焙烤食品制造工艺也有了长足的进步,工艺更加精致、产品更加精美、口味更加丰富。

近代中国传统焙烤工艺与国外焙烤工艺不断相互交融,已经无法与世界焙烤工艺完全分离形成单一特色的种类,随着技术的革新、新材料的出现、新设备的发明,相信新型的焙烤制品将不断涌现,可以为人们提供更好的感官体验。

五、焙烤制品生产的革新与发展

进入21世纪,科学技术不断发展,焙烤工业也有了长足的进步。焙烤食品以其美味、方便、即食、营养等特点必将在未来的食品工业中占据更为重要的地位,而其也必将朝着安全化、口味多样化、营养化、功能化、原料天然化、方便化等方面不断发展,相信在不久的将来更具有技术含量、更加营养健康、更加天然安全的焙烤食品将不断出现在我们的面前。

第一篇 主要原辅料

第一章 粉 类

本章将主要介绍焙烤工艺学中所涉及的粉类材料,包括小麦粉、淀粉、玉米粉、薯类粉、米粉等。详细说明其分类及在焙烤制品中的作用、组成及加工特性,选择应用及存储机理和方法等内容。

第一节 小麦粉(Wheat Flour)

小麦粉是焙烤食品最为原始、最为主要的原料。

小麦粉主要由小麦的胚乳部分磨制而成,在小麦中,胚乳占小麦质量的78%~85%。不同种类小麦磨制出的小麦粉的结构和工艺性能及烘焙性能有一定的差异,主要与小麦胚乳结构和淀粉颗粒结合的紧密程度有关,通常认为硬质小麦磨制的面粉蛋白质含量高,和制面团筋力强,通常生产高筋粉和中筋粉,常用于面包、面条等需要筋力较强的食品生产中。相对于硬质小麦磨制的面粉而言,软质小麦磨制的面粉很细,蛋白质含量较低,适宜筋力要求不强的焙烤产品,如海绵蛋糕、部分饼干等。

一、小麦粉的主要成分

小麦粉的成分较为复杂,包括水分、碳水化合物、脂肪、蛋白质、矿物质、维生素等,不同产地、品种的小麦粉的成分存在着很大的差异,各种成分为小麦粉的加工提供了不同的加工性能和特性。

(一)碳水化合物(Carbohydrate)

碳水化合物是小麦粉中含量最高的化学物质,是一大类物质的集合,其质量占面粉总质量的75%左右,主要由淀粉、糊精、糖和部分纤维素构成。

1. 淀粉(Starch)

1) 淀粉性质

淀粉是小麦粉中碳水化合物的最主要成分,占小麦粉总质量的65%~75%,属多糖类物质,由葡萄糖基单体构成,根据葡萄糖分子之间的连接键的差异,可将淀粉分为直链淀粉和支链淀粉两种,在小麦淀粉中,直链淀粉约占1/4,支链淀粉约占3/4,如表1-1-1所示。

表 1 - 1 - 1　小麦淀粉的种类、含量与性质

种类	键型	葡萄糖单位	比例（占小麦淀粉）	溶解性	黏度	水凝性
直链淀粉（Amylose）	α - 1,4 糖苷键	200 ~ 1000	1/4	易溶于热水	低	不易
支链淀粉（Amylopection）	α - 1,4 - 糖苷键为主链 α - 1,6 - 糖苷键分支点	600 ~ 300 000	3/4	不易溶于热水，加压可溶	高	易

　　直链淀粉由 200 ~ 1000 个葡萄糖基组成，分子量较小，在水溶液中呈螺旋状，6 ~ 8 个葡萄糖单位形成一个螺旋；支链淀粉相对分子量很大，通常在 100 万以上，呈树枝状，黏度大，在自然界淀粉中，支链淀粉的比例约为 80% 。可以人为的通过调节直链淀粉和支链淀粉比例的方式，调整面团的加工工艺性能。直链淀粉和支链淀粉遇碘变色情况如表 1 - 1 - 2 所示。

表 1 - 1 - 2　淀粉遇碘变色情况

种类	聚合度			
	4 ~ 6	8 ~ 20	40 ~ 60	> 60
直链淀粉（Amylose）	不变色	红色	蓝紫色	蓝色
支链淀粉（Amylopectin）	红　紫　色			

　　淀粉粒溶于热水后，易吸水膨胀，体积迅速增大，破裂，形成糊状物，这个过程即为淀粉的糊化，此时的温度为糊化温度，通常淀粉的糊化温度为 65℃ 。在焙烤制品的制作中，面包类的面团和酥性面团，和制温度通常控制在 30℃ 左右，有利于降低淀粉的吸水量，为面团提供适当的水分含量；在调制韧性面团时，通常采用烫面的方式，提高淀粉的糊化程度，增加淀粉的吸水量，降低面团的弹性。

　　2）损伤淀粉（Damage Starch）

　　淀粉在小麦的胚乳中并非以"粉"的状态存在，而是以"颗粒"的状态存在，为不规则圆形，因此被称之为"淀粉粒"。在淀粉粒的外层，包被着一层脂质膜，在小麦粉磨制的过程中，由于碾压而导致部分淀粉粒的外膜破裂，形成损伤淀粉，因此，损伤淀粉是在面粉中以非完整粒状态存在的淀粉，具有比淀粉粒更易吸水、水解的特性。损伤淀粉可影响小麦粉的加工性质和用途，损伤淀粉颗粒可在酶或酸的作用下，水解为糊精、高糖、麦芽糖、葡萄糖等成分，损伤淀粉的这种性质，对焙烤制品的发酵、烘焙、营养及黏度、流变性能等加工特性的调整具有相当重要的作用。

　　淀粉是发酵型的焙烤食品面团发酵期间酵母所需能量的主要来源，在完整淀粉粒外层的膜，可以保护淀粉粒免受外界物质（水、酸、酶）的作用，酵母无法得到足够的营养，影响发酵的进行；损伤淀粉的膜已经损坏，可以为淀粉酶提供作用的基质。小麦粉中损伤淀粉的含量越高，淀粉酶的酶活越高，体现的酶促反应也就越强烈。

在焙烤工艺中,损伤淀粉的作用和意义可以归纳为以下几个方面:

(1)对于发酵焙烤制品,在发酵时损伤淀粉可以为酵母提供足够的碳源,促进二氧化碳气体的充分产生,使得产品具有丰富的空隙,提供给制品以松软或松酥的特性;

(2)损伤淀粉含量可以决定烘焙期间糊精产生的程度;

(3)损伤淀粉对焙烤制品的含水量也存在一定的影响,损伤淀粉含量多,则吸水量大;

(4)损伤淀粉的含量对焙烤制品的黏度等加工特性也有显著的影响。

损伤淀粉的含量对焙烤制品的品质影响显著,以面包为例,当小麦粉中损伤淀粉的含量过高时,面团的黏度增大,持气能力减弱,产气量增大,面包成品的体积小,不够松软,质量差。损伤淀粉的含量与面粉中蛋白质的含量和质量具有相关性,在面包生产中应将小麦粉中损伤淀粉的含量范围控制在 4.5% ~8% 的范围内,所需损伤淀粉的具体含量需由产品的类型和小麦粉中含有的蛋白质形成面筋的数量和质量确定。因面包等发酵食品的优劣主要取决于面团发酵形成的 CO_2 的量和面团保持 CO_2 的能力,前者取决于酵母的质量和发酵的过程,后者取决于面筋的数量和质量(在后面一节介绍),而酵母养料的来源取决于淀粉(尤其是损伤淀粉)的含量。

2. 糖(Sugar)

在小麦粉中含有少部分糖,主要有葡萄糖和麦芽糖,约占小麦粉碳水化合物10%,集中于麦粒的外部和胚内部,出粉率高的小麦粉中含糖量略高,这部分糖在发酵类焙烤制品的发酵前期,其为酵母提供碳源,为形成焙烤制品的色、香、味提供基质。在小麦粉中也存在部分果糖和蔗糖等,具有一定的着色作用,在焙烤制品加热过程中产生美拉德反应和焦糖化反应。

面粉中含有少量糊精,其链的大小介于糖和淀粉之间,在发芽小麦磨制的面粉中,糊精的含量明显高于正常小麦磨制的面粉,是因为麦芽中含有一定量 α - 淀粉酶作用的结果。

戊聚糖在小麦粉中含量较低,仅占 2% ~3% ,约 1/4 可溶于水,可对面团的性能产生一定的影响。

3. 纤维素(Cellulose)

纤维素在小麦粉中含量较低,因其主要存在于小麦籽粒的麦皮、麸皮中,少量存在于胚乳中,存在少量的纤维素对人体有益,含量过多,则会影响焙烤食品的口感。纤维素结构与淀粉相似,由 D - 葡萄糖以 β - 1,4 糖苷键组成的大分子多糖,相对分子量为 50 000 ~2 500 000,相当于 300 ~15 000 个葡萄糖基,不溶于水及一般的有机溶剂。纤维素虽然不能被消化吸收,但有促进肠道蠕动,利于粪便排出等功能。

(二)蛋白质(Protein)

小麦粉中蛋白质是决定小麦粉加工性能最主要的成分,其不仅可以决定焙烤食品的营养价值,而且是构成面团面筋的主要成分,特别需要重视的是,在各种谷物蛋白质中,只有小麦粉的蛋白质能够形成面筋,这为小麦粉的加工提供了必要的基础,与面粉的烘焙性能也有着极为密切的关系。

1. 小麦粉中蛋白质的种类和性质

由表 1 - 1 - 3 可知,麦胶蛋白和麦谷蛋白是构成面筋的主要成分,麦胶蛋白水化后提供给面筋以延伸性,麦谷蛋白中活性巯基(—SH)能够交联成二硫键(—S—S—),形成空间网状结构,赋予面筋韧性和弹性,这是面制品加工所需的又一重要基本性质。

表1-1-3 小麦粉中蛋白质的种类及含量特性

指标	成筋蛋白质		非成筋蛋白质		
	麦胶蛋白	麦谷蛋白	麦球蛋白	麦清蛋白	酸溶蛋白
含量	40%~50%	40%~50%	5%	2.5%	2.5%
溶解性	60%~70%乙醇	不溶于水和乙醇,部分可水化,可溶于稀酸碱	稀盐溶液	稀盐溶液	水
黏度	大	小	—	—	—
提取介质	70%乙醇	稀酸碱	盐提	盐提	酸提
等电点(pH值)	6.4~7.1	6~8	5.5左右	4.5~4.6	—
形成面筋结构	片层结构	含巯基可形成空间网状结构	—	—	—
赋予面筋性能	延伸性(水化)	弹性、韧性	溶解	溶解	溶解

注:—代表未有相关报道。

小麦粉中蛋白质和灰分等成分的含量不同,会使其使用范围有所不同,如表1-1-4所示。

表1-1-4 不同面粉主要成分及其用途

面粉的种类	项			目
	蛋白质	灰分/%	水分/%	用途
特高筋面粉	13.5%以上	1.0	14	制作面筋,油条等
高筋面粉	11.5%以上	0.7	14	一般甜面包、白吐司面包、法国面包、餐包等
粉心面粉	10.5%以上	0.6	14	高级面条、馒头、包子、水饺等
中筋面粉	9.5%以上	0.55	13.8	馒头、包子、花卷及蒸、煎类面食
低筋面粉	7.5%以上	0.5	13.5	饼干、蛋糕、道纳斯、各种点心食品

2. 小麦粉中蛋白质变性(Denaturation)

小麦粉中蛋白质与其他蛋白质一样具有蛋白质的特性之———变性。蛋白质具有一定的三维空间结构,在受到某些物理因素和化学因素的影响时,生物活性丧失,溶解度降低,不对称性增高,从而发生变性,此时蛋白质的一级结构没有发生改变,变性实质上就是蛋白质的二、三、四级结构的变化。

对于焙烤的整体工艺过程而言,变性具有相当重要的作用。蛋白质变性可影响面团的工艺性能,如面团的弹性、延伸性,也可影响部分面筋的形成时间,为制作具有某些特性的面制品创造条件,如在某些面制品加工工艺中采用"热水"烫面或"热油"烫面等。

面团中蛋白质的变性可构成制品较为坚固的内部骨架,支撑产品的形状。蛋白质变性与温度、加热时间、蛋白质含水量等因素有关。小麦粉中蛋白质变性的影响因素主要有加热的温度、时间及蛋白质的含水量等,通常当温度达到55~60℃时,小麦粉中部分蛋白质即可发生变性。

3. 酶(Enzyme)

在小麦粉中还含有一种特殊的生物大分子蛋白质——酶,主要有淀粉酶、蛋白酶、脂肪酶等,它们对小麦粉的储存与运输、成筋的能力、面团的发酵耐力等性能都会产生一定的影响。

1）淀粉酶（Amylase）

α-淀粉酶（α-amylase）是一种内切酶，系统命名为 α-1,4 葡萄糖葡聚糖水解酶。作用温度范围 60～90℃，最适宜作用温度为 60～70℃，作用 pH 值范围 5.5～7.0，最适宜的 pH 值为 6.0。有部分细菌可生产耐热的 α-淀粉酶，可耐受温度达 120℃，在国内尚无关于此类酶的工业化生产信息。对淀粉的作用是通过任意水解它的 α-1,4-葡萄糖苷键，将淀粉切断成长短不一的短链糊精和少量的低分子糖类，导致淀粉部分解聚，使得淀粉糊的稠度降低，黏度下降，起到"液化"的作用，因此，α-淀粉酶往往被称为液化酶。Ca²⁺ 是 α-淀粉酶的激活剂，对 α-淀粉酶具有一定的激活能力，且可提高 α-淀粉酶的稳定性提高也有一定效果。

β-淀粉酶（β-amylase）是一种端切酶，其从淀粉分子的非还原端开始水解，能从 α-1,4 糖苷键的非还原性末端顺次切下一个麦芽糖单位，生成麦芽糖及大分子的 β-界限糊精，其又被称之为糖化酶。但 β-淀粉酶不能水解支链淀粉的 α-1,6 糖苷键，也不能绕过支链淀粉的分支点继续作用于 α-1,4 糖苷键，因此水解产物中会存在极限糊精。β-淀粉酶作用底物时，会发生沃尔登转位反应（Walden inversion），使产物由 α-型变为 β-型麦芽糖，因此被称为 β-淀粉酶。β-淀粉酶与 α-淀粉酶相比，变性温度较低，但是对酸的耐受能力强于 α-淀粉酶，其在大麦、小麦、麸皮等中含量较高。

在焙烤食品加工温度较低时，β-淀粉酶可与 α-淀粉酶一同作用于淀粉，如在面包加工的发酵阶段（此阶段温度较低，pH 值逐渐下降）；而在温度较高时，如在面包加工的焙烤初期（温度在 65℃ 以下时），随着温度的升高 β-淀粉酶失去活力，α-淀粉酶继续催化水解，其对面包的品质的提高有很大的作用。在小麦粉中有足够 β-淀粉酶，但 α-淀粉酶的量不足，因此，在部分焙烤食品加工过程中，可适量添加 α-淀粉酶，对面团中淀粉的分解产生促进作用，从而改善面制品的品质。

在面包生产中为改善面包的质量、皮色、风味、结构，增大面包的体积，通常可在面团中加入 α-淀粉酶（α-amylase）制剂，或加入约占面粉质量 0.2%～0.4% 的麦芽粉，也可加入含有淀粉酶的糖浆。

在面粉中添加 α-淀粉酶对发酵焙烤制品的意义：

① 分解淀粉，为酵母发酵提供更为充分的碳源，保证发酵面制品在面团发酵期间二氧化碳气体的正常产生；

② 使得发酵面制品面团组织松软，烘焙后结构疏松多孔，促进发酵面制品发酵后糖含量增加，为成品色泽的稳定及烘烤着色均匀提供基础；

③ 保证发酵面制品内部组织黏度适宜；

④ 对面制品冷却后的切片等加工有利。

2）蛋白酶（Proteinase）

蛋白酶广泛存在于动物内脏、植物茎叶、果实和微生物中，可水解蛋白质中的肽键。小麦粉中蛋白酶的含量很少，活性较低，在小麦粉中为弥补蛋白酶含量少、活性不足的问题，通常采用添加蛋白酶激活剂（半胱氨酸、谷胱甘肽等硫氢化合物）的方式改善面团的加工性能，也可用蛋白酶处理筋力过强的面粉水解面筋蛋白，使面团软化。

在焙烤制品加工之前部分小麦粉需要添加蛋白酶，蛋白酶的添加量根应据需要进行控制，小麦粉中的面筋蛋白质一旦被酶水解，面团的筋力会不可逆降低。添加适量的蛋白酶制剂，可以降低面筋的强度，有助于面筋的完全扩展，缩短搅拌时间；蛋白酶加入量过高，使得面团的黏性增高。蛋白酶发生作用后,面团中多肽和氨基酸增加,氨基酸是形成香味的中间产物,多肽则是潜在滋味增强剂、氧化剂、甜味剂或苦味剂,可以改善面制品的风味。

在被虫蚀的小麦中存在部分排泄物及虫卵,这些物质极难清除,可激活蛋白酶,且其中蛋白酶的含量亦会增加,用虫蚀小麦磨制的面粉粉色较差,蛋白酶活性强,和制面团易过度软化和黏稠,面筋品质受到影响,对面团的加工存在极大的损害,所以在原料的选择时须严格控制。

3)脂肪酶(Lipase)

脂肪酶即三酰基甘油酰基水解酶,广泛存在于动植物和微生物中,可催化天然底物油脂水解,生成脂肪酸、甘油和甘油单酯或二酯。脂肪酶基本组成单位仅为氨基酸,通常只有一条多肽链,脂肪酶的催化活性仅决定于它的蛋白质结构。甘油三酯的水解有利于磷脂的形成,使面筋网络增强,从而提高面团的筋力,改善面粉蛋白质的流变学特性,增加面团的强度和耐搅拌性,对面团有强筋作用,能够提高面包的入炉急胀率,增大面包体积,对面包芯有二次增白作用,其作用机理为:面粉中的粉色取决于面粉中带有色素的麸皮以及溶于脂肪中的叶黄素和叶红素,而脂肪酶分解脂肪使溶于脂肪中的色素释放出来,与氧有更大的接触空间,色素被氧化褪色,达到二次增白的效果,加快面粉的熟化进程。

脂肪酶在小麦粉储藏期间可分解其中的脂肪增加游离脂肪酸的含量,使小麦粉品质下降,发生酸败。

脂肪酶也可作为生物食品添加剂,添加至面粉中替代已被禁止使用的面粉添加剂——溴酸钾(因其对人体有致癌作用,2005年被禁止使用),其对面筋有一定的强化作用,且有研究表明其有利于面制品色泽的增白,与葡萄糖氧化酶等复配可作为增筋剂。

(三)脂肪(Lipid)

小麦粉中的脂肪含量很少,存在于麦胚和淀粉层中,只有1%~2%,主要由高不饱和脂肪酸构成,因此小麦粉储藏期过长会出现脂肪酸败的味道。为防止产品及小麦粉的脂肪酸败引起品质下降或失去货架意义,通常在焙烤食品原料小麦粉的选择上,须选择已较大程度去除麦胚和麸皮的小麦粉,使小麦粉中不饱和脂肪酸含量降低,可以延长小麦粉的储藏期,同样可防止储藏过程中存在的异味,小麦粉的酸度也可保持较为稳定的状态。

在小麦粉的储藏期的检测中,也可利用小麦粉中脂肪的酸度或碘价来辨别小麦粉的新陈。新磨制的小麦粉及其和制的面团黏性大,生产出产品皮色发暗、体积小、组织不均匀、质量低,是不适合用做面包等焙烤食品的原材料的,通常需要存放(陈化)1~2个月方能使用,主要因为:面粉在贮藏期间,脂肪在脂肪酶的作用下产生的不饱和脂肪酸使得面筋的弹性增大、延伸性和流散性变小,面粉的筋度得到改善和增加;与此同时,由于蛋白酶激活剂——部分巯基(—SH)化合物可在放置期间被氧化,使得小麦粉中蛋白质的量得以保证,所以陈化后的面粉筋力较高、涨润值较大。归根结底,小麦粉的成熟过程就是一个氧化的过程,这个过程被称为面粉的熟化、陈化、成熟、后熟的过程。通常新磨制的小麦粉在储藏4~5天后就开始"出汗",而进入小麦粉的呼吸阶段,这个阶段是小麦粉中生化反应和氧化反应较为剧烈的时期,一般为加快小麦粉的熟化,可采用提高储存温度的方法,通常认为0℃会抑制熟化的进行,而25℃时熟化过程较为剧烈。

在小麦粉的日常储藏过程中,须注意温度和湿度的影响,高温和高湿促进小麦粉中脂肪酶作用,引起脂肪酸增加,导致小麦粉变质,变质的小麦粉的焙烤工艺性能很差,导致面团持气能力、延伸性等性质降低,可采用乙醚去除部分脂肪酸和脂肪,并添加新鲜面粉脂肪的方法来改善变质面粉的烘焙工艺性能,但并不能完全恢复,且乙醚对人体的安全性还有待考虑。

（四）矿物质（Mineral）

小麦粉中矿物质的含量不高,但却是评定小麦粉等级的重要指标之一,常以灰分记。在小麦的糊粉层中矿物质比胚和胚乳中要高,而表皮和种皮中矿物质的含量也不高,在小麦粉中矿物质经常存在贴附于麸皮上的糊粉层物质,往往出粉率越高的小麦粉中灰分的含量越高。

在小麦粉中的矿物质大多是以硅酸盐和磷酸盐形式存在的钙、钾、钠、铁、镁等。目前由于消费者对健康营养的需求,在小麦种植期间,在土壤中添加富硒的化合物,使得小麦中硒的含量有所增加。

（五）维生素（Vitamin）

面粉中存在的维生素主要是维生素 B_1、维生素 B_2、维生素 B_5 和维生素 E,含量都很少,其他维生素的含量更少,维生素 D 则基本不含。

由表 1-1-5 可知,在小麦的精制加工中维生素的损失很大,小麦粉的精度越高,维生素的含量越少。在烘焙过程中,由于高温也会引起维生素的损失,可采用营养强化的方法,添加一定比例的维生素进行补充。

表 1-1-5　小麦粉及小麦中维生素量的对比表

项目	维生素的量（mg/100 g 干重）						
	维生素 B_1	维生素 B_2	烟酸	胆碱	泛酸	肌醇	维生素 B_5
小麦粉	0.104	0.035	1.38	208.0	0.59	47.0	0.011
小麦	0.40	0.16	6.95	216.4	1.37	370.0	0.049

二、小麦粉的加工性能及主要影响因素

小麦粉的组成较为复杂,不同种类和品质小麦的加工性能也有很大的差异,在淀粉中,介绍了损伤淀粉对小麦加工性能的影响,不再赘述。

1. 蛋白质与面筋

只有小麦粉中含有的蛋白质才能形成面筋,其为小麦粉的加工奠定了基础,面筋是蛋白质高度水化的产物,也是小麦粉焙烤制品形成的骨架物质。

面筋是小麦粉加水和制成面团,在水中搓洗,面团中可溶性的蛋白质、淀粉质、矿物质和其他成分与面团脱离,得到的具有黏性、弹性和延伸性的软胶状物质,主要由麦胶蛋白和麦谷蛋白构成。面筋可分为湿面筋和干面筋,在我国区分面粉筋力时通常以湿面筋的百分含量计。面筋含量与小麦粉的筋力关系如表 1-1-6 所示。

表 1-1-6　面筋含量与小麦粉的筋力关系及应用举例

名　称	湿面筋含量 m	应 用 实 例
低筋粉	$m \geqslant 32\%$	清蛋糕、蛋挞等松散、酥脆、没有韧性的点心
中筋粉	$24\% \leqslant m < 32\%$	馒头、包子、饺子、烙饼、面条、麻花
高筋粉	$m < 24\%$	面包、披萨（即比萨）、泡芙、油条、千层饼

2. 面筋的形成

小麦粉中蛋白质是以蛋白体的形式存在的,多为三四级结构构成的非致密不规则的球体,蛋白质分子本身是链状结构,分子中存在大量的亲水基团(—OH、—COOH、—NH$_2$等)和疏水基团(—CH$_3$等)。当蛋白体遇到水时,水分子与蛋白体之间发生水合反应(放热),蛋白体分子链由于亲水基团和疏水基团的作用而发生扭曲,水分子逐渐由外向内进入到蛋白体内部,在内部与部分低分子可溶性物质结合,形成具有相对较高浓度的溶液,蛋白体内外形成渗透压差,水分不断进入(无热量产生),蛋白体体积不断增大、破裂,以—S—S—键交联形成网络结构,面筋逐渐形成。

3. 小麦粉中面筋的数量和质量决定焙烤食品加工特性

面筋筋力的好坏与面筋的数量和质量有关,面筋的蛋白质构成不同会导致面筋具有的性质有所差异,所以并非面筋含量高,面粉的加工工艺性能就一定好。

通常而言,小麦粉中蛋白质的量可以决定焙烤制品的质量。以面包为例,小麦粉中蛋白质的量越高,形成面团后对发酵产生CO$_2$的保持能力也就越强,成品的体积也就越大,质量也越好。由于小麦粉成筋蛋白的性质不同,也可能会出现蛋白质含量高,而面筋持气能力不佳的情况存在,导致成品的体积较小(如杜伦小麦粉)。

在小麦粉中两种成筋蛋白——麦胶蛋白和麦谷蛋白的比例是决定小麦粉烘焙品质的决定因素,麦胶蛋白形成的面筋具有良好的延伸性,但缺乏弹性,面团的整型操作较好,筋力较弱,成品体积小,弹性差;麦谷蛋白形成的面筋弹性好、筋力强、面筋牢固,不具备很好的延伸性。小麦粉中,麦谷蛋白多,面团弹性韧性强,产品膨胀体积会受到影响,或导致表面开裂;麦胶蛋白多,面团软弱、持气差、导致产品表面容易塌陷。在很多小型企业采用两种或两种以上小麦粉搭配使用的方法解决此问题。

三、衡量小麦粉工艺性能的主要指标

小麦粉工艺性能的决定性因素是面筋的数量和质量,面粉中蛋白质含量高并不代表其形成面筋的质量好,有益于焙烤制品的加工。面筋具有黏性、弹性和流动性,主要是取决于形成面筋的两种蛋白质的分子形态、大小和存在形态。通常评定面筋质量和工艺性能的指标有:延伸性、可塑性、弹性、韧性和比延伸性。

延伸性:面筋能够被拉长而不断裂的能力,通常采用"拉伸仪"进行测量。

可塑性:面团被拉伸和压缩后,不能恢复原状态,而保持加工后状态的能力。

比延伸性:单位时间内面筋被拉长的能力,可以表示小麦面筋筋力的强度。

弹性:面筋被压缩或拉伸后恢复原状的能力。

韧性:面筋对拉伸的力产生的抵抗力。

比延伸性小麦粉的吸水量:是指以调制单位重量的小麦粉形成面团所需的最大加水量,采用粉质仪进行测量,小麦粉的吸水量主要由小麦粉中蛋白质的含量及其中各种蛋白质的比例、小麦的类型(磨粉后损伤淀粉的含量)、小麦粉的含水量、小麦粉粒度等因素决定。

小麦粉的糖化力和产气能力往往是决定发酵类焙烤制品品质的关键:

小麦粉的糖化力是指面粉中淀粉转化成糖的能力,糖化力的大小是用10g小麦粉加5ml水调制成面团,在27~30℃下经1h发酵产生的麦芽糖的毫克数表示。面粉的糖化力取决于小麦粉中酶的活性,面粉的糖化力对面团发酵和产气的影响巨大。

小麦粉的产气能力是指在面团发酵过程中产生 CO_2 的能力,以 100 g 小麦粉加 65ml 水,和 2g 鲜酵母调制成面团在 30℃ 下发酵 5h 产生的 CO_2 毫升数表示。通常认为糖化力越强的小麦粉,产气能力也就越强。

四、异常小麦磨制面粉的性质及解决措施

(一)发芽小麦磨制的面粉

发芽小麦一般归于不完整籽粒,在 GB 1351—1999 中发芽小麦定义为芽或幼根突破种皮而不超过的颗粒,或芽或幼根虽未突破种皮但已有芽萌动的颗粒。发芽小麦的品质与正常小麦品质存在着很大的差异,水、温度和氧气是小麦发芽必要的外部条件,小麦一旦吸水,各种酶便开始活化,酶的活化是小麦各组织增加亲水性的一个原因,干燥小麦中的酶与水分接触后变成活性酶,因此,酶的活化是种子发芽最为显著的一个标志。小麦发芽过程中多种酶类活力激增,淀粉、蛋白质、非淀粉多糖等组分都得到良好降解。用发芽小麦磨制的面粉酶类活性很强,对焙烤制品的生产会造成一定的影响。例如,淀粉酶的活力增强会导致小麦粉的降落值降低,降落值往往可以体现小麦中淀粉酶的活性程度,而反过来可以证明小麦发芽的程度。与此同时,小麦的脂肪酸值有所增加。随着发芽时间的延长,小麦蛋白质含量、SDS 沉淀值和溶胀值降低,小麦粉质曲线的吸水率降低、形成时间,稳定时间缩短,软化度上升。

在焙烤制品的生产中,以面包生产为例,发芽小麦粉和制面团后,淀粉酶活性增强,会导致淀粉水解成糊精和其他可溶性物质,又因糊精的持水性能弱,使得面团中水分仍处于游离状态,导致面包内部黏度增大,面包芯发黏,表面塌陷而失去弹性;蛋白酶活性增强,蛋白质被水解,面筋含量减少,质量降低,筋力变弱。同时,脂肪酶的活性增强反而会加强面筋,面包内部也会变得黏而且湿。

发芽小麦在面包生产过程中不得不使用,则应适当的提高面团的酸度和发酵温度,而在正常的小麦粉中适量加入部分发芽小麦粉,可以使其中酶的活性增加,提高烘焙食品的质量。

(二)虫蚀小麦磨制的面粉

小麦在储存过程中,如果管理不善,就会受到仓虫的侵蚀,形成虫蚀小麦,虫蚀后的小麦磨制的面粉会导致面粉中由于虫的分泌物、排泄物或虫卵中存在部分蛋白酶的激活物质,可以激活蛋白酶,分解面粉中的蛋白质,在制作焙烤制品时会导致面团筋力减弱,弹性降低,黏性增大;部分虫蚀小麦的繁殖可造成粮温的升高,加速脂肪酶的分解作用,引起小麦粉的异味;且部分仓虫可分泌出臭味物质,若小麦虫害严重会导致小麦有霉腥臭味;面粉发生虫害则会结成团块,有异味;虫蚀严重的小麦磨制的面粉呈暗灰色,影响小麦粉的感官品质。

对于虫蚀小麦磨制面粉时应注意加强配麦,即控制虫蚀小麦在正常麦中的比例;加强风选,去除虫蚀的残留物,如小麦胚乳粉末或虫尸;延长虫蚀小麦的润麦时间;最大限度的发挥撞击机的效率,破坏虫卵,减少面粉出现虫害。

(三)冻害小麦磨制的面粉

当小麦籽粒温度低于 0℃ 时,以细胞间隙中的水分为核心的冰晶开始增大,破坏细胞膜和细胞壁,细胞内的水分外渗,导致原生质机械损害。淀粉分子破裂、蛋白质凝固;冻伤小麦不易磨细成粉,冻伤小麦粉抗压、抗拉、抗剪切力都减弱,麸皮容易破碎混入小麦粉中。冻害小麦磨制的面粉的各种酶的活性都增强,淀粉酶的增强尤其显著,在生产过程中需要加以分析利用。

（四）霉腐小麦磨制的面粉

霉腐小麦中存在大量的微生物,其中存在的霉菌类微生物可以分泌出毒素,长时间在人体积聚会引起人肝部的损害。因此,在焙烤制品生产中要坚决杜绝使用含有霉腐小麦磨制的面粉,或面粉霉腐后再利用。霉腐小麦由于微生物的生长过程中会释放出部分酶类,同样会影响小麦粉的加工性能。

第二节　米　粉

米粉是在面制品加工过程中应用的越来越广泛的一类原料,米通常为颗粒状存在,在加工过程中由于机械力等原因而破碎,形成碎米,将碎米可以磨制成粉,进行再加工,增加其价值。

一、大米粉（Rice Powder）

大米是制作米粉的主要原料,大米粉主要是以粳米、糯米和籼米等米类磨制的粉,各种米磨制成粉的方式有所不同,较为常见的就是干磨粉、水磨粉和湿磨粉,根据其加工精度也可进行分等。

大米粉的主要成分是淀粉,大米的磨制精度及其所含淀粉的特性决定了米粉的加工性质支链淀粉含量多的大米磨制成米粉黏度高、韧性好;直链淀粉含量高的大米磨制的面粉,粉质较硬、易断,加工性能不好,按黏度排列:糯米粉＞粳米粉＞籼米粉,表1-1-7所示为它们的性质和用途若原料大米品质较差,可选用部分薯类淀粉添加改善。

表1-1-7　米粉的性质及用途

名称	黏度	应用实例	产品性质	改善措施
籼米粉	低	干性糕点	硬度高	搭配淀粉
粳米粉	中	熟制成干粮	支链淀粉含量较高,膨胀小	与糯米粉混合使用
糯米粉	高	黏韧柔软糕点,可用于重油重糖品种,或用于增稠	软、韧、无回生现象、抗冻	与其他粉搭配提高产品韧度

目前,采用米粉与小麦粉进行混合的产品也多有出现,米粉的添加可以调节部分地区、部分时期小麦粉的成分功能的不足,蛋白质含量虽降低,但是质量却有所提高,米粉中的氨基酸可弥补小麦粉中氨基酸种类的缺陷。

二、玉米粉（Corn Starch）

玉米粉是将玉米去除麸皮磨制成的粉状物质,又称玉米面。玉米粉的营养丰富,含蛋白质、淀粉、脂肪、维生素、矿物质等营养物质,类似于小麦对应的面粉。玉米粉常被用作布丁等食品的凝固剂,如:很多布丁预拌料中都含有玉米粉的成分,牛奶、砂糖、玉米粉和增香剂等配料就可轻易制作出简单的玉米粉布丁。玉米片是新型的方便食品,所用原料是玉米粗粉或细粉,几乎含有玉米面的全部营养成分。

部分资料还将玉米粉细分为:玉米粉、玉米淀粉、玉米面,其中玉米粉与玉米面的区别并不大,玉米淀粉在后面的内容中做介绍。玉米粉逐渐受到人们的重视,已告别以往的低下品质粗粮的范围,而成为在人们日常生活中不可缺少的一类食品。在焙烤产品中,旧式的玉米饼、窝窝头等由于其独特的风味被人们所珍爱。

第三节 豆粉(Pulse Flour)

在焙烤食品中经常采用豆类作为原料,如黄豆、红豆、绿豆等品种,除作为主料制作豆糕等糕点外,主要用于制作馅料,如豆沙、豆蓉等。在部分较为特殊的焙烤食品中,也采用蚕豆、豌豆、小豆、绿豆等豆类为辅料。

豆粉的加工方法有很多,如:黄豆炒熟磨粉;红豆碱水煮后过筛去皮,过滤压干制成豆沙等。

一、豆粉的分类与组成

目前,豆粉的分类标准主要是根据豆粉的含脂量和蛋白质的分散指数(或尿素酶的活性)。

根据含脂量分类可分为全脂豆粉(脱皮大豆直接磨制,脂肪含量高于18%、蛋白质高于40%)、高脂豆粉(脱脂豆粕和精炼大豆油混合,脂肪含量15%左右、蛋白质含量45%以上)、低脂豆粉(脂肪含量5%左右、蛋白质含量高于45%)、磷脂豆粉(脱脂豆粉加入磷脂制成,磷脂含量15%左右、蛋白质含量45%以上)、脱脂豆粉(脂肪含量低于1%、蛋白质含量高于50%)。

二、豆粉在焙烤食品中的应用

在焙烤制品中添加大豆制品可以提高焙烤食品的营养价值,改善加工性能。大豆中的氨基酸较为丰富,可以弥补小麦粉中部分氨基酸的缺乏,使得制品中的蛋白质趋于完全蛋白质,有利于人体的吸收,提高焙烤食品的营养价值。大豆蛋白制品的添加可以促进面团的融合,改善面团的加工性能,产品的质地柔软,减缓制品的失水速度,提高制品烘焙时的持水性,促进焙烤制品的结构和色泽的形成。

豆粉在面包、饼干和其他焙烤食品中都有一定的应用,如:在面包中添加豆粉可以改善面包的耐储存性质,使得面包品质和营养得到提升,减缓面包的老化,从而延长储存期;加入大豆粉的面包的质量也会得到提升;在饼干中添加大豆粉,可以提高饼干中蛋白质的含量,提高饼干的韧性和酥性。

第四节 淀粉类(Starch)及其他

淀粉也是一种经常在焙烤食品中添加的粉类原料,主要是以谷类、薯类、豆类等淀粉质含量高的作物种实为主要原料,不经过化学方法的处理,也不改变其性质而生产出的原淀粉。在焙烤食品中更为常用的是经过加工处理而使得淀粉分子发生结构的改变,使其性质如:黏度、颗粒度、抗老化和糊化的能力等发生改变的淀粉,这类淀粉经常被称之为变性淀粉或改性淀粉。

一、玉米淀粉（Corn Starch）

玉米淀粉又叫玉米粉、粟米淀粉、粟粉、生粉，是从玉米粒中提炼出的淀粉。在糕点制作过程中，调制糕点面糊时，有时需要在小麦粉中掺入一定量的玉米淀粉。玉米淀粉所具有的凝胶作用在做派馅时也会用到，如克林姆酱。另外，玉米淀粉按比例与中筋粉相混合是蛋糕面粉的最佳替代品，用以降低面粉筋度，增加蛋糕松软的口感。

二、马铃薯淀粉（Potato Starch）

生的马铃薯淀粉也称为太白粉，加水遇热会凝结成透明的黏稠状，太白粉不能直接加热水调匀或放入热食中，它会立即凝结成块而无法煮散。加了太白粉水煮后的食物放凉之后，茨汁会变得较稀，称为"还水"。因此一般在西点制作上多利用玉米淀粉来使材料达到黏稠的特性而不使用太白粉。

马铃薯粉（Potato Flour，又叫"土豆粉"），可加热水调煮后还原变成马铃薯泥。其常用于西式面包或蛋糕中，可增加产品的湿润感。

三、地瓜粉（Sweet Potato Starch）

地瓜粉也叫番薯粉，它是由番薯淀粉等所制成的粉末。一般来说，地瓜粉呈颗粒状，有粗粒和细粒两种，地瓜粉与太白粉一样，融于水中后加热会呈现黏稠状，而地瓜粉的黏度比太白粉更高，地瓜粉应用于中式点心制作较多，可以用于油炸，油炸后，地瓜粉可呈现酥脆的口感，同时颗粒状的表皮也可以带来视觉上的效果。

四、葛粉（Arrowroot Flour）

葛粉是用一种多年生植物"葛（Arrowroot）"的地下结茎做成的，葛粉在较低的温度下可呈现浓稠状，多用于含有蛋的美式布丁，因为蛋很容易在较高的温度下结块，这时候就很适合用葛粉作为稠剂。

第二章 辅 料

第一节 甜味剂(Sweetening Agent)

在焙烤制品中,甜味剂是用量仅次于小麦粉的一类原料,其包含的种类较多,下面分别进行介绍:

一、蔗糖(Sucrose)

蔗糖是制作焙烤制品的主要原料,是焙烤制品甜味的主要来源,与焙烤制品的质量和色泽都有很大的关联。蔗糖主要由甘蔗和甜菜制得,按照制糖原料的不同,可分为甘蔗糖和甜菜糖;按颜色分可分为白糖和红糖等;按颗粒形态可分为砂糖、绵白糖、冰糖、糖粉、方糖等。在焙烤食品中,砂糖、绵白糖、红糖和糖粉应用的最为广泛。

（一）白砂糖(White Granulated Sugar)

白砂糖在焙烤食品中应用范围最广,主要成分为蔗糖,含量在99.5%以上。

按颗粒度可分为:

① 粗砂糖(Coarse Granulated Sugar,白砂糖):颗粒较粗,应用于面包和西饼类制品中,或撒在饼干的表面。

② 细砂糖(Berry Sugar):焙烤食品中常用的一种糖类,适用于大部分的焙烤制品,如戚风蛋糕等。

③ 砂糖粉(Icing Sugar):洁白的粉末状糖类,颗粒非常细,同时有3%~10%的淀粉混合物(一般为玉米粉),有防潮及防止糖粒纠结的作用。糖粉也可直接以网筛过滤,直接筛在西点成品上做表面装饰,用于糖霜或奶油霜和产品含水量少的制品中。

糖粉由于晶粒细小,很容易吸水结块,因而通常采用两种方式解决:一是按传统的方式在糖粉里添加一定比例的淀粉,使糖粉不易凝结,但这样会破坏糖粉的风味;另一种方式就是把糖粉用小规格铝膜袋包装,然后再置于大的包装内密封保存。每次使用一小袋,避免糖分接触空气而潮结(糖粉通常是直接接触空气后才会结块)。

白砂糖在面包的生产过程中,经常溶解为糖液后进行添加,使用时要防止糖粒不能完全溶解而阻碍面筋的形成,以至于在面团发酵中导致局部渗透压增高而抑制了酵母的生长繁殖。

（二）绵白糖(Soft Sugar)

绵白糖简称绵糖,质地绵软、细腻,结晶颗粒细小,并在生产过程中喷入了2.5%左右的转化糖浆,是我国人民比较喜欢的一种食用糖。绵白糖的纯度不如白砂糖高,但其对人的感官而言,绵白糖会略甜于白砂糖,主要是由于绵白糖的颗粒小,水分多,吃到嘴里易溶化,在单位面积舌部的味蕾上糖分浓度高,味觉感到的甜度大;而白砂糖的颗粒大,水分少,吃到嘴里溶化慢,感到的甜度就小。需要注意的是绵白糖溶于水后甜度与白砂糖甜度相差不大,由于绵白糖中含有部分转化糖浆,应在保存时注意防潮。

绵白糖经常使用于含水少、要求持水能力较强的焙烤食品中,有时也作为表面装饰原料洒于花面产品的表面。

(三)红糖(Brown Sugar)

红糖的原料是甘蔗,含有95%左右的蔗糖,通常是指带蜜的甘蔗成品糖,一般是指甘蔗经榨汁,通过简易处理,经浓缩形成的带蜜糖。红糖按结晶颗粒不同,分为赤砂糖、红糖粉、碗糖等,因没有经过高度精练,它们几乎保留了蔗汁中的全部成分,除了具备糖的功能外,还含有维生素和微量元素,如铁、锌、锰、铬等,营养成分比白砂糖高很多。红糖可应用于部分焙烤制品的装饰,可应用于部分较为特殊的焙烤制品,如红糖蛋白饼等,也可应用于增强部分产品的色泽。

二、糖浆(Syrup)类

(一)淀粉糖浆(Starch Syrup)

淀粉糖浆又名葡萄糖浆、化学稀、糖稀等,是淀粉水解后脱色加工成的黏稠状液体,甜味柔和,易于吸收。淀粉浆水浴加热不断搅拌,逐渐糊化,至其完全糊化后在70~80℃用α-淀粉酶进行液化,灭酶过滤,滤液冷却后加入糖化酶在60~65℃恒温水浴糖化,形成淀粉糖浆,主要成分为麦芽糖、葡萄糖、低聚糖、糊精等混合物。

淀粉糖浆的分类与其水解程度相关,以葡萄糖值(DE值)进行衡量。葡萄糖值表示糖浆内还原糖(以葡萄糖计)占固形物的百分比,DE=(还原糖/固形物)×100%,DE值低于20%称之为低转化糖浆;DE值在38%~42%之间称之为中转化糖浆;DE值在60%~70%之间称之为高转化糖浆。淀粉糖浆的特性和应用与DE值有关,如表1-2-1所示。

表1-2-1　转化糖浆的性质与DE值的关系

种类	性　　　质								
	甜度	溶解性	结晶性	吸湿性	渗透压	黏度	热稳定性	发酵性	抗氧化性
低转化糖浆	微甜	易溶	不结晶	低	低	高	好	低	好
中转化糖浆	50	易溶	不结晶	低	中	中	好	中	好
高转化糖浆	80	易溶	结晶	高	高	低	差	高	好

淀粉糖浆的色泽和透明度较好,也具有饴糖的吸湿性等特性,价格较低,从而有取代饴糖的趋势;淀粉糖浆的甜度较蔗糖低,多用于低糖食品,有时与蔗糖等混合使用;高转化糖浆内含有葡萄糖和麦芽糖较多,具有较好的发酵性,可用于发酵性的食品;对焙烤食品色泽为焦黄色要求的可以使用高转化糖浆作为发色的物质。

(二)果葡糖浆(High Fructose Syrup)

果葡糖浆是淀粉经酶水解后形成葡萄糖后再用异构酶将部分葡萄糖异构化为果糖而形成的甜度较高的糖浆,蔗糖的甜度为100,那么果糖的甜度为150左右,果葡糖浆(DE值为42)的甜度为90~100,而结晶葡萄糖、麦芽糖和葡萄糖(DE值42)的甜度分别为75、60、50。果葡糖浆中含有部分果糖,与其他糖具有很好的协同增效的作用,可以改善食品的口感,减少苦味和怪味,若将果葡糖浆与蔗糖协同使用可增加甜度20%~30%,甜味丰满、风味好,也可以和甜蜜素、糖精钠等甜味剂使用,掩盖苦味。部分厂家也采用果葡糖浆替代蔗糖以降低成本。

果葡糖浆可替代蔗糖应用于面包生产中,其中果糖的发酵性、焦化性及保湿性能作为优点发挥出来。酵母利用果糖和葡萄糖为碳源发酵最快,其次才是麦芽糖、蔗糖。果葡糖浆代替蔗糖可快速产生大量气体,缩短面包发酵时间,产品松软,嘴嚼柔软,略有湿润感,和使用蔗糖一样,面包有好的强度和结构。且在烘焙中,易发生美拉德反应,面包易于着色,表层产生一层焦黄色,美观且风味好。由于果糖保湿性好,所以面包储存时可以较长时间保持新鲜和松软。

果葡糖浆也可应用于软糕点及夹心糕点中,使得产品具有很好的持水性,产品长时间放置也不宜干硬,能够使产品失水失重情况减弱。

(三) 麦芽糊精(Maltodextrin)

麦芽糊精是以各类淀粉为原料,经酶水解、转化、提纯、干燥而成,其最初原料是含淀粉质的玉米、大米等,或是玉米淀粉、小麦淀粉、木薯淀粉等精制淀粉,也称水溶性糊精或酶法糊精。

通常麦芽糊精的 DE 值小于20,介于淀粉和淀粉糖之间,是一种价格低廉、口感滑腻、没有任何杂味的营养性多糖。麦芽糊精淀粉水解产物的混合物可制成白色粉末或黏稠的浆状液体,具有甜度低、溶解性好、不易吸潮、稳定性好、不易变质、无异味、易消化、低热、低甜度的优点,除焙烤制品外,还广泛应用于饮料、冷冻食品、糖果、麦片、乳制品、保健品等行业。

在焙烤食品中,多用于饼干和部分方便食品,使得制品具有较好的造型、表面光滑、色泽均匀,甜度不高,但不粘牙,不留渣,次品少,货架期长。

(四) 麦芽糖浆(Malt Syrup)

麦芽糖浆是以淀粉为原料,经淀粉酶液化、真菌酶糖化制成,含麦芽糖40%以上的糖浆。具有低甜度、温和口感、耐温高、不易发生美拉德反应、抗结晶、冰点低等特点。用于焙烤食品的面包、糕点等产品中,可以减缓淀粉的老化,具有很好的保湿性,延长货架期,也常用于焙烤食品的馅料等,有些书中将麦芽糖浆称之为饴糖或淀粉糖浆,有一定的道理,但与传统意义上的饴糖有所差异。

(五) 转化糖浆(Invert Syrup)

转化糖浆是蔗糖在酸性条件下,水解生成葡萄糖和果糖而形成的糖浆,甜度大于蔗糖,可长时间密封保存而不结晶,多数用在中式月饼皮、萨其马和各种代替砂糖的产品中,是部分蛋糕必不可少的原料。在面包和饼干的生产中及焙烤制品的馅料加工中均可使用。

三、其他甜味剂

(一) 果糖(Fructose)

果糖是食品行业中经常使用的一种甜味剂,其存在范围较广,在很多植物中含有果糖。

果糖的生产方法主要有两种:一种是在工业生产中主要采用蔗糖通过食品级的稀盐酸或者转化酶水解成果糖和葡萄糖,加入氢氧化钙后使得果糖和氢氧化钙的化合物沉淀析出,通入二氧化碳气体,过滤后蒸发浓缩而得果糖晶体。另一种是以淀粉为原料,水解后经固定化葡萄糖异构酶转化为果糖,从而制得含有果糖42%和葡萄糖58%的混合液,这种混合液就是之前叙述的果葡糖浆,果葡糖浆进一步分离即可得到果糖。

果糖的固体是棱柱状的晶体,甜度通常为 150～180(以蔗糖为 100),广泛用于食品工业,如制糖果、糕点、饮料等。果糖溶解中总是含有醛糖和含醛基的有机物,可与碱性的银氨溶液发生银镜反应,为果糖的性质鉴定方法之一。

果糖有口感较好、升糖指数较低、甜度较高、不易导致龋齿等优点,是目前世界上较为经济安全的一种糖。

(二) 蜂蜜(Honey)

蜂蜜是一种混合物,含有葡萄糖、果糖及部分维生素、矿物质和氨基酸等成分。来源于昆虫蜜蜂的酿制,这个生产过程是在蜜蜂体内很复杂的过程。1 kg 的蜂蜜含有 2 940 卡的热量。蜂蜜是糖的过饱和溶液,低温时会产生结晶,生成结晶的是葡萄糖,不产生结晶的部分主要是果糖。由于焙烤中高温时蜂蜜的部分营养成分会受到破坏,风味也会受到影响,故不常使用,在一些点心的制作时会作为表面或馅料的材料应用。

(三) 饴糖(Maltose,Malt Sugar)

以大米、大麦、小麦、粟或玉米等粮食经发酵糖化制成的糖类食品,又称饧、胶饴。饴糖有软硬糖之分,软者为黄褐色黏稠液体,硬者系软饴糖经搅拌,混入空气后凝固而成,为多孔黄白色糖块,主要成分为麦芽糖与糊精。目前,饴糖制作主要有三个品种:酸糖化法饴糖、麦芽糖化法饴糖和饴糖粉(粉末饴糖)。

(四) 糖精钠(Saccharin Sodium)

糖精($C_7H_5O_3NS$),邻磺酰苯甲酰亚胺(O-Benzoic Sulfimide)是一种使用最早的,也是使用最广泛的合成甜味剂,于 1878 年被美国科学家发现,很快就被食品工业界和消费者接受。糖精的甜度为蔗糖的 300～500 倍,后味微苦,风味较差,不被人体代谢吸收,在各种食品生产过程中都很稳定。制造糖精的原料主要有甲苯、氯磺酸、邻甲苯胺等,均为石油化工产品。我国政府采取压减糖精政策,并规定不允许在婴儿食品中使用。JECFA 规定糖精的 ADI 值为每日每千克体重 0～5 mg。

(五) 山梨糖醇(Sorbitol)

山梨糖醇是山梨糖和己醛糖的还原产物,为白色吸湿性粉末或晶状粉末、片状或颗粒,无臭,易溶于水(1g 溶于约 0.45ml 水中),微溶于乙醇和乙酸,有清凉的甜味,能给人以浓厚感,但其甜度仅为蔗糖的一半,与葡萄糖相当,热值与蔗糖相近。可由葡萄糖还原而制取,在梨、桃、苹果中广泛分布,含量为 1%～2%。可以在体内被缓慢地吸收利用,血糖值不增加。

山梨糖醇具有很好的保湿性和界面活性,在烘焙食品中(蛋糕、饼干、面包、点心)使用不会被酵母发酵,不会因高温而退化;在糕点、鱼糜、饮料中作甜味剂、保湿剂;在浓缩牛乳、奶油(酪)、鱼肉酱、酱果、蜜饯中加入山梨醇可延长保存期,保持色、香、味。山梨糖醇能整合金属离子,应用于饮料和葡萄酒中可防止因金属离子引起的浑浊,能有效防止糖、盐等结晶析出,可维持酸、甜、苦味平衡,保持食品香气。

(六) 木糖醇(Xylitol)

木糖醇($C_5H_{12}O_5$)是木糖代谢的正常中间产物,纯木糖醇外形为白色晶体或白色粉末状晶体,易溶于水。在自然界中,木糖醇广泛存在于果品、蔬菜、谷类、蘑菇等食物及木材、稻草、玉米芯等植物中。在化工、食品、医药等工业中应用广泛。木糖醇甜度是蔗糖的 1.2 倍,入口后伴有微微清凉的口感(溶解吸热),低温品尝效果较好。木糖醇在肠道内吸收率较低,过度食用,易在肠壁积累而造成渗透性腹泻。在焙烤食品中多用于不需发酵而需低糖的保健食品。

四、糖及糖浆的一般性质

(一)甜度

糖最重要的特性就是能给人以甜的感觉,目前尚无一标准能准确的衡量糖类甜度的高低,通常以蔗糖的甜度为100,其他的甜味剂的甜度与蔗糖的甜度进行比较。各种甜味剂的相对甜度如表1-2-2所示。

表1-2-2 焙烤制品常用甜味剂的相对甜度(约)

性质	甜味剂								
	蔗糖	果糖	葡萄糖	麦芽糖	木糖醇	甜蜜素	甜菊苷	低聚果糖	低聚麦芽糖
相对甜度	100	150	74	46	65	5000	20000	55	20

(二)溶解度

糖的溶解度是指在一定条件下糖溶解于水的程度。在相同条件下,糖的种类不同,溶解度也有所差异,果糖最高,其次是蔗糖、葡萄糖。糖的溶解度与温度有关,糖晶体的大小、有无搅拌及搅拌的速度等均与糖的溶解度有关。一般而言,温度越高,糖的溶解速度越快。

(三)结晶性

各种糖的结晶性能不同,其中蔗糖和葡萄糖的结晶较为容易,可以利用这个特点制作糖霜和反砂类产品;糖浆如转化糖浆、饴糖等含有成分较为复杂,自身较难结晶,而且可以吸湿防止结晶,而应用于糕点的生产中可以保持产品的质量。

(四)吸湿性

吸湿性是在一定湿度下,糖吸收空气中水分的性质,可以利用糖的吸湿性来保持产品的柔软性,对储藏具有很好的作用,通常转化糖浆和果葡糖浆在焙烤食品中应用较多。

(五)渗透压

糖达到一定的浓度可以抑制微生物的生长,主要是改变了微生物生存环境的水分活度,增加了微生物生长环境的渗透压。单糖的渗透压力为双糖的2倍,渗透压越高,含糖食品的产品储存性能越好。

(六)变色反应

糖在焙烤食品中的又一个重要作用是可以赋予焙烤食品的一定的色泽,主要原因是部分糖在一定的温度下可以发生美拉德反应和焦糖化反应。

1. 美拉德反应

美拉德反应按反应机理又称羰氨化反应,是食品原料中含有氨基化合物的物质(如蛋白质、多肽、氨基酸等)与还原糖中的羰基发生一系列的反应,从而形成颜色物质的反应,在反应中除了产生色泽,也会生成一定的呈味物质,如乙醇、丙酮醛、丙酮酸、琥珀酸乙酯等,可以形成面包和糕点的特有的烘焙的香味。羰氨反应的形成与温度、还原糖的含量和种类及pH值都具有一定的关系。

2. 焦糖化反应

糖类尤其是单糖在没有氨基化合物存在的情况下,加热到熔点以上的高温(一般是140~170℃以上)时,因糖发生脱水而降解,也会发生褐变反应,这种反应称为焦糖化反应,又称卡拉密尔作用(Caramelization)。焦糖化反应在酸、碱条件下均可进行,但速度不同,在pH值=8时要比pH值=5.9时快10倍。糖在强热的情况下生成两类物质:一类是糖的脱水产物,即焦糖或酱色(Caramel);另一类是裂解产物,即一些挥发性的醛、酮类物质,它们进一步缩合、聚合,最终形成深色物质。

五、糖及糖浆焙烤食品中的作用

(一) 糖及糖浆是食品良好的着色剂

在焙烤过程中,温度的升高,会产生焦糖化反应和美拉德反应,使得焙烤制品在烘焙时产生金黄色或棕黄色的表皮及底部,提供给焙烤食品以诱人的色泽。

(二) 糖及糖浆能够赋予焙烤制品一定的甜味

各种糖和糖浆的添加可以赋予焙烤制品以特有的风味,且在焙烤过程中美拉德反应和焦糖化反应还能产生独特的风味。

(三) 改善制品的形状和口感

糖和糖浆能够改善焙烤制品内部的组织形态,使得焙烤制品的结构得到改善,糖在含水量高的制品中可以提高制品的持水性;在水分含量低的制品中,糖能促进产品形成硬脆的口感。

(四) 糖类物质可以为酵母发酵提供碳源

糖类物质可作为酵母的营养物质,用于酵母的繁殖和发酵,在发酵类制品生产中可以加入适量的糖促进面团的发酵,但是需要控制糖的添加量,过量的糖会产生较高的渗透压,抑制酵母的发酵。

(五) 可以改善面团的物理性质

糖在面团搅拌过程中的反水化作用,可以调节面筋的胀润度,增加面团的可塑性,使得制品外形美观花纹清晰,也可防止制品收缩变形。

(六) 对面团的吸水率和搅拌时间有一定的影响

随着糖量的增加,糖的反水化作用强烈,面团的吸水率降低,搅拌时间延长。

(七) 延长产品的货架期

糖具有高渗透压作用,能抑制微生物的生长和繁殖,从而增加产品的防腐能力,延长产品的货架期,部分糖具有一定的吸湿性,可以使面包、蛋糕等焙烤食品在一定时间内保持柔软。

(八) 提高焙烤食品的营养价值

糖易于人体吸收可有效地补充人体代谢的需要,提供给人体能量。

(九) 装饰产品

利用部分糖的外观,如砂糖的结晶,糖粉的白皙,洒在或覆盖在制品表面,可以起到装饰美化的效果。也可利用以糖为原料制成的膏或半产品,如白马糖、白帽糖膏等装饰产品、美化产品。还可利用糖的发烊和反砂的特性来进行焙烤制品的装饰。

第二节　油　脂

油脂是焙烤食品加工中极其重要的原材料之一,不同的油脂能赋予焙烤食品以不同的性质、色泽、风味和结构,油脂在糕点、饼干、面包及方便面的生产中都有大量的应用。

一、焙烤材料中油脂的分类

焙烤食品中常用的油脂种类很多,按照原料来源可分为植物油脂和动物油脂;按照常温下形态可分为液态油脂和固态油脂;按照是否经过进一步的加工可分为天然油脂、人造油脂和加工油脂等。

(一)植物油脂(Vegetable Fat)

植物油脂是植物果实、种子、胚芽中及其他部分提取所得的脂肪脂,是由脂肪酸和甘油化合而成的天然高分子化合物,广泛分布于自然界中,如花生油、豆油、亚麻油、蓖麻油、菜子油等。

植物油的不饱和脂肪酸的含量一般高于动物类油脂,其主要成分是直链高级脂肪酸和甘油生成的酯,脂肪酸除软脂酸、硬脂酸和油酸外,还含有多种不饱和酸,如芥酸、桐油酸、蓖麻油酸等,碘值高于70。植物油适于食用人群,但在焙烤食品中加工性能受到一定的限制。植物油主要含有维生素 E,维生素 K,钙、铁、磷、钾等矿物质,脂肪酸等。

焙烤食品中用到的植物油主要有:大豆油、菜籽油、芝麻油、花生油、核桃油、棕榈油、可可脂、椰子油等,不同的植物油脂有不同的性质,其使用的范围也有所不同。

1. 大豆油(Soybean Oil)

大豆油由大豆种子中提取,是世界上产量最多的油脂。大豆油的色泽较深,油色呈浅黄色至棕黄色,有特殊的豆腥味;热稳定性较差,加热时会产生较多的泡沫,常用于油炸及制作人造油脂,起酥性较差,也用于部分焙烤食品中,在饼干、糕点中应用效果不好,在部分面包的生产过程中可以使用,使用前需要高温脱臭。

大豆油含有较多的亚麻油酸,较易氧化变质并产生"豆臭味"。从食用品质看,大豆油不如芝麻油、葵花籽油、花生油;从营养价值看,大豆油中含棕榈酸7% ～10%,硬脂酸2% ～5%,花生酸1% ～3%,油酸22% ～30%,亚油酸50% ～60%,亚麻酸5% ～9%,吸收率较高,并含有维生素 E、维生素 D 以及丰富的卵磷脂,营养价值高,对人体健康均非常有益。

精练过的大豆油在长期储藏时,其颜色会由浅变深,这种现象叫做"颜色复原"。大豆油的颜色复原现象比其他油脂都显著,而油脂自动氧化所引起的复杂变化可能是其基本原因。采取降低原料水分含量的方法可以防止这种现象的发生,豆油颜色变深时,便不宜再作长期储存。

2. 菜籽油(Repeseed Oil)

菜籽油就是俗称的菜油,又叫油菜籽油、香菜油,是以十字花科植物芸苔(即油菜)的种子榨制所得的透明或半透明状的液体。菜籽油色泽金黄或棕黄,有一定的刺激气味,民间又称"青气味"。这种气体是其中含有一定量的芥子甙所致。人体对菜籽油的吸收率很高,可达99%。它含有亚油酸等不饱和脂肪酸和维生素 E 等营养成分,菜籽油中含花生酸0.4% ～1.0%,油酸14% ～19%,亚油酸12% ～24%,芥酸31% ～55%,亚麻酸1% ～10%。在焙烤食品中应用菜籽油的品种不多,使用前须加热熟化,以避免特殊的味道,有时也用菜籽油为原料制作氢化油。

3. 花生油(Peanut Oil)

花生油淡黄透明,色泽清亮,气味芬芳,味道可口,是一种比较容易消化的食用油。花生油含不饱和脂肪酸80%以上(其中含油酸41.2%,亚油酸37.6%)。另外,还含有软脂酸,硬脂酸和花生酸等饱和脂肪酸19.9%。花生油在焙烤食品中应用较为广泛,可用于月饼和饼干等焙烤产品的制作。

4. 芝麻油(Sesame Oil)

芝麻油是以芝麻为原料所制取的油品,含油酸35.0%～49.4%,亚油酸37.7%～48.4%,花生酸0.4%～1.2%。芝麻油的消化吸收率达98%,含有特别丰富的维生素E和比较丰富的亚油酸,芝麻油中还含有特殊的成分芝麻酚,具有一定的抗氧化作用,在很多的面制品中添加芝麻油可以延缓脂肪的酸败,在部分方便面生产工业中也采用一定量的芝麻油作为油炸用油。

5. 棉籽油(Cottonseed Oil)

棉籽油来源于棉籽中的脂肪,在食品加工中较为常用的是精炼棉籽油,精炼棉籽油一般呈橙黄色或棕色,脂肪酸中含有棕榈酸21.6%～24.8%,硬脂酸1.9%～2.4%,花生酸0%～0.1%,油酸18.0%～30.7%,亚油酸44.9%～55.0%,精炼后的棉籽油清除了棉酚等有毒物质。棉籽油可以在焙烤食品中使用,熔点较高,也适用于制作人造奶油。

6. 玉米胚油(Corn Oil)

玉米胚油是从玉米胚中榨取精炼的,内含40%～60%的亚油酸,1%的亚麻酸,也含有较多的维生素E,在焙烤食品中作为人造奶油、起酥油和面包、糕点等原料。

7. 椰子油(Coconut Oil)

椰子油是从新鲜并干燥的椰子肉中提取精炼而成的,为白色或淡黄色脂肪,饱和脂肪酸的含量较高,尤以月桂酸的含量居多,常温下为固态,熔点为20～28℃,凝固点为14～25℃,是少有的可在常温下呈固态的植物油脂。椰子油的不饱和脂肪酸含量少,不易被氧化酸败。

椰子油在融化时,不经软化,可直接由固态转为液态,氢化后的椰子油的熔点、硬度和稳定性都有所提高,在糕点中椰子油和氢化椰子油常用来代替人造奶油使用。

8. 棕榈油(Palm Oil)

棕榈油是世界上产量较高、使用较为广泛的植物油脂之一,以棕榈树的果实棕油果的果肉为主要原料,分提、精炼、加工而成。棕榈油主要含有棕榈酸(C_{16})和油酸(C_{18})两种最普通的脂肪酸,饱和程度约为50%。

在生产加工中,棕榈油可部分替代大豆油、花生油、葵花籽油、椰子油、猪油和牛油等油脂。棕榈油在世界上被广泛用于烹饪和食品制造业。棕榈油可被制成不同熔点的食用油,可根据需要加工,熔点最低可达24℃,常温下为固态,可制成食油、松脆脂油和人造奶油来使用,是制造食品较好的基础材料。从棕榈油的组合成分看来,它的高固体性质甘油三酯含量让食品避免氢化而保持平稳,并有效的抗拒氧化,可在高温地区的糕点和面包厂使用。

棕榈油营养价值较高,维生素A、维生素E、磷脂等含量高,广泛应用于面包、饼干、蛋糕、糕点中及油炸类食品的油炸用油,且可作为人造奶油的主要原料。

9. 葵花籽油(Sunflower Oil)

葵花籽油来源于向日葵的果实,葵花籽油含有甾醇、维生素、亚油酸等多种对人类有益的物质,其中天然维生素 E 含量在所有主要植物油中含量最高,亚油酸含量可达 70% 左右。葵花籽油熔点较低,为 17 ~ 24℃,是一种应用较为广泛的植物油脂。

(二)动物油脂(Animal Oil and Fat)

动物油脂是指所有从动物体内取得的油脂,常见的动物油脂有牛油、羊油、猪油等,也有部分以乳化的状态存在于动物的乳中如奶油。大多数动物油脂都具有熔点高、起酥性好、可塑性强的特点。

1. 奶油(Butter)

奶油又称淇淋、激凌、克林姆,是从牛奶、羊奶中提取的黄色或白色脂肪性半固体食品。在焙烤食品中经常使用的动物性油脂,也被叫做黄油、白脱油、乳脂等,它是由未均质化之前的生牛乳顶层的牛奶脂肪含量较高的一层制得的乳制品。奶油可分为奶油和无水奶油两种,奶油是以发酵或不发酵的稀奶油为主要原料加工而成的固态油脂;无水奶油是以奶油或稀奶油为主要原料通过物理方法将脂肪球破坏,使脂肪从脂肪球中游离出来融合在一起,形成脂肪连续相,然后将脂肪连续相分离出来,即可得到奶油,物理处理的方法为热熔法和机械粉碎法等。

奶油还可根据是否含盐分为含盐奶油和无盐奶油,含盐奶油多用于涂抹烘烤后的吐司面包使用;焙烤食品加工的原料主要采用的是无盐奶油,因为无盐奶油的滋味较好,烘焙性能好,常用于重油蛋糕或饼干中,主要通过打发奶油使蛋糕膨胀,有时也将奶油融化后代替液态油使用。

奶油的熔点为 28 ~ 34℃,凝固点为 15 ~ 25℃,常温下为固体,在高温下可以软化,在高速搅打下可以充气。温度较高时奶油易受霉菌和细菌的污染,而产生较为难闻的气味,光照和高温可促进氧化酸败的进行,所以奶油应冷藏或冷冻保存。

2. 猪油(Lard)

猪油也被称之为大油、荤油,由猪肉或猪脂肪提炼出,初始状态是略黄色半透明液体,凝固后色泽白或黄白,具有猪油的特殊气味,是一种饱和高级脂肪酸甘油酯,分子中不含有碳碳双键,因此不能使溴水和酸性高锰酸钾溶液褪色。精制的猪油,色泽白净,具有很好的可塑性、起酥性,产品品质细腻、口味肥美,但是有一定的腻味,部分消费者不适,猪油的融合性较差、稳定性较差。猪油存放时间不宜过长,特别在温度高的夏天极易与空气接触而发生氧化,致使酸败变质。酸败变质的猪油会产生"哈喇味",不宜食用。

猪油在中式糕点经常使用,主要作为酥皮用油,也可在面包中作为乳化剂添加,可以改善面包的组织结构。

3. 牛油(Tallow)、羊油(Mutton Fat)

牛油又叫牛脂,具有牛油的特殊香味和膻味,是从牛脂肪层提炼出的油脂,为牛科动物黄牛或水牛的脂肪油,白色固体或半固体。在焙烤工业中也有将奶油称为牛油的习惯,粗牛脂多用作肥皂、脂肪酸、油滑脂等工业原料,精制后的牛油色泽黄白,质地细腻,可作糕点等食品。

牛油的熔点较高,为 40 ~ 46℃,常温下为固体,可塑性和起酥性较好,便于加工操作,但是不易消化。

羊油也称为羊脂,是羊的内脏附近和皮下含脂肪的组织,用熬煮法制取的白色或微黄色蜡状固体,相对密度 0.943 ~ 0.952,熔点 42 ~ 48℃,碘值为 38 ~ 42。它的主要成分为油酸、硬脂酸和棕榈酸的甘油三酸酯,用来制作面制品,如较具有地方特色的油茶等。

(三) 人造油脂(Artificial Fat)

1. 氢化油脂(Hydrogenated Shortening)

氢化油是以植物油(含有丰富的不饱和脂肪酸)为原料,在金属催化剂(镍系、铜－铬系等)的作用下加氢、过滤、脱色、脱臭等工艺处理,使不饱和脂肪酸分子中的双键与氢原子结合成为不饱和程度较低的脂肪酸,使得油脂的熔点升高(硬度加大),因此也被称之为硬化油,其中会含有 TFAS(反式脂肪酸),可能对人体健康造成影响,但我国现无相关限量的规定,营养学家认为少量食用氢化油对人体的危害不大。

经氢化处理的植物油熔点较高,具有良好的可塑性和一定的硬度,多用作人造奶油和起酥油的原料,其原料选择较为广泛,大部分植物油和部分动物油均可成为其原料,如棉籽油、葵花籽油、豆油、猪油、牛油等。油脂氢化可以使得不饱和脂肪酸饱和度增加,使得液态油转变为固态油,便于加工和运输;提高了油脂的抗氧化能力和稳定性,有助于油脂的贮藏,也提高了油脂的可塑性和熔点,有利于焙烤食品的加工和操作。

氢化油的含水量较低,一般为 1.5% 以下,熔点为 38～46℃,凝固点在 21℃ 以上,融化的氢化油为透明的油体,其硬度和可塑性取决于固相和液相的比例、晶体和晶型结构及固相的物理性质,固相比例高、晶体小则硬度高。

2. 人造奶油、人造黄油(Margarine)

最早的人造奶油是普法战争时期法国化学家 Mege Mouries 发明的。人造奶油在国外被称为 Margarine,这一名称是从希腊语"珍珠"(Margarine)一词转化来的,这是根据人造奶油在制作过程中流动的油脂放出珍珠般的光泽而命名的。因此也称为麦淇淋。

各国对人造奶油的定义和标准不同,对最高含水量的规定及奶油与其他脂肪混合的程度上存在差别。国际标准案的定义人造奶油是可塑性的或液体乳化状食品,主要是油包水型(W/O),原则上是由食用油脂加工而成;中国专业标准定义人造奶油系指精制食用油添加水及其他辅料,经乳化、急冷捏合成具有天然奶油特色的可塑性制品;日本定义人造奶油是指在食用油脂中添加水等乳化后急冷捏和,或不经急次序捏和加工出来的具有可塑性或流动性的油脂制品。

人造奶油按其形状分为硬质、软质、液状和粉末四种。按其用途分为家庭用及食品工业用两种,前者又分餐用、涂抹面包用、烹调用和制作冰淇淋;后者又分面包糕点用、制作酥皮点心用及制作馅饼用。其主要区别是配方、使用的原料油脂和改质的要求不同。

人造奶油可以以动物油脂(牛脂、猪脂)、动物氢化油(鱼油、牛脂等氢化油)、植物油(大豆油、菜籽油、棉籽油、椰子油、棕榈油、棕榈仁油、米糠油、玉米油等)、植物氢化油等为主要原料,结合考虑 SFC 的值、熔点、结晶性等参数进行选择,以水、牛奶(脱脂乳、奶粉、脱脂奶粉)、食盐、乳化剂(单硬脂酸酯、蔗糖单脂肪酸酯)、防腐剂(苯甲酸、苯甲酸钠)、抗氧剂(维生素 E、BHA、TBHQ、BHT 等,柠檬酸作为增效剂)香味剂、着色剂(胡萝卜素、柠檬黄)为辅料,先按配方要求把液体油脂和固体油脂(氢化油脂)送入配和罐,再把食盐、糖、香味料、食用色素、奶粉、乳化剂、防腐剂、水等调配成水溶液。边搅拌边添加,使水溶液与油形成乳化液。然后通过激冷机进行速冷捏合,置于比熔点低 8～10℃ 的熟成室中保存 2～3 日,使结晶完成,形成性状稳定的制品,再包装为成品。

人造奶油外观、味道都很像奶油,我国的人造奶油含水在 15%～20%,含盐在 3%,多数用在蛋糕和西点中。人造奶油的价格要比奶油低,有的也添加了食盐。理论上,麦淇淋是可以完全替代奶油的,但实际上由于人造奶油味道不如天然奶油香醇,熔点略低,因此一般只用来做起酥的裹入油。人造奶油也已广泛应用于糕点、面包、饼干等的加工过程中,也作为装饰用料多用于西点。

3. 起酥油(Shortening Oil)

起酥油也被称之为白油,英文单词是从英文"短(shorten)"一词转化而来,其意思是用这种油脂加工饼干等,可使制品十分酥脆,因而把具有这种性质的油脂叫做"起酥油"。它是指经精炼的动植物油脂、氢化油或上述油脂的混合物,经急冷捏合而成的固态油脂,或不经急冷捏合而成的固态或流动态的油脂产品。起酥油具有可塑性和乳化性等加工性能,一般不宜直接食用,而是用于加工糕点、面包或煎炸食品,所以必须具有良好的加工性能。

起酥油是焙烤食品的一种常用油脂,有一定的可塑性或稠度,用做糕点的配料、表面喷涂或脱模等用途。可以用来酥化或软化烘焙食品、使蛋白质及碳水化合物在加工过程中不致成为坚硬而又连成块状,并改善口感。

起酥油的品种很多,最初起酥油就指好的猪油,后来用氢化植物油或少数其他动植物油脂制成的起酥油烘焙性质优于猪油,价格较为低廉,因此逐渐替代了猪油在焙烤食品中使用。根据油的来源可分为动物或植物起酥油、部分氢化或全氢化起酥油;乳化或非乳化起酥油;根据用途和功能性可分为面包用、糕点用、糖霜用和煎炸用起酥油;根据物理形态可分为塑性、流体和粉状起酥油;也有按照油脂的氢化度、塑性的大小、充气率、稠度、黏度等进行分类。不同起酥油的氢化度不同,则具有不同的性质,可以按照焙烤食品的品种要求进行加工生产。

起酥油作为焙烤食品的重要原料之一,具有如下主要性质:

1)可塑性

可塑性是指固态起酥油在外力作用下的形状,甚至可以像液体一样流动。

从理论上讲,若使固态油脂具有可塑性,其成分中必须包括一定的固体脂和液体油,起酥油产品基本具备这种脂肪组成。在食品加工中将具有可塑性的起酥油与面团混合,能形成细条纹薄膜状,在相同条件下,液体油只能分散成粒状或球状。用可塑性好的起酥油加工面团时,面团的延展性好,且能吸入或保持相当量的空气,对焙烤食品生产十分有利。油脂的可塑性除受油脂本身的组成、结构等影响,还受温度的影响,在一定温度范围内,温度升高,油脂的可塑性增大。

可塑性脂肪的性质主要是由可塑性脂肪中的固体脂肪含量决定,可用固体脂肪指数(SFI)来衡量,固体脂肪指数(SFI)可以近似地认为是可塑脂中固体脂的百分含量。人造奶油和起酥油的 SFI 值,一般要求在 15～20 。当 SFI 在 40～50 时,油脂过硬;而 SFI 值在 5 以下时,油脂过软,接近液体油。可塑脂的 SFI 值与温度有关,温度对可塑脂 SFI 的影响越大,可塑性脂肪的可塑性范围越窄。

2)充气性

充气性也称酪化性,或油脂的融合性。

起酥油在高速搅拌时,可以充入一定量的空气,空气中的细小气泡被起酥油吸入,使得起酥油可包裹一定量的气体,油脂这种含气的性质被称为酪化性。酪化性的大小用酪化值(CV)来表示,即 1g 油脂可以结合的空气的毫升数乘 100。油脂的酪化性对制品的疏松性有很大影响,将起酥油加入面浆中,经搅拌后可使面浆体积增大,制出的食品疏松、柔软。油脂的酪化性与其成分有关,起酥油的酪化性比人造奶油好,氢化起酥油的酪化性最好。

3)起酥性

起酥性是指食品具有酥脆易碎的性质,对饼干、薄酥饼及酥皮类焙烤食品最为重要。

用起酥油调制面团时,油脂具有成膜性可覆盖于面粉粒的表面,隔断了面粉之间的相互结合,防止面筋的形成和与淀粉的固着。此外,起酥油在层层分布的焙烤食品组织中起润滑作用,在高温烘焙后,可以使食品组织变弱、易碎。一般而言,油脂的起酥性用起酥值表示,起酥值越小,起酥性越好,饱和程度越高的油脂起酥性越好。

4)乳化性

起酥油因其内部成分含有一定量的乳化剂,因而它能与鸡蛋、牛奶、糖、水等乳化并均匀分散在面团中,促进体积的膨胀,而且能加工出风味良好的面包和点心。

5)氧化稳定性

与普通油脂相比,起酥油的氧化稳定性好,因其大部分不稳定的双键及三键均被不同程度地加氢,使得氧化稳定性大大提高,其中全氢化型植物性起酥油效果最好,而动物性油脂为了保持稳定,则必须使用 BHA 或生育酚等抗氧化剂防止氧化。

6)可作为油炸用油

起酥油可以提高油炸制品的膨胀率,增加酥脆程度。

二、油脂在焙烤食品中的一般性质

(一)油脂的起酥性

油脂的起酥性在起酥油中已经较为详细的介绍,不再详述,需要注意的是在调制酥性面团的时候,由于油脂的添加量较大,具有很强的疏水性,限制了面筋的吸水作用,面团中含油量越大,面团的容水性越低,一般每增加 1% 的油脂,面团的容水率降低 1% 。

(二)可塑性

可塑性是油脂保持形变但不流动的性质,只有固态油脂具有可塑性。

(三)熔点

固体脂肪变为液体油的温度称为熔点,熔点是衡量油脂起酥性、可塑性和稠度等加工性质的重要指标。

(四)油脂的融合性

在起酥油中已经详述,在调制酥性面团时,首先搅拌油、糖和水,使之乳化,在搅拌过程中,油脂中结合了一定量的空气,搅拌越充分,油脂结合空气量越多,面团成型后烘焙时,油脂受热流散,气体膨胀并向两相界面流动,制品体积膨大、酥松,如加入化学疏松剂或经发酵,即可形成片状或椭圆状的多孔结构。

(五)油脂的乳化性

在焙烤食品的加工中,经常遇到将油与水混合的问题,在油中添加一定量的乳化剂可以使得本不相容的油和水形成较为稳定的乳浊液,使得焙烤食品的质地疏松、体积大、风味佳,所以添加了乳化剂的起酥油、人造奶油等最适宜制作重糖、重油类的糕点和饼干。

（六）油脂的润滑作用

油脂在面团中可以起到润滑面筋的作用，使得面筋网络在发酵中摩擦减小，有利于膨胀，增加了面团的延伸性，增大了发酵制品的体积。

（七）油脂的稳定性能

油脂的稳定性决定了含有焙烤制品的储藏性能，若加工焙烤制品的油脂不稳定，容易发生酸败，焙烤制品的质量会受到较大影响，失去固有的风味，还会有"蛤喇味"或酸、苦、涩、辣的异味，降低能量、产生毒性或恶臭，因此应注意焙烤食品加工过程中的油脂选择。

三、油脂在焙烤食品中的作用

（一）提高营养价值

油脂中含有各种必需脂肪酸、脂溶性维生素、磷脂、甾醇等营养物质，添加至焙烤食品中可以提高焙烤制品的营养，同时油脂是一种高能营养素，赋予焙烤制品更高的能量。

（二）增进制品风味

如猪油、羊油等油脂都具有独特的风味，在焙烤过程中产生大量的生化反应，使得油脂发生再次酯化，生成含有特俗风味的物质，如乙酸乙酯和丁酸乙酯等，使得面包、饼干、糕点等具有特有的芳香。

（三）改善制品的口感

在焙烤制品中，经常会采用添加油脂的方式包入空气或起酥，赋予制品松软或酥松的口感。

（四）便于制品成型操作

部分固态油脂具有很好的可塑性，可以使得面团不易收缩变形，花纹清晰；油脂还具有隔水的性质，可以使得产品表面形成油膜，降低制品的黏性；充气油脂自身也具有一定的可塑性，可用于制品表面的装饰，如人造奶油等。

（五）降低水分，延长货架期

通常油脂含量高的焙烤制品的货架期较长，是因为其含水率较低，水分活度低，微生物不易生长，货架期就会相应的延长。

第三节　乳及乳制品（Milk and Dairy Products）

乳及乳制品具有良好的风味、丰富的营养、特殊的加工性能而被应用于食品行业的各个方面，在焙烤制品中乳和乳制品是一类非常重要的辅料，经常用于生产面包、糕点、饼干等制品。

乳及乳制品的种类很多，下面即介绍几种常见常用的乳及乳制品。

一、鲜乳（Milk）

鲜乳是哺乳动物分泌的乳汁，在焙烤制品中常用的是牛乳、羊乳等，在传统西点中应用较多。下面简单介绍牛乳的相关内容：

牛乳是一种复杂的混合物，化学成分主要有水、蛋白质、脂肪、乳糖、矿物质、维生素、酶类等，其成分也会因气候、牛龄等因素的变化而变化，如表1-2-3所示。

表 1-2-3 牛乳的主要成分表

项目	成 分 /%					
	水分	总乳固体	脂肪	蛋白质	乳糖	矿物质
比例	85.5~89.5	10.5~14.5	2.5~6.0	2.9~5.0	3.6~5.5	0.6~0.9
平均值	87.0	13.0	4.0	3.4	4.8	0.8

乳中含有的乳蛋白(酪蛋白、乳清蛋白等),具有很好的营养价值,也可为焙烤制品的工艺性能提供有益的优化;乳中还含有乳脂肪,种类很多,包括低级饱和脂肪酸、高级饱和脂肪酸和不饱和脂肪酸,在焙烤制品中添加,可提高焙烤制品脂肪的消化率,增强乳化性。

二、乳粉(Powdered Milk)

乳粉广泛应用于焙烤工业,分全脂乳粉、脱脂乳粉、全脂加糖乳粉和调味乳粉等,乳粉的成分与奶的组成近似,性能相近,且储藏运输方便,在焙烤工业中采用较多,可将其与适量水(通常为9倍水)混合,代替乳进行使用。

三、炼乳(Condensed Milk)

炼乳用鲜牛奶或羊奶经过消毒浓缩制成的黏稠状物质,可较长时间储存,是"浓缩奶"的一种,将鲜乳经真空浓缩或其他方法除去大部分的水分,浓缩至原体积25%~40%,再加入40%的蔗糖装罐即可制成炼乳。炼乳中的碳水化合物和抗坏血酸(维生素 C)比奶粉多,其他成分,如蛋白质、脂肪、矿物质、维生素 A 等,皆比奶粉少。

炼乳可分为:淡炼乳(Evaporated Milk)是以生乳和(或)乳制品为原料,添加或不添加食品添加剂和营养强化剂,经加工制成的黏稠状产品;加糖炼乳(Sweetened Condensed Milk)是以生乳和(或)乳制品、食糖为原料,添加或不添加食品添加剂和营养强化剂,经加工制成的黏稠状产品;调制炼乳(Formulated Condensed Milk)是以生乳和(或)乳制品为主料,添加或不添加食糖、食品添加剂和营养强化剂,添加辅料,经加工制成的黏稠状产品。

炼乳经常用作西式糕点的原料或蘸料,也有在焙烤中加入,但用于替代乳的使用并不多。

四、干酪及干酪素(Cheese and Casein)

干酪有很多别名,又名奶酪或乳酪,也被称芝士、起士或起司,是从英文 Cheese 直译过来的,干酪是由牛奶经发酵制成的一种营养价值很高的食品。奶酪通常是以牛奶为原料制作的,但是也有山羊、绵羊或水牛奶做的奶酪,大多奶酪呈乳白色到金黄色。传统的干酪含有丰富的蛋白质和脂肪、维生素 A、钙和磷,现代也有用脱脂牛奶作的低脂肪干酪。

干酪的种类很多,较难详细分类,目前最常用的分类方法有以下几种:分类标准分为天然干酪和融化干酪,天然干酪是由牛奶直接制成,也有少部分是由乳清或乳清和牛奶混合制成;融化干酪是将一种或多种天然干酪经过搅拌加热而制成。按照质地特征又可将干酪分为软性干酪、半硬性干酪和硬性干酪等,普通硬性干酪的使用范围最广,产量最高。

干酪的营养价值很高,内含丰富的蛋白质、乳脂肪、无机盐和维生素及其他微量成分等,蛋白质经过发酵后,由于凝乳酶及微生物中蛋白酶的分解作用,形成胨、肽、氨基酸等,容易被人体消化吸收(干酪中的蛋白质在人体内的消化率为96%~98%),干酪中所含有必需的氨基酸与其他动物性蛋白质相比质优而量多,干酪还含有大量的钙和磷。

干酪素在不同工业中所指的物质并不相同,食品中采用的是食用干酪素,又叫干酪质、蛋酪白精、乳酪素等,是用含脂率极低的新鲜脱脂处理使得其中的酪蛋白凝固、脱水、干燥制成的粉末状物质,可按照 5% ~10% 加入面粉中,用作面包、饼干、糕点的原料。

五、乳清(Whey)

乳清是在奶酪生产过程中,由于酸和凝乳酶的作用,酪蛋白发生凝结留在干酪凝块中,形成干酪中的蛋白质构架,分离出的呈绿色的、半透明的液体,乳清中含有的营养成分基本上都是可溶的,如乳清蛋白、磷脂、乳糖、矿物质以及维生素等。

乳清蛋白(Whey Protein)是一大类蛋白质包括 α - 乳白蛋白、β - 乳球蛋白、血清蛋白、乳铁蛋白、蛋白肽以及脂肪球膜蛋白等,乳清蛋白的性质实际上是上述各种蛋白质性质的综合。此外,组成乳清蛋白的各种蛋白质之间还存在着相互的作用。

目前,乳清及乳清蛋白已广泛应用于食品行业的各个领域,具有很好的溶解性,含有大量必需的氨基酸。乳清浓缩蛋白(WPC)具有很好的乳化作用,具有一定的胶凝作用和溶解性,可以提高和改善焙烤制品的品质,使得产品结构质地疏松柔软,持水能力提高,储藏时间延长,可以增加面团的吸水性,延长面团的搅拌时间。

六、乳及乳制品在焙烤制品中的作用

乳及乳制品是焙烤食品中较为重要的一类辅料,在不同产品中添加的种类和量有所不同,所起的基本作用也有所差异,总体上来讲,乳及乳制品可在焙烤制品中有以下主要作用:

（一）赋予焙烤制品以良好的风味

乳及乳制品自身就具有较好的奶香风味,将其作为辅料添加后,由于焙烤过程是一个加热过程,可以使得其中易挥发的芳香类物质挥发出来,使制品具有良好的气味,在制品中剩余的乳及乳制品的成分也可给制品内部带来良好的乳香味道。

（二）赋予面团良好的筋性和搅拌耐力

面筋的主要形成物质就是蛋白质,添加乳和乳制品可以提高面团的蛋白质的含量,促进面筋的形成,加强面团的强度,延长面团搅拌过度的时间。在面包面团中加入乳粉,可以使得面团更耐搅拌,筋性更强,面包成品的组织结构更加均一。

（三）可以提高发酵面团的发酵耐力,赋予焙烤制品以良好的组织结构

乳及乳制品提高面团的筋力,可以延长发酵时间,减轻因发酵时间过长而导致面团的发酵过度,也可以缓冲面团 pH 值的变化,抑制淀粉酶的活性,使得酵母获得碳源的速度减慢,延长酵母对数增长期的时间,使得面筋网络中能够包裹更多的气体,增加了面团发酵期间的耐力和持气能力,有利于面团均匀膨胀使得发酵焙烤制品产生更多的气孔,组织更加柔软。

（四）延缓焙烤制品的老化过程

乳及乳制品中的蛋白质、乳糖等成分有助于延缓老化,蛋白质吸水形成面筋,持水能力增加,体积增大,延缓制品的失水速度,有助于老化减慢,延长货架期。

（五）增加焙烤制品的营养,赋予制品良好的色泽

乳及乳制品具有丰富的营养,可以强化焙烤制品中的维生素、钙、蛋白质的含量,其中还原

性的乳糖可与氨基酸发生羰氨反应,而形成诱人的色泽,乳品含量高则着色容易,含有乳品的焙烤制品在烘焙时应适当降低烘焙温度,延长烘焙时间,防止制品着色过快,而导致内生外焦。

第四节   蛋及蛋制品

蛋通常作为焙烤制品的辅料,但在部分西点中蛋的使用量极大,超过了面粉的用量,而成为了主料。蛋及蛋制品具有丰富的营养,有着良好的烘焙工艺性能,赋予焙烤制品以特殊的风味、香气和结构,在焙烤制品中基本上都是采用禽类的蛋作为原料的。

一、蛋的构成及作用

蛋因产蛋禽类、品种、禽龄、季节、饲料等的不同,其成分也有所差异,但其结构是固定的——蛋壳、蛋清、蛋黄,如图1-2-1所示。

蛋壳是蛋的最外层物质,起到保护蛋的作用,其由角质层、蛋壳和蛋壳膜构成,少量的蛋壳粉可以增加制品的钙质含量。

蛋白(蛋清)是壳膜内层的无色透明的黏性物质,其起泡能力比全蛋和蛋黄强,在焙烤食品中有时与蛋黄一同添加,有时单独使用(如戚风蛋糕等),蛋白是一种亲水胶体,具有良好的机械搅打气泡能力,在西点的装饰中,蛋白经剧烈搅打,可以融入大量的空气,形成气泡,气泡表面存在较强的表面张力,使得气泡成球状,形成泡沫层具有稳定坚实的特点,在烘焙时,气泡体积膨胀,蛋白质变性,赋予制品疏松多孔的组织结构和一定的弹性。

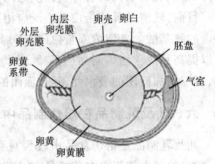

图1-2-1   鸡蛋的结构

蛋黄是由蛋黄膜、蛋黄内容物和胚胎组成,是黄色乳状液,可以单独用于焙烤制品,在焙烤制品中也存在整个添加的情况,蛋黄中含有一定量的磷脂、脂蛋白和蛋白质,磷脂具有两亲结构,能使油水两相融合,促进焙烤制品组织细腻、质地均匀,具有淡黄的色泽,增强制品的持水能力。

二、蛋的成分

(一)蛋的一般化学组成

蛋的化学组成与产蛋禽类的种类、品种、产蛋季节、饲养饲料等均有较大关系,但其均具有蛋白质、脂类、少量糖类、水分等主要化学成分。

(二)蛋白的一般组成

蛋白中主要含有12种蛋白质,包括卵白蛋白、卵伴白蛋白、卵类粘蛋白、卵粘蛋白、溶菌酶和卵球蛋白等,在焙烤食品中有着重要的影响。鸡蛋与鸭蛋的化学组成如表1-2-4所示。在蛋白中也存在较少的碳水化合物,以结合态和游离态存在,但因其含量少,不能体现出较明显的碳水化合物的加工性状。

蛋白中也存在较少的脂质和较少的矿物质,但蛋白中的矿物质的种类较多,有钙、钾、钠、镁等,还含有一定量的溶菌酶、过氧化氢酶、磷酸酶、肽酶等,当将蛋清与蛋黄混合后,溶菌酶的作用降低。

表1-2-4 蛋白的化学组成表

项目	成　分　/%					
	水分	蛋白质	葡萄糖	脂肪	无氮浸出物	矿物质
鸡蛋	87.3~88.6	10.8~11.6	0.10~0.50	少	0.8	0.6~0.8
鸭蛋	87.0	11.5	-	0.03	10.7	0.8

（三）蛋黄的一般组成

蛋黄的结构和成分均较为复杂,蛋黄可分为白色蛋黄与黄色蛋黄,其中黄色蛋白含量较大,在95%以上。蛋黄中的蛋白质大部分为脂蛋白,主要有低密度脂蛋白、卵黄球蛋白、卵黄高磷蛋白、高密度脂蛋白等。在蛋黄中含有一种具有两亲结构的物质——磷脂,具有较好的乳化性能,约占整个蛋黄中脂类含量的32.8%,此外还含有大量的甘油酯、甾醇类物质和微量的脑苷脂。鸡蛋与鸭蛋蛋黄的化学组成如表1-2-5所示。

与蛋白不同的是,在蛋黄中含有丰富的维生素,维生素 A、维生素 E、维生素 B_2、维生素 B_6 等十几种,蛋黄中也存在磷、钙、铁、硫、钾、钠、镁等矿物质,蛋黄中的铁容易被人体吸收。

蛋黄中的色素主要为脂溶性色素,以类胡萝卜素为主,能够提供给蛋黄黄色或橙黄色,也存在叶黄素类的叶黄素、玉米黄素和隐黄质等,蛋黄的颜色与禽类的食物中含有的色素有一定的关系。

在蛋黄中还含有部分酶类,如淀粉酶、蛋白酶等。

表1-2-5 蛋黄的化学组成表

项目	成　分　/%					
	水分	蛋白质	卵磷脂	脂肪	脑磷脂	葡萄糖及色素
鸡蛋	47.2~51.8	15.6~15.8	8.4~10.7	21.3~22.8	3.3	0.55
鸭蛋	45.8	16.8	7.3~10.2	32.6	2.7	0.55

三、常用的蛋及蛋制品

在焙烤制品中常用的蛋及蛋品有鲜蛋、冰蛋、蛋粉三类。

鲜蛋在焙烤食品中的使用量最大,在大多数的中小型焙烤企业中以鲜蛋为主要原料,除在月饼等部分焙烤种类食品中有采用鸭蛋为原料外,大多数焙烤食品采用鸡蛋。在使用鲜蛋时需注意采用照蛋法进行检查后才能打开,防止不新鲜蛋的混入影响品质。

冰蛋应在 -13℃冷库中储存,使用前应进行解冻,化成蛋液后,与鲜蛋的使用方法相同,冰蛋可以防止由于鲜蛋的价格变化、产量变化和质量变化而引起的产品成本和质量的变化,及对产品稳定生产的影响,有助于产品品质的稳定,但因其需要冷藏,成本会升高。

蛋粉在使用前要将其与水混合制成蛋液,但须验证其溶解度,溶解度低的蛋粉起泡能力和乳化能力较差,蛋粉具有易于贮藏,方便运输,质量稳定的优点,但因其经过再加工会引起焙烤制品品质的下降。

四、蛋在焙烤制品中的作用

（一）蛋可赋予焙烤制品丰富的营养

蛋中的蛋白质是完全蛋白质,具有合理的氨基酸构成,易于人体吸收,除此,蛋中还含有卵磷脂、脑磷脂、矿物质、类胡萝卜素、维生素等营养物质,可以提高焙烤食品的营养价值。

（二）改善制品的色香味

在焙烤制品加工过程中,蛋液通常用作刷涂之用,就是我们所说的刷蛋液,在中式糕点的月饼表面,在面包表面涂抹蛋液,会使得烤制后的产品表面呈现光亮的红褐色;在焙烤食品中添加鸡蛋也会使得制品富于蛋香味,蓬松柔软。

（三）蛋的乳化作用

蛋中含有部分两亲(亲水和亲油)物质,如蛋黄中含有的磷脂、脂蛋白和蛋白质,能够使得油水很好的混合,均一分布,促进制品组织结构细腻疏松,具有一定持水性,延缓制品的老化。

（四）起泡作用

蛋的起泡作用主要体现在蛋白。蛋白本身是一种亲水的胶体,具有良好的起泡性,通常采用蛋白强力搅打充气,蛋白形成薄膜包裹混入的空气形成泡沫,赋予食品较好的蓬松度,给予制品较大的体积,如天使蛋糕、海绵蛋糕等。

五、在焙烤制品中打蛋的影响因素

蛋白的打制过程有很多的影响因素,如糖类、pH 值、油脂温度等。

（一）糖对打蛋过程的影响

在打蛋的过程中同时加入糖,是利用糖具有一定的黏度,而黏度大的物质有助于泡沫的稳定和形成,加工中大多以添加蔗糖为主,因蔗糖不具有还原性,在中性和碱性的状态下加热较为稳定,而葡萄糖、果糖、淀粉糖等不稳定,受热与含氮物质易发生呈色反应。

（二）pH 值对打蛋过程的影响

在酸性条件下,蛋白打制形成的气泡较为稳定,可以在打蛋白时少量加入酸或强酸弱碱盐,在日常生产中经常加入的是柠檬酸或醋酸。

（三）油脂对打蛋过程的影响

在打蛋过程中,在打蛋器具上不能有油存在,油本身是一种消泡剂,其表面张力大,可以破坏形成的蛋白气泡膜,导致蛋白泡破裂。

（四）鸡蛋的新鲜度对打蛋的影响

新鲜蛋更容易打发,陈旧蛋的蛋白质比较稀薄,起泡性较差,因此选择新鲜的原料对焙烤制品的品质是具有极其重要作用的。

（五）温度对打蛋的影响

在较高温度时,蛋白(或全蛋)更容易打发,在 30℃时,蛋白的起发性能最好,黏性最为稳定。在北方冬天,为了较好地打发,经常采用温水水浴的方式,预热蛋液后进行打发。而夏季蛋的温度能够达到 30℃,但由于搅拌热的存在,也会使得发泡性下降,所以夏季通常采用短时冷藏的方式给蛋品降温。

需要特别注意的是,在打蛋的过程中要求打蛋的方向保持一致,是由于若反向打制,会导致已经形成的气泡破灭,而对泡沫度要求较高的产品则须将蛋黄、蛋清分离,因蛋黄中含有部分脂类,容易引起气泡的破灭。

第五节　疏松剂(Raising Agent)

疏松剂在焙烤工业中又被称为膨松剂,膨胀剂等,在糕点、饼干和面包的制作过程中均须添加,可赋予制品以疏松的组织结构,是一种十分重要的焙烤食品添加剂。

疏松剂通常可分为化学疏松剂和生物疏松剂两大类,下面就将主要介绍这两大类疏松剂。

一、化学疏松剂

化学疏松剂是利用化学物质分解产气,赋予制品以疏松结构的一类化学物质,有的书籍会将其区分为碱性疏松剂和复合疏松剂。

作为化学疏松剂一般应具有食品安全性高,价格低廉,产气量大、产气速度较为均匀,残留物对成品的影响较小、储存方便的特点。目前,我国允许使用的化学疏松剂主要有碳酸氢钠(钾)、碳酸氢铵、轻质碳酸钙、硫酸铝钾(明矾)、硫酸铝铵、磷酸氢钙、酒石酸氢钾等。其中,碳酸氢钠和碳酸氢铵属于碱性疏松剂范畴,受热均可生成气体。

(一)碳酸氢钠($NaHCO_3$)

碳酸氢钠又称为小苏打、苏打粉、小起子,为白色无臭粉末,味略咸,易溶于水,可在潮湿空气和热空气中缓慢分解,产生 CO_2,分解温度为 $60 \sim 150℃$,产气量为 $261\,cm^3/g$,遇酸强烈分解,残留物呈碱性。其膨胀特性为水平膨胀,俗称"横劲",可用于部分桃酥类面点中。

$$2NaHCO_3 \xrightarrow[\triangle]{60 \sim 150℃} Na_2CO_3 + H_2O + CO_2 \uparrow$$

碳酸氢钠通常用作饼干类和甜酥类焙烤制品的疏松剂,使用量通常为 0.3% ~1.0%,而与碳酸氢铵合并使用时用量为面粉的 0.5% ~1.5%。

碳酸氢钠的分解残留物为碳酸钠,强碱弱酸盐,呈弱碱性,若添加到重油焙烤食品中,会发生皂化反应,影响成品的品质和风味,在饼干等制品中添加不当会产生黄斑,若使用过量会影响成品的口味。

(二)碳酸氢铵(NH_4HCO_3)

碳酸氢铵是一种常用化学疏松剂,俗称臭碱、臭粉、大起子。为白色粉末状晶体,有氨臭味,易溶于水、不溶于乙醇,对热不稳定,在 36℃ 以上时即可分解,水溶液在 60℃ 左右时发生分解,产气量为 $700\,cm^3/g$。

$$NH_4HCO_3 \xrightarrow[\triangle]{36 \sim 60℃} H_2O + NH_3 \uparrow + CO_2 \uparrow$$

碳酸氢铵的分解产物为二氧化碳和氨,均为人体代谢物,适量摄入对人体健康无害,美国食品和药物管理局(1985)将碳酸氢铵列为一般公认安全物质。其分解温度较低,在烘焙初期就可产生大量的气体,不能持续有效的产生气体,其气体产生量大,速度快,所以又被称为"纵向疏松剂"或起"顺劲",与碳酸氢钠不同。

碳酸氢铵膨胀速度过快,形成制品组织较为粗糙,且会出现较大的空洞,在其分解时产生的氨气对人体具有一定的刺激性,若制品水分含量高,会影响制品的风味。

碳酸氢铵通常不单独使用,而是与碳酸氢钠混合使用。在饼干、桃酥等糕点中,添加碳酸氢铵和碳酸氢钠的比例为 4∶6 或 3∶7，蛋糕中使用时为 6∶4 或 7∶3。

（三）明矾 [$KAl(SO_4)_2 \cdot 12H_2O$] 和铵明矾 [$NH_4Al(SO_4)_2 \cdot 12H_2O$]

明矾，为无色透明大结晶或白色结晶性粉末，遇水呈酸性。焙烤制品使用可促使碳酸盐分解生成二氧化碳，降低碱性，制品酥脆。明矾可用于油炸食品、发酵粉、威化饼干、膨化食品等，在油炸食品应用较为常见，如在油条中使用，一般为 10～30 g/kg。

铵明矾，性能和使用范围与明矾相同，也是发酵粉的重要成分之一，但其不宜用于嫌恶铵离子的产品。

（四）复合疏松剂

单一的化学疏松剂会存在不同的缺陷，无法很好的满足制品的需求，因此出现了主要由碱性膨松剂、酸性物质和填充物组成的复合疏松剂，复合疏松剂又称泡打粉、发泡剂、发酵粉、发粉、焙粉等，广泛应用于面食蛋糕、饼干等食品的生产制造。最早在日本使用广泛，日本标准名称为合成疏松剂，中国标准名称为复合疏松剂。表 1-2-6 为复合疏松剂常用组成表。其中，通常采用碱性化学疏松剂为产气物质，添加酸性物质与疏松剂反应产气，添加淀粉、脂肪酸等填充物防止疏松剂的结块、吸湿和失效，也可以调节气体的产生速度或使气泡均匀产生。

表 1-2-6　复合疏松剂常用组成表

物质及比例	可能添加的物质					
碱性物质（20%～40%）	碳酸氢钠					
酸性物质（35%～50%）	钾明矾	铵明矾	磷酸氢钙	磷酸二氢钙	酒石酸氢钙	酒石酸
填充物（10%～40%）	淀粉、脂肪酸					

复合疏松剂在使用时应注意其在面团中的反应速度，在配置发酵粉时也应考虑酸性盐和碳酸氢钠等碱性盐的比例，应使其反应完全，避免中和后残留过剩的酸性盐或碱性盐，通常需事先知道酸性反应剂单位质量的酸性强度即中和值（NV），即中和 100 g 酸性反应剂所需的小苏打的克数。

复合疏松剂还可以根据其反应速度和反应温度分为快性发酵粉、慢性发酵粉和双重发酵粉。产品对复合疏松剂的要求通常有：

① 产气效率高，产气曲线符合工艺加工需要。

② 配方平衡，在产品中无碱涩味，pH 值刚好接近中性。

③ 安全性高，可以适当提高用量，从而减少鸡蛋、油等原料的相对比例，提高经济效益。

最常用的复合疏松剂是泡打粉，又称"速发粉"或"泡大粉"或"蛋糕发粉"，简称 B.P，是西点膨大剂的一种，经常用于蛋糕及西饼的制作。

泡打粉是由碳酸氢钠配合其他酸性材料，并以玉米粉为填充剂的白色粉末。当泡打粉在接触水时，酸性及碱性粉末同时溶于水中而起反应，有一部分会开始释放出 CO_2，在烘焙加热的过程中会释放出更多的气体，这些气体会使产品达到膨胀及松软的效果。泡打粉根据反应速度的不同，分为慢速反应泡打粉、快速反应泡打粉、双重反应泡打粉。快速反应的泡打粉在溶于水时即开始起作用，而慢速反应的泡打粉则在烘焙加热过程开始起作用，其中双重反应泡打粉兼有快速及慢速两种泡打粉的反应特性，目前通常使用的泡打粉均为双重反应泡打粉。泡打粉虽然以碳酸氢钠这种碱式碳酸盐为主要成分,但是往往加入酸性物质对其进行中和,如采用塔塔粉等平衡酸碱度,所以泡打粉不是简单的苏打粉,二者不能直接替换使用。泡打粉中填充的玉米粉作为分隔剂避免泡打粉中酸性和碱性物质直接接触反应失效,泡打粉在保存时也应尽量避免受潮而提早失效。

泡打粉通常与面粉等基础原料进行一定比例搅拌和混合后(原料质量的 2% ~ 3%),再加入水进行面团的成型。

二、生物疏松剂

在焙烤制品生产中,常常利用微生物的发酵产气,赋予产品以疏松的结构,特殊的风味,这类微生物被称之为生物疏松剂,这类生物疏松剂以酵母为代表。

(一)酵母发酵的基本原理

酵母在焙烤制品中,酵母的发酵主要反应是通过有氧呼吸和无氧呼吸,将碳水化合物转变为二氧化碳及酒精,其化学方程式是:

有氧呼吸:$C_6H_{12}O_6 + 6O_2 \longrightarrow 6CO_2 \uparrow + 6H_2O + 2817.23kJ$

无氧呼吸:$C_{15}H_{12}O_6 \longrightarrow 2C_2H_5OH + 2CO_2 \uparrow + 112.86kJ$ (Gay Lusssac 式)

酵母发酵除产生 CO_2 和酒精外,还有少量其他副产物,如琥珀酸、甘油醇,其整个发酵过程是一个非常复杂的生物化学变化过程。可被酵母利用作为能量的单糖有葡萄糖、果糖、甘露糖,而半乳糖则不能被利用,因为酵母体内无半乳糖酶。

(二)酵母在发酵制品中的功能

酵母在发酵制品生产中起着关键的作用,可以说没有酵母便制作不出面包:

① 酵母在面团发酵中产生大量的 CO_2,由于面团面筋网状组织结构的形成,而被留在网状组织内,使面包疏松多孔,体积变大膨松,具有生物膨松作用。

② 酵母发酵除产生 CO_2 外,还有增加面筋扩展的作用,使酵母发酵所产生的 CO_2 能保留在面团内,提高面团的保气能力,而化学膨松剂则无此作用。

③ 酵母可以帮助蛋白质的子链形成,促进面筋的形成,面团在搅拌时会包入一些氧分子,搅拌后的面团延展性大、阻力小,经过 20 ~ 30 min 松弛后,面团由于氧化作用而使面筋链相互结合,从而增加面筋的强度。

④ 酵母可以降低面团的 pH 值,酵母在发酵过程中所产生的有机酸,面团内的乳酸菌和醋酸菌,在发酵时产生乳酸和醋酸,面团的改良剂作为酵母氮素来源的氨盐,如硫酸铵 $[(NH_4)_2SO_4]$ 及氯化氨等,均是强酸弱碱型盐类。经酵母利用后产生诸如硫酸、盐酸等强度酸,也使面团的 pH 值降低,但在面团中这些酸的含量非常少。

⑤ 酵母可以增加面团的胶体膨化及吸水作用,改善面包的物理性质,产生具有挥发性的有机物质,形成面包特有的烘焙气味,即"醇香"味。

(三)常用的商品酵母

常用的商品酵母有三类,分别为鲜酵母、干酵母和即发干酵母,下面就分别介绍这三类商品酵母的优缺点及特性。

1. 鲜酵母(Fresh Yeast)

鲜酵母作为商品酵母进行使用已经越来越少,只有部分传统的发酵焙烤制品工艺依旧在使用,而为了便于储存和生产使用,目前存在的商品鲜酵母通常为浓缩鲜酵母和压榨鲜酵母。

鲜酵母具有风味好、发酵耐力强的特点,但发酵能力较弱,产气量较低小于 650 ml/g;且因为鲜酵母的差异很大受储存时间、方式及条件的影响很大,所以导致鲜酵母的活性和发酵力非常不稳定,差异很大;鲜酵母不易储存,通常应存放在 0～4℃ 的条件下,有效储存期仅为 3～4 周,且其使用很不方便,在使用前需要用 30～35℃ 温水活化 10～15 min,发酵速度慢。

2. 干酵母(Dried Yeast)

干酵母是鲜酵母在长时间低温(50～65℃)干燥下生产而成的产品。

干酵母与鲜酵母相比具有明显的优势,其发酵产气能力得到极大的提高,可以达到 1 300 mL/g,且活性较为的稳定,差异减小,可以贮藏 1 年以上;对糖盐等物质的耐渗透能力增强。

但是干酵母也具有一定的缺点:首先,干酵母使用依旧不方便,需要活化,活化条件较为严格(温度 30～40℃),其次在干酵母死亡后会产生还原性的物质(—SH),能够激活蛋白酶,使得面筋的筋力被削弱;再次,干酵母在发酵过程中有不良风味,必须控制其使用量,但是不增加酵母的使用量就无法提高面团的发酵速度,且成本高。

3. 即发干酵母(Instant Activated Dry Yeast)

即发干酵母也被称之为快速酵母或速溶酵母,是现在应用最为广泛的商业酵母产品。干燥方式与干酵母不同,通常采用冷冻干燥和高温瞬时干燥的方法,这样可以极大的保证、加工后酵母的质量和活性,即发干酵母具有发酵能力强(1 300～1 400 ml/g)、使用方便(无须活化)、性能稳定(贮存 3～4 年)等优点。当然也具有一定的缺点,如:相对成本较高,发酵耐力较差,在使用时不能与冷水接触,在 15℃ 以下使用会抑制酵母的活力。

无论是鲜酵母、干酵母和即发干酵母都是通过一系列的生物化学反应而产气赋予制品以风味,增加制品的营养,改善面筋和面团的结构,延缓—S—S—的移位,从而使得成品的结构更加均一。

(四) 影响酵母发酵活性的因素

酵母在使用过程中,其活性的大小是人们最为关心的问题,影响酵母发酵活性的因素有很多,主要有以下几个方面:

1. 温度

在一定的温度范围内,随着温度的增加,酵母的发酵速度也增加,产气量也增加,但最高不要超过 38℃。一般的面团发酵温度应控制在 26～28℃,如温度过高,那么发酵则过速,面团未充分成熟,保气能力不佳,影响最后产品之品质。在面包面团的醒发时要注意温度控制在 35～38℃,防止产酸菌的大量繁殖。

2. pH 值

最适宜酵母发酵的 pH 值在 4～6 之间,过高或过低,都会减低酵母发酵的能力。

3. 渗透压

渗透压高低对酵母活力有很大的影响,当外界物质浓度高时,酵母内的液体渗出体外,造成质壁分离,酵母因此被破坏而死亡。当然也有些酵母在高浓度下仍可生存发酵,干酵母比鲜酵母有更强的适应力。糖和盐是影响酵母发酵环境渗透压的主要因素,当配方中的糖量低于 5% 时,不会抑制酵母的发酵能力,可促进酵母发酵反应;当超过 6% 时,便会抑制酵母的发酵;如超过 10%,发酵速度会明显减慢,在葡萄糖、果糖、蔗糖和麦芽糖中,麦芽糖的抑制作用比前三种糖小,这可能是由于麦芽糖的渗透压比其他糖要低所致。盐的渗透压则更高,对酵母发酵的抑制作用更大,当盐的用量达到2%,发酵即受影响。

4. 水

水是酵母生存环境中重要的因素,水含量高的面团,酵母发酵的速度快。

5. 酵母的营养素含量

面团中含有酵母可利用的碳源和氮源的含量,可以促进或抑制酵母的发酵。

6. 油脂的使用方法和量

在面团中油脂的使用量过多,分布越均匀,其对酵母的包裹和使酵母与营养物质隔离的能力就越强,而易影响酵母的发酵;在酵母和油脂的添加次序上,酵母和油脂的先后添加也会影响酵母的发酵,当油脂含量高时通常采用后加油的方式。

（五）酵母使用需要注意的几个问题

① 根据产品的性质和加工工艺选用酵母的种类。如生产面包通常采用发酵耐力强、后劲大的酵母,高活性干酵母适宜快速发酵法等。

② 在夏秋季节使用时,应将酵母与30~40℃的温水混合,可以使得酵母分散,也可使酵母预活化。较热季节用冷水搅拌,较冷季节用热水搅拌,但应避免与15℃(酵母"感冒")以下和55℃以上(可与面粉先混合)的水接触。

③ 避免酵母与糖盐等能产生高渗透压的物质直接接触。

第六节　食盐及水(Salt and Water)

食盐和水都是焙烤加工中重要的辅料。

一、食盐(Salt)

食盐与小麦粉、酵母、水并称为面包的四大基本要素原料,虽然在所有的焙烤制品中使用量很低,但是其作用不可忽视,尤其在面包类制品中,盐是不可不用的原料之一,且在部分产品中应用较多。

食盐作为焙烤食品和方便食品中重要的原料,能够促进消化液的分泌,保证人体正常的渗透压,少量的食盐也可为制品提供鲜味,或起到突出其他滋味的作用。

（一）面团中影响盐添加量的因素

焙烤制品食盐选择时应注意其纯度、色泽、溶解度等影响因素,在面包和方便面等焙烤制品面团的和制时应考虑食盐在面团形成过程中所起的作用,如:

① 面团的筋力与食盐的用量有关,食盐可加强面筋。

② 糖与盐在面团中的添加量应该相互协调,因两者均可产生渗透压,且有部分渗透压叠加效应。

③ 水质的硬度影响盐的添加量,水中金属离子浓度大时应减少盐的用量。

④ 在发酵类焙烤制品中,盐可延长发酵时间。

⑤ 配方成分复杂时,通常考虑减少盐的添加量。

（二）盐在焙烤制品中的作用

盐作为一种咸味剂在焙烤制品中有其独特的作用:

① 增进制品的风味,盐不仅能提供制品咸味,而且可以刺激人的味觉神经,衬托出其他

物料的风味。

② 可以用来调节面筋的形成和发酵的速度。盐有加强面团中面筋的作用,在面包面团的制作中通常采用后加盐的方式,此外,盐可以抑制酵母的活性,防止发酵面团发酵过快引起跑气,组织结构不均匀。

③ 改善制品内部的颜色,食盐可以改善面包面团的内部立体网状结构,易于延伸扩展,使得成品的组织细腻均匀,气室大小均一、壁薄,光线易于投射,而使得成品内部洁白。

二、水 (Water)

水是焙烤制品的又一重要原料,通常作为面团或面糊的增塑剂和溶剂,对焙烤产品有着重要的作用,在面包、蛋糕、饼干、方便面的生产中主要用于和制面团,溶解添加剂。无水就无法形成面团,无水就无法形成面糊。

水在焙烤制品中的作用:

① 在面团的和制过程中能够促使蛋白质形成面筋,构成部分焙烤食品的骨架,促进淀粉吸水糊化、分解,促进糖盐等可溶性成分的溶解。

② 可以调节面团的黏稠度和软硬度。通常含水量高的面团较软,含水量高的面糊较稀。

③ 协助各种原辅料混合均一。作为溶剂,可以促使各种干性原辅料充分混合溶解,成为较为均一的结构。

④ 能够协助控制面团或面糊的温度,控制合适的加工温度和湿度。如在发酵面团的调制过程中可采用水温来调节面团的温度,在蛋糕糊打制的打蛋过程中可以采用水浴的方式来调整打制的温度。

⑤ 协助生物化学反应,如酵母的发酵及酶反应等都要有一定量的水作为反应介质和运载工具。

⑥ 作为传热介质,进行制品的加工。

⑦ 可以保持产品柔软度和货架期(对面包蛋糕类制品而言,不适宜方便面、饼干等含水量低的制品)。

水的种类不同,对焙烤制品品质的影响如表 1 - 2 - 7 所示。

表 1 - 2 - 7   水对焙烤制品品质的影响

水的种类	可能产生的影响	解决的方法
硬 水	面筋硬化,发酵类类制品体积小、口感粗、易掉渣	煮沸、对发酵类制品增加酵母量、提高温度、延长时间等
软 水	面团过度软化,黏度大吸水量下降,发酵类制品体积小	添加含矿物质的添加剂,使水质达到一定的硬度
酸性水	酸性过大影响面筋的形成,制品品质差	用碱性物质进行中和,使水的 pH 值符合制品要求
碱性水	降低面团的酸度,影响面筋的成熟使得制品的色泽发黄	加入有机酸进行中和

不同制品的用水要求有所不同,将在后面的章节中加以介绍。

第七节　其他用料(Others)

焙烤制品的用料很多,无法在此一一细述,通常采用的有以下几种:

一、果料

在焙烤中常用的果料种类很多,有果干、果酱、果脯、果泥、新鲜水果、罐头、蜜饯、果仁等。在糕点类焙烤制品中应用最多,在面包类焙烤制品中应用一般,而在饼干类制品中应用较少,一般混入面团、用于馅心或装饰表面。

果料的添加能提高制品的营养价值,使其具有更为丰富的风味,能够调节和增加制品的花色品种,使得制品的外观更加诱人。

二、肉与肉制品

在糕点中有时还会用到肉和肉制品,如火腿、鲜肉、海鲜、香肠等。这些肉制品不仅可以增加焙烤制品的风味和营养价值,也可以增加产品的适口性能。部分肉制品用于制作馅料,如火腿月饼、香肠月饼、奶油牛肉卷等,也有用肉制成肉松蘸在制品的表面,如肉松卷等,在肉制品中需要特别注意的是微生物指标,如:致病菌指标,还应注意如莱克多巴胺(Ractopamine)及克伦特罗(Clenbuterol)等瘦肉精类的化学药物。

第三章 其他焙烤食品常用添加剂

第一节 乳化剂(Emulsifying Agent)

乳化剂是乳浊液的稳定剂,是一类具有两亲结构(亲水性和亲油性)的表面活性剂。乳化剂的作用是:当它分散在分散质的表面时,形成薄膜或双电层,可使分散相带有电荷,这样就能阻止分散相的小液滴互相凝结,使形成的乳浊液比较稳定。乳化剂分子结构中一部分与油脂中烃类结构相近,而易与油脂界面相结合,被称之为亲油基;还存在一部分易与水界面相结合,被称之为亲水基。乳化剂可以使油水界面稳定,油水两相均匀分散,形成稳定的乳化体,而起到乳化、分散、起酥、稳定、发泡和消泡等目的,其在食品加工中经常使用。

一、乳化剂的分类

乳化剂从来源上可分为天然乳化剂和人工合成乳化剂两大类。如鸡蛋黄中含有的磷脂类物质,大豆中含有的大豆磷脂类物质都属于天然乳化剂的范畴,而蔗糖脂肪酸酯则是应用较为广泛的合成乳化剂。

按其在两相中所形成乳化体系性质又可分为水包油(O/W)型和油包水(W/O)型两类,水包油型乳化剂也被称之为水溶性乳化剂,具有较强的亲水性,能改善油在乳化体内的分散相,使水均匀地包围在油粒周围,成为水包油型乳化体;相反,油包水型乳化剂,能均匀的使水分散在油里,也被称之为油溶性乳化剂。

二、乳化剂性能的衡量指标

衡量乳化剂乳化性能的常用指标为亲水亲油平衡值(Hydrophilyty and Lipophilyty Balance,HLB),最早确定 HLB 值是将疏水性最大的完全由饱和烷烃基组成的石蜡的 HLB 值定为 0,将亲水性最大的完全由亲水性的氧乙烯基组成的聚氧乙烯的 HLB 值定为 20,其他的表面活性剂的 HLB 值则介于 0～20 之间。一些乳化剂的 HLB 和 ADI 值如表 1-3-1 所示。HLB 值越大,其亲水性越强,HLB 值越小,其亲油性越强。随着新型表面活性剂的不断问世,已有亲水性更强的品种应用于实际,如月桂醇硫酸钠的 HLB 值为 40。因此,我们认为一般 HLB 值在 1～40 之间。

表 1-3-1 某些乳化剂的 HLB 和 ADI 值

乳 化 剂	HLB 值	ADI(mg/kg 体重)
一硬脂酸甘油酯	3.8	不限制
一硬脂酸一缩二甘油酯	5.5	0～25
一硬脂酸三水缩四甘油酯	9.1	0～25

续表

乳 化 剂	HLB 值	ADI(mg/kg 体重)
琥珀酸—甘油酯	5.3	—
二乙酰酒石酸—甘油酯	9.2	0~50
硬脂酰乳酸钠	21.0	0~20
三硬脂酸山梨糖醇酐酯(斯潘15)	2.1	0~25
一硬脂酸山梨糖醇酐酯(斯潘60)	4.7	0~25
一油酸山梨糖醇酐酯(斯潘80)	4.3	—
聚氧乙烯山梨糖醇酐—硬脂酸酯(吐温60)	14.9	0~25
丙二醇—硬脂酸酯	3.4	0~25
聚氧乙烯山梨糖醇酐—油酸酯(吐温80)	15.0	0~25

注：①—代表无限度要求。

②HLB 相同时，混合乳化剂较单一乳化剂的乳化效果好。

③甘油酯、蔗糖脂肪酸酯、大豆磷脂等具有较好的乳化性能。乳化剂 HLB 的值不一样，适用范围也不一样，如表 1－3－2 所示。

表 1－3－2　乳化剂的 HLB 与适用性

HLB 值	适用性	HLB 值	适用性
1.5~3.0	消泡剂	8.0~18.0	O/W 乳化剂
3.5~6.0	W/O 乳化剂	13.0~15.0	洗涤剂
7.0~9.0	湿润剂	15.0~18.0	溶化剂

衡量食品乳化剂的乳化性能除了 HLB 值以外，还有乳化剂的临界胶束浓度等，它主要表示乳化剂形成胶束的最低浓度，是一个浓度的范围。

三、乳化剂的功能及其在焙烤食品中的作用

在焙烤食品中，乳化剂除了具有乳化功能以外，还会具有其他的功能。

（一）乳化剂的功能

乳化剂的功能如下：

① 提高制品中淀粉的吸水性和持水性，减缓淀粉的老化，改善产品的质构。

② 增进面筋的强度，增强面筋的韧性和弹性，改善面筋的网络结构，增加发酵焙烤制品的体积。

③ 可以减缓制品内部或表面的糖晶体吸湿，提高制品的防潮性，防止制品变形，降低体系的黏度。

④ 增加淀粉与蛋白质的润滑作用，增加挤压淀粉产品的流动性，便于操作。

⑤ 促进液体乳化体系的形成，改善产品的稳定性。

⑥ 降低界面的表面张力，有效润滑面团中的各种物质。

⑦ 稳定由搅打或其他方式产生的气泡，促进产品多孔性能的体现，改善品质。

⑧ 改良焙烤食品用脂肪的晶体,脂肪晶体有多种晶形,其中以 β - 晶形较为常见与稳定,由于晶体粒子大,熔点高,不适于焙烤产品,容易产生"砂粒"。乳化剂可控制晶体性状大小和生长速度,稳定 β - 晶形,使之转变成为 β - 晶形,改善以固体脂肪为基质的产品组织结构,对装饰用人造奶油、冰淇淋、巧克力等效果尤为显著。

⑨ 反乳化 - 消泡作用,在某些加工过程中需要破乳和消泡,而加入相反作用的乳化剂,可以破坏乳液的平衡,含有不饱和脂肪酸的乳化剂具有抑制泡沫的作用。

（二）乳化剂在不同焙烤制品中的应用

1. 在糕点类制品中的应用

乳化剂可以促进气泡的稳定生成,改良组织结构,缩短加工时间,使蛋糕膨发的更大,防止"走油"（面制品中油脂析出的现象）现象的产生,提高制品的持水性,防止"老化",通常在蛋糕制作过程中,向面糊中加入较多的是"蛋糕油"。

2. 在面包类制品中的应用

在面包中经常需要添加乳化剂,如部分的面包改良剂主要成分就是乳化剂,可以改善面团的物理性质,改变面团发黏的缺点,增强面团的延伸性,提高面团加工的机械性能,有利于烘焙成柔软而体积大的面包,防止面包的老化,在面包中使用的面包改良剂的主要成分往往是单硬脂酸甘油酯,使用量为面粉质量的 0.1% ~ 0.6% 。

3. 在饼干类制品中的应用

使得油水能够较好的混合、乳化,改善制品的结构,提高面团内部的持气性,提高成品的酥松性能。

4. 在方便类制品中的应用

在速溶原料、方便面等食品中,添加乳化剂,促进原料的持水性能,促进水的浸润和渗透,促进油脂的分散,提高面团的机械加工特性。

四、焙烤制品中常用的乳化剂

食品乳化剂需求量最大的为脂肪酸单甘油酯,其次是蔗糖酯、山梨糖醇脂、大豆磷脂、月桂酸单甘油酯、丙二醇脂肪酸酯等。蔗糖酯由于酯化度可调,HLB 值宽广,既可成为 W/O 型,又可成为 O/W 型乳化剂,应用研究也较为广泛。此外,还有大豆磷脂,大豆磷脂是天然产物,它不仅具有极强的乳化作用,且兼有一定的营养价值和医药功能,是值得重视和发展的乳化剂,但在磷脂的提纯以及化学改性方面尚需加强研究。

（一）面包常用的乳化剂

面包常用的乳化剂有硬脂酰乳酸钠（SSL）、硬脂酰乳酸钙（CSL）、双乙酰酒石酸单甘油酯（DATEM）、蔗糖脂肪酯（SE）、蒸馏单甘酯（DMG）等。各种乳化剂通过面粉中的淀粉和蛋白质相互作用,形成复杂的复合体,起到增强面筋,提高加工性能,改善面包组织,延长保鲜期等作用。

1. 硬脂酰乳酸钠/钙（SSL /CSL）

这种乳化剂具有强筋和保鲜的作用。一方面与蛋白质发生强烈的相互作用,形成面筋蛋白复合物,使面筋网络更加细致而有弹性,改善酵母发酵面团持气性,使烘烤出来的面包体积增大;另一方面,与直链淀粉相互作用,形成不溶性复合物,从而抑制直链淀粉的老化,保持烘烤面包的新鲜度。SSL/CSL 在增大面包体积的同时,也能提高面包的柔软度,但与其他乳化剂复配使用,其优良作用效果会减弱。

2. 双乙酰酒石酸单甘油酯（DATEM）

这种乳化剂能与蛋白质发生强烈的相互作用，改进发酵面团的持气性，从而增大面包的体积和弹性，这种作用在调制软质面粉时更为明显。如果单从增大面包体积的角度考虑，DATEM在众多的乳化剂当中的效果是最好的，也是溴酸钾替代物一种理想途径。

3. 蔗糖脂肪酸酯（SE）

在面包品质改良剂中使用最多的是蔗糖单脂肪酸酯，它既能提高面包的酥脆性，改善淀粉糊黏度以及面包体积和蜂窝结构，并有防止老化的作用。采用冷藏面团制作面包时，添加蔗糖酯可以有效防止面团冷藏变性。

4. 蒸馏单甘酯（DMG）

蒸馏单甘酯主要功能是作为面包组织软化剂，对面包起抗老化保鲜的作用，并且常与其他乳化剂复配使用，起协同增效的作用。

（二）蛋糕中常用的乳化剂

在蛋糕制作过程中，尤其是海绵蛋糕中，最常使用的乳化剂是蛋糕油，蛋糕油又称蛋糕乳化剂或蛋糕起泡剂。乳化膏或起泡剂的膏状复合乳化剂，主要由甘油单、二脂肪酸酯、失水山梨醇脂肪酸酯、丙二醇脂肪酸酯、聚氧乙烯失水山梨醇脂肪酸酯、蔗糖脂肪酸酯等乳化剂和水、丙二醇、山梨醇等溶剂中的几种调配而成。将蛋糕油加入蛋糕浆中可以使蛋糕浆搅打时快速起发，在短时间内使蛋糕浆包裹入大量的空气，形成细腻丰富的泡沫，再经烘烤得到体积大、组织细密而松软的蛋糕。另外，乳化剂可以与蛋糕中的淀粉相互作用形成不溶性复合物，从而有效地抑制了淀粉的老化，使蛋糕在长货架期内保持柔软的口感。乳化剂同样会与蛋糕中的脂肪和蛋白质发生相互作用，从而提高起发程度和改善口感。

在20世纪80年代初，国内制作海绵蛋糕时未添加蛋糕油，在打发的时间上非常慢，出品率低，成品的组织也粗糙，还会有严重的蛋腥味。后来添加了蛋糕油，制作海绵蛋糕时，打发的全过程只需8～10 min，出品率也大大地提高，成本也降低了，且烤出的成品组织均匀细腻，口感松软。蛋糕油的添加量一般是鸡蛋的3%～5%，配方中鸡蛋增加或减少时，蛋糕油也须按比例减少或加大，也就是说鸡蛋量达到一定程度时，可以不添加蛋糕油。

蛋糕油一定要在面糊的快速搅拌之前加入，这样才能充分的搅拌溶解，否则会出现沉淀结块，面糊中有蛋糕油的添加则不能长时间的搅拌，因为过度的搅拌会使空气拌入太多，反而不能够稳定气泡，导致破裂，最终造成成品体积下陷，组织变成棉花状。

目前，对蛋糕油的使用有所争议，据报道蛋糕油是一类低毒的食品添加剂，但笔者在国家标准《食品安全国家标准》，《食品添加剂使用标准》（GB 2760—2011）中并未查找到相关依据，国家标准对蛋糕油使用有限量要求，均为 5.0g/kg。

第二节　改良剂（Modifying Agent）

在焙烤工艺学中，改良剂应分为三类：一类为面粉的改良剂（氧化剂、增白剂等），一类为面团改良剂（增筋剂和降筋剂等），其他改良剂（酵母营养剂、保鲜剂等），其实这些改良剂也会相互作用，并不能明确分类。

一、氧化剂（Oxidizing Agent）

氧化剂主要有溴酸钾（可由 L-抗坏血酸替代，我国已于 2005 年 7 月 1 日起，禁止在小麦粉及面制食品中使用溴酸钾。）、氯气、二氧化氯、过氧化钙等，能够增强面团筋力，提高面团弹性、韧性和持气性，增大产气产品的体积，各种氧化剂需严格按照国家标准要求使用，目前在国外发达国家，只有抗坏血酸是唯一使用的氧化剂。

二、还原剂（Reducing Agent）

还原剂在焙烤制品中的用量较少，主要采用的是 L-半胱氨酸盐酸盐，有些时候也采用焦亚硫酸钠。其主要作用是促进发酵、防止氧化，是面包速成促进剂，能改变面包和食品的风味。

三、增筋剂（Intensifier）

当制作焙烤制品的原料面粉筋力过低时会影响产品的品质，多采用谷朊粉作为增筋剂。谷朊粉含有 75% ~85% 的蛋白质，广泛应用于面包面条的生产，可以增强面团的持气性和发酵类制品的体积，改善制品的组织结构，因其具有易水化而形成小面筋球的特点，现多采用乳化剂单甘酯包裹谷朊粉形成微胶囊进行使用。

四、酶制剂（Enzyme Preparation）

在焙烤食品中主要采用淀粉酶、蛋白酶、脂肪氧化酶和乳糖酶等酶制剂。在面粉中或在发酵后的面团中都有这些酶存在，但是往往含量不够或不协调，导致制品品质下降，添加酶制剂可以很好的改善制品的性状，提高品质。

（一）淀粉酶（Amylase）

面粉中含糖量很低，无法满足发酵制品中酵母发酵的需要，为增加面团中糖的含量则需添加部分淀粉酶。正常面粉中 α - 淀粉酶活性极低，β - 淀粉酶含量丰富，而 α - 淀粉酶对损伤淀粉的分解能力强于 β - 淀粉酶，也比 β - 淀粉酶更加耐热，所以适当的在面粉中添加 α - 淀粉酶有助于产品品质的提高。

（二）脂肪氧合酶（Lipoxygenase）

脂肪氧合酶可以促进空气中的氧气氧化面粉中的类胡萝卜素和不饱和脂肪酸，从而改善焙烤产品的色泽，使组织更加洁白，可诱导蛋白质分子聚合，促进面筋网络形成，提高面团筋力。脂肪氧合酶往往从大豆中提取。

（三）蛋白酶（Protease）

在焙烤食品中使用的蛋白酶通常为内肽酶，从蛋白质肽链内部水解肽键。蛋白酶可破坏面团中面筋结构，降低面筋强度，增加面筋的延展性，提高面团的可塑性，改善面团的组织结构。可使用胃蛋白酶和胰蛋白酶作为焙烤食品蛋白酶添加剂进行添加，但应控制添加蛋白酶的时间和过程，通常用于二次发酵法生产面包工艺中，在二次发酵时添加。

五、其他改良剂（other Improvers）

（一）钙盐（Calcium Salts）

钙盐主要用于调节水的硬度，通常使用的是碳酸钙、硫酸钙、磷酸氢钙等，在面包生产中存在一定的盐类可以增强面筋,提高持气能力,因此选用较硬的水更有利于加工,钙盐有时也可以调节 pH 值。

（二）铵盐（Ammonium Salt）

铵盐主要提供给发酵面制品中酵母需要的氮源,常用的有氯化铵、硫酸铵、磷酸铵等,可促进酵母的发酵,也可降低 pH 值。

（三）酸度调节剂（Acldity Regulation）

除钙盐和铵盐外,还可使用磷酸二氢钙、磷酸钙、磷酸氢钙等作为酸度调节剂,也可适当添加乳酸。

（四）分散剂（Dispersant）

当改良剂用量较低,不易在面粉或面团中分散均匀时,先将其与部分分散剂充分混合,有利于称量和操作。通常使用的分散剂有食盐、淀粉（改性淀粉）、小麦粉、豆粉等。

第三节　香精香料（Flavors & Fragrances）

在焙烤食品中往往需要添加部分香精香料以提高产品的风味。

一、香精（Fragrances）

香精是由人工合成的模仿水果和天然香料气味的浓缩芳香油,多用于制造食品、化妆品和卷烟等。人类所合成的第一种香精是香兰素,至今仍用于食品行业。

香精较香料的使用更为广泛,因其可以调制各种不同的气味,还可以避免单一香料香气的不良影响。香精的基本组成是:主香剂、顶香剂、定香剂和辅助剂。香精可分为水溶性香精和脂溶性香精两类,还有乳化香精等。

二、香料（Flavors）

香料,英文一般用 Spice,定义并不明确,指称范围不同,有人认为所有一切能够发香的物质都可以称为香料,但这样容易模糊成品和原料的区别,因此将来自自然界动植物和经人工单离合成而得的发香物质叫做香料。例如,麝香为动物性香料、橘子精油为植物性香料、香樟素为单离香料、丁酸乙酯为合成香料等。香精是以天然、人工单离香料为原料,经调香,加入适当的稀释剂配制而成的多成分的混合体,可以根据人们的需要而配制生产。

香料种类的划分方式很多,主要可以分为天然香料和人造香料两大类。天然香料可分为动物性香料和植物性香料,其中动物性香料的种类很少,价格昂贵,在焙烤制品工业少有使用,植物性香料种类繁多,其来源丰富,应用较为广泛,且安全性较高;人造香料又分为单离香料（以化学方法分离出单一的成分）、合成香料（采用单离香料、化学物质及焦油类物质经复杂化学变化制成）、调和香料（以天然或人造香料为原料,调和配制而成）,人造香料使用范围较广,在焙烤工业中应用最为广泛,相对也最为廉价,可以大批量获得。

在焙烤工业中经常采用的香料有:甜橙油、橘子油、柠檬油、茴香油、香兰素、乙基麦芽酚、乙基香草醛等。在我国香料的使用范围和限量都有明确的规定。

三、焙烤食品中香味剂的选择及使用

（一）香味剂的选择

在焙烤食品中香味剂的选择首先要符合产品的品种特征要求，适合消费者的习惯，不能过量加入而影响制品的天然风味，如常用的可可香型、橘子香型等。

（二）香味剂的使用注意事项

① 尽量于加热冷却或加工后期加入香味剂，防止香气因挥发损失，或因高温而发生气味改变。

② 在热加工糕点中，尽量选用较为耐热的油基香精，使用量要根据风味具体决定。

③ 在使用香精香料时注意焙烤食品中添加剂的影响，如碱性疏松剂，避免直接接触。

④ 注意香味剂添加时均匀混合，且混合速度要快，避免其过多暴露于环境中。

⑤ 在香味剂使用前应先摸索其添加条件、如添加量、添加时间等。

⑥ 香味剂使用要注意稳定性，防止因光、热、水、pH 值、金属离子等影响发生品质的改变，注意其储存条件。

（三）香味剂使用方法

固态香味剂可在焙烤前添加于面粉中，混合过筛或液态香味剂可添加于面团中，但需增量添加（避免因搅拌和加热损失），或加入经微胶囊化的香味剂。香味剂可在产品出炉后降温至 40 ～50℃时喷涂至产品的表面，通常使用于挤压、膨化、油炸类食品中。还有部分香味剂使用主要增加芯料和馅料的风味，如奶油香精、香兰素等。

第四节　抗 氧 化 剂

抗氧化剂在焙烤产品中应用并不多，尤其对于以现制现卖为主的焙烤企业基本不进行添加，但对于批量生产、要求货架期较长的企业和产品品种而言，抗氧化剂则是不可缺少的一类添加剂。抗氧化剂主要应用于含有油脂较多的产品品种中，防止脂肪的氧化酸败导致产品的口味发生恶变。近半个世纪以来在含油高的焙烤制品中添加抗氧化剂已经成为保证高油焙烤制品品质的重要手段。

目前，在焙烤产业通常使用的抗氧化剂有 BHA、BHT、PG、抗坏血酸盐、茶多酚、TBHQ 和生育酚等，这些抗氧化剂可以单独使用，还可以与柠檬酸和抗坏血酸等酸性增效剂复合使用。

抗氧化剂按溶解度可分为油溶性和水溶性两类，BHA、BHT 和 PG 等属于油溶性抗氧化剂，而抗坏血酸盐等属于水溶性抗氧化剂。按来源分抗氧化剂可分为天然抗氧化剂和人工合成抗氧化剂，目前天然抗氧化剂在食品产业备受瞩目，如茶多酚、磷脂、维生素等受到人们的欢迎。

一、抗氧化剂的在焙烤食品中使用的注意事项

（一）均匀混合抗氧化剂

因抗氧化剂的使用量较少，只有均匀混合才能起到作用，如在面团或馅料中混合后进行加工，对于油脂含量极大的原料可以采用浸泡的方式避免氧化。

（二）采用适当的包装方式，避免抗氧化剂失效

在部分含油量较高的焙烤食品的包装中，多采用密闭封装或充氮包装的方式，可避免抗

氧化剂的过早失效,保证产品的质量。

（三）选用适当的复配方式,或添加适当的增效剂

多数抗氧化剂可以与酸性增效剂复合使用。提高其抗氧化效能,而采用抗氧化剂复配的方式也可提高抗氧化的效能。

二、面制品中常用的抗氧化剂

（一）BHA（丁基羟基茴香醚,Butyl Hydroxy Anisd）

BHA 是一种在焙烤制品中使用广泛的抗氧化剂,具有一定的防腐作用,在月饼、饼干、方便面及油炸类等面制品中均可使用。我国规定其最大使用量限定为 0.2g/kg;其与 BHT 混合使用时,限量有所不同,如与 BHT 复合使用其总量应低于 0.2g/kg;与 BHT 和 PG（设食子面食丙酯）混合使用时,BHA 和 BHT 总量不得超过 0.1g/kg,PG 应低于 0.05g/kg。

（二）BHT（2,6-二叔丁基-4-甲基苯酚,Butylated Hydroxy Toluene）

BHT 可用于油炸食品、饼干、方便面等产品中最大使用量为 0.2g/kg,经常与 BHA 一同使用,柠檬酸和抗坏血酸均为其增效剂,在生产中使用较多,当混合使用时 BHT∶BHA∶柠檬酸为 2∶2∶1 的比例,若混合物质不易拌合,则需将其溶解与乙醇中,再进行喷雾使用。

（三）PG（没食子酸丙酯,Prpoyl Gallate）

PG 难溶于水,但易溶于醇溶液,与铜铁离子发生呈色反应,光不稳定,因此在使用时应加以注意。PG 抗氧化性强于 BHA 和 BHT,可用柠檬酸做其增效剂,多与 BHA、BHT 合用。PG 可以溶于热油后,在溶于油脂中进行使用,多用于饼干、方便面等焙烤产品中。

（四）其他

除上面介绍的三种抗氧化剂以外,可用于面制品的抗氧化剂还有茶多酚、维生素 E、抗坏血酸盐等,在面制品使用均有相应的要求,如茶多酚使用时,需溶于热水或 4 倍量的乙醇中,可在面包、含油糕点、方便面中进行添加。

此外,有时可加入脱氧剂,如铁粉、氢氧化钙、次亚硫酸铜等,利用其与密封包装中氧气反应而隔绝焙烤制品与氧气的接触,减缓氧化变质的进度,而抑制好氧菌的生长繁殖。

第五节 胶质（增稠剂）

胶质在焙烤食品中应用较为广泛,可以用作焙烤制品表面装饰及部分制品的主要原料。胶质还可以改善和稳定食品的物理性质和组织状态,增加物料黏度、增强制品的持水性、增大产品的体积,可增加蛋白膏的光泽,防止糖的再结晶,增加蛋白类产品的货架期。

在焙烤食品生产中常用的胶质类物质有琼脂、明胶、果胶、阿拉伯胶和关华豆胶。

一、琼脂（Agar）

琼脂也被称之为琼胶、冻粉或洋菜等,由石花菜或江篱（属红藻）经加热至溶化后,加以冷却凝固而成。琼脂含有丰富的膳食纤维（含量为 80.9%）,蛋白质含量高、热量低,其最有用特性是它的凝点和熔点之间的温度相差很大。它在水中需加热至 95℃时才开始熔化,熔化后的溶液温度需降到 40℃时才开始凝固。琼脂在焙烤食品加工中具有很好的凝固性、稳定性,

能与一些物质形成络合物,多用作增稠剂、凝固剂、悬浮剂、乳化剂、保鲜剂和稳定剂。在焙烤食品中,琼脂又被称之为植物性吉利丁,可吸收二十倍的水,采用其作为原料制成的点心口感比吉利丁制成的要略脆硬一些,无颤动的感觉,且不会很快融化,若制品中存在低温凝结性的材料,如:巧克力、奶油等,我们可以采用琼脂代替,明胶等(吉利丁)可加速凝结。

二、明胶(Gelatin)

明胶为水溶性蛋白质混合物,主要是由动物的皮肤、韧带、肌腱中的胶原经酸或碱部分水解或在水中煮沸而产生,也有采用动物如牛或鱼的骨骼中熬炼生产的。明胶为无色或微黄透明的脆片或粗粉状,在 35 ~ 40℃水中溶胀形成凝胶(含水为自重 5 ~ 10 倍),不溶于有机溶剂。它吸水性强、黏度高,是营养不完全蛋白质,缺乏某些必需氨基酸,尤其是色氨酸,广泛用于焙烤食品中。明胶是亲水性的胶体,凝结力小于琼脂,凝固物柔软而又弹性,明胶液体具有稳定泡沫的作用,其本身也具有一定的起泡性,在其凝固温度的临界点附近,起泡性最强。

明胶在焙烤制品的原料中又被称之为吉利丁(Gelatine 音译),片状的吉利丁叫吉利丁片,粉状的叫吉利丁粉。外部购买的吉利丁粉使用时,先倒入冰水中,使粉末吸收足够的水分膨胀,不需搅拌,否则会容易使粉末结块,待粉末吸足水分后,再搅拌至融化。

三、果胶(Pectin)

果胶(Pectin)是植物中的一种酸性多糖,是植物细胞壁中一个重要组分,主要来源于瓜皮、橘皮等植物性材料。果胶最常见的结构是 α - 1,4 连接的多聚半乳糖醛酸。此外,还有鼠李糖等其他单糖共同组成的果胶类物质,通常为白色至淡黄色粉末,稍带酸味,具有水溶性。在适宜条件下,其溶液能形成凝胶和部分发生甲氧基化(甲酯化,也就是形成甲醇酯),其主要成分是部分甲酯化的 $\alpha(1,4)$ - D - 聚半乳糖醛酸,残留的羧基单元以游离酸的形式存在或形成铵、钾钠和钙等盐。

按照果胶中甲氧基的含量是否超过 7% ,果胶可分为高甲氧基果胶(High Methoxyl Prectin 或 H. M. Pectin)和低甲氧基果胶(Low Methoxyl Prectin 或 L. M. Pectin),高甲氧基果胶和低甲氧基果胶具有较为明显差异的性质,高甲氧基果胶需在高糖浓度和酸溶液中且往往也需要二价阳离子才能形成胶体,形成的胶体不可逆,常用来做果酱、果冻和焙烤食品的夹心;低甲氧基果胶可在低糖浓度甚至无糖、无酸的溶液中,只要有二价阳离子存在便会形成胶体,形成的胶体为可逆,常用来做低糖度果冻、巴巴露凉果、果酱胶等,对无糖型焙烤食品的生产具有较为积极的作用。在焙烤食品工业中,经常提到原料果胶,但往往未明确注明其是何种果胶,需看其成分说明来确定果胶的种类和使用方法,通常较为常见的是混合型的果胶,即高甲氧基果胶和低甲氧基胶混合,这就需要进一步的现场试验来确定其凝固的条件,在我国台湾地区还有一种进行焙烤(蛋糕)装饰的果胶被称之为镜面果胶,可加少量热水调匀后,直接刷于制品表面增加制品的亮度。

四、阿拉伯胶(Gum Arabic)

阿拉伯胶英文称为 Gum Arabic,又称 Acacia Gum,是阿拉伯胶树 Acacia 的渗出物所制得而成,盛产于亚热带及热带地区。阿拉伯胶的溶解度较强,可以溶解到 50% 的浓度,它的黏稠性较小,常与其他胶质一齐使用,经常用于乳化、界面活化、泡沫稳定、表面亮度增加等。

五、关华豆胶(Guar Gum)

关华豆胶是从关华豆(Cyanopsis Tetragonoloba)种子提取的胶质。吸水会膨胀形成黏稠液,加热后变稀,但不会形成固体的胶质。常用于蛋糕预混粉、霜饰、起司等。

第六节 防 腐 剂

防腐剂是一类抑制微生物生长活动,延缓食品腐败变质或生物代谢的化学或生物制品。在焙烤产品中添加防腐剂可以增加产品的货架期,但要求防腐剂不会带来其他的影响,能够保证产品本来的风味。

在焙烤制品中可以使用的防腐剂总体上可分为两类:一类是化学防腐剂,如苯甲酸钠、山梨酸钾等;另一类为生物抑菌剂,如 Nisin、Natamycin 等。

针对焙烤制品产品特性及制品的 pH 值、成分、水分活度、加工方式等因素,较易污染的微生物有:霉菌、需氧芽孢杆菌、革兰氏阴性杆菌等,在焙烤食品中经常添加的防腐剂包括丙酯钙、丙酸钠、山梨酸钾、Nisin 和纳他霉素。

一、丙酸钙(Calcium Propionte)

丙酸钙是世界卫生组织(WHO)和联合国粮农组织(FAO)批准使用的安全可靠的食品与饲料用防霉剂。丙酸钙与其他脂肪一样可以通过代谢被人畜吸收,并供给人畜必需的钙。这一优点是其他防霉剂所无法相比的,被认为 generally recognized as safe(GRAS)。丙酸钙是酸型食品防腐剂,在酸性条件下,产生游离丙酸,具有抗菌作用。其抑菌作用受环境 pH 值的影响,在 pH 值 5.0 时霉菌的抑制作用最佳;pH 值 6.0 时抑菌能力明显降低,最小抑菌浓度为0.01%。在酸性介质(淀粉、含蛋白质和油脂物质)中对各类霉菌、革兰氏阴性杆菌或好氧芽孢杆菌有较强的抑制作用,还可以抑制黄曲霉素的产生,而对酵母菌无害,对人畜无害,无毒副作用。丙酸钙是食品、酿造、饲料、中药制剂诸方面的一种新型、安全、高效的食品与饲料用防霉剂。它可用于面包、食醋、酱油、糕点、豆制食品中,最大使用量为 2.5g/kg(以丙酸计)。对面包发酵过程酵母的影响较小,具有强化钙的营养作用,但在添加小苏打的产品中不宜使用。

二、丙酸钠(Soidium Propionte)

丙酸钠多用于酥性糕点和西点中,不会产生丙酸钙与油脂的皂化反应,但需注意其中含有钠离子,对发酵类产品会造成影响,但同时可延缓酵母的发酵速度,可作焙烤制品的膨松剂,面包、饼干的助酵剂、缓冲剂、果胶固化剂(凝胶作用)等。

三、山梨酸钾(Potassium Sorbate)

山梨酸钾为白色至浅黄色鳞片状结晶、晶体颗粒或晶体粉末,无臭或微有臭味,长期暴露在空气中易吸潮、被氧化分解而变色。山梨酸钾能有效地抑制霉菌,酵母菌和好氧性细菌的活性,还能防止肉毒杆菌、葡萄球菌、沙门氏菌等有害微生物的生长和繁殖,但对厌氧性芽孢菌与嗜酸乳杆菌等有益微生物几乎无效。山梨酸钾抑制发育的作用比杀菌作用更强,从而达到有效地延长食品的保存时间,并保持原有食品的风味,其防腐效果是同类产品苯甲酸钠的 5～10倍。糕点、馅、面包、蛋糕、月饼等的最大使用量为 1.0g/kg,在使用时可以用直接添加、喷洒、浸渍、干粉喷雾、在包装材料上处理等多种方式。

山梨酸钾遇到非离子型表面活性剂和塑料时山梨酸的抗菌活性会有所降低。重金属盐能催化氧化反应。山梨酸钾的毒性要较苯甲酸钠的毒性低,在部分儿童食品中禁止使用苯甲酸钠。

四、Nisin

Nisin 是一种乳酸链球菌素(亦称乳链菌肽)的天然生物活性抗菌肽,利用生物技术提取的一种纯天然、高效、安全的多肽活性物质。它是一种天然防腐剂、抑菌剂,食用后在消化道中很快被蛋白水解酶消化成氨基酸。它不会改变肠道内的正常菌群,不会引起抗药性问题,亦不会与其他抗生素出现交叉抗性,我国允许使用 Nisin 作为食品防腐剂。

Nisin 能有效地杀死或抑制引起食品腐败的革兰氏阳性菌,如乳酸杆菌、肉毒杆菌、葡萄球菌、李斯特菌、耐热腐败菌、棒杆菌、小球菌、明串球菌、分枝杆菌等。特别是对产生孢子的细菌,如芽孢杆菌、梭状芽孢杆菌、嗜热芽孢杆菌、致死肉毒芽孢杆菌、细菌孢子等有很强的抑制作用。在特定条件下,如较酸性条件,乳酸链球菌素也能杀灭革兰氏阴性菌及其他菌。

在焙烤制品中也可使用 Nisin 作为抑菌剂。但是因其价格较化学抑菌剂高,使用较少,但不可忽视的是作为生物代谢产物其安全性的优势是不可比拟的。

五、纳他霉素(Natamycin)

纳他霉素是一种多烯烃大环内酯类抗真菌剂。它对几乎所有的酵母菌和霉菌都有抗菌活性,不仅能够抑制真菌,还能防止真菌霉素的产生。纳他霉素是一种天然、广谱、高效安全的酵母菌及霉菌等丝状真菌抑制剂。

纳他霉素对人体无害,很难被人体消化道吸收,微生物很难对其产生抗性,同时因为其溶解度很低等特点,通常以混悬液喷雾或浸泡等方式用于食品的表面防腐,在焙烤制品中的最大使用量为 0.3g/kg。1997 年我国卫生部正式批准纳他霉素作为食品防腐剂,目前纳他霉素已经在 50 多个国家得到广泛使用。

第七节　着 色 剂

焙烤产品的色泽是其重要感官指标,对于焙烤产品而言,其色泽的成因主要来源于三个方面:一是焙烤制品加工过程中由于生化反应出现的色泽(如美拉德反应和焦糖化反应);二是食品加工过程中配用的天然和合成色素;三是进行装饰的物料产生的颜色。

一、焙烤制品颜色的主要来源

(一)天然色素的添加

天然色素是从动植物组织中提取出来的及微生物代谢产生的具有颜色的物质。其存在形式有两种:一种是在新鲜原料中眼睛能看到的有色物质,另一种是食品原料本来是无色的,但在食品原料加工过程中,由于化学反应而呈现出有颜色的食品。食用天然色素使用安全,不受剂量限制,是着色剂的发展方向。

食用天然色素主要有叶绿素、β-胡萝卜素、姜黄素、甜菜红、红曲色素、虫胶色素及焦糖色等,在不同的焙烤食品中可根据我国食品添加剂使用卫生标准(GB 2760—2011)的要求进行添加。

（二）人工合成色素的添加

目前在焙烤工业中使用人工合成色素比较普遍。人工合成色素较天然色素色彩鲜艳、坚牢度大、性质稳定、着色力强、可以任意调色。但合成色素多以煤焦油为原料,通过化学合成而得,有程度不同的毒性。因此,在食品卫生标准中,对使用人工合成色素有严格要求,常见的人工合成色素有苋菜红、胭脂红、柠檬黄、靛蓝和日落黄等。最近有信息表明,部分人工合成色素可能将在食品使用标准中去除。

（三）加工中产生的色泽变化

在焙烤制品加工过程中主要产生颜色的反应有两个,一为美拉德反应(Maillard反应),它指的是食物中的还原糖(碳水化合物)与氨基酸/蛋白质在常温或加热时发生的一系列复杂的反应,产生焙烤过程中的金黄色,提供给焙烤制品以诱人的色泽和独特的风味;另一为焦糖化反应,糖类尤其是单糖在没有氨基化合物存在的情况下,加热到熔点以上的高温(一般是140~170℃以上)时,因糖发生脱水与降解发生褐变反应,这种反应称为焦糖化反应,又称卡拉密尔作用(Caramelization)。焦糖化反应在酸、碱条件下均可进行,但速度不同,如在 pH = 8 时要比 pH = 5.9 时快10倍。糖在强热的情况下生成两类物质:一类是糖的脱水产物,即焦糖或酱色(Caramel);另一类是裂解产物,即一些挥发性的醛、酮类物质,它们进一步缩合、聚合,最终形成深色物质。

（四）淀粉水解

淀粉很容易水解,当它与水一起加热时,即可引起部分分子的裂解。在淀粉不完全水解过程中会产生大量的糊精,糊精在高温下由于焦化作用生成焦糊精,食品在烘烤或炸制过程中便可产生黄色或棕红色。

（五）食品本身的色素

食品本身含有天然色素,如胡萝卜类色素、花黄素及植物性鞣质等,在一定条件下可使食品产生或改变其色泽。

二、着色剂的调色

着色剂在使用中,往往会出现部分色泽不符合要求的情况,可根据以下调色原则进行调色:

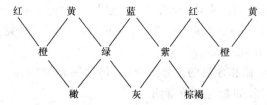

在使用色素时,应注意色素的溶解性、渗透性、着色性等性质是否相近或相似,是否会引起分层或分离,是否会发生反应导致变色或褪色。对色素使用的要求应严格按照国标要求,

对色素溶解的 pH、温度、溶剂、水的硬度、容器等都应加以注意。

第八节 营养强化剂及功能性配料

营养强化剂是为增强营养成分而加入食品中天然的或者人工合成而属于天然营养素范围的食品添加剂。食品中含有多种营养素,但种类不同,其分布和含量也不相同。此外,在食品的生产、加工和保藏过程中,营养素往往遭受损失。由于地理、环境、生活习惯等因素,可能导致某种或某些营养素的缺乏或不足。人体在不同时期对营养素的要求不同;从事不同职业的人群对营养素的要求也不同;几乎没有一种天然食品能满足人体所需各种营养素的需要。根据 1992 年全国营养调查,营养缺乏性疾病仍是我国重要的营养问题。为补充食品中营养素的不足,提高食品的营养价值,适应不同人群的需要,可添加食品营养强化剂。食品的营养强化剂兼有简化膳食处理、方便摄食和防病保健等作用。在焙烤食品中可以加入营养强化剂,促进焙烤产品营养更加全面、更有利与人体营养的需求。

一、营养强化剂的分类

我国营养强化剂常分为四大类:

1. 矿物质与微量元素类

钙、铁、锌、硒、镁、钾、钠、铜、锰、铬、锶、钒等。

2. 维生素类

维生素 A、维生素 D、维生素 E、维生素 C、维生素 B 族、叶酸、生物素等。

3. 氨基酸及其含氮化合物类

牛磺酸、赖氨酸等。

4. 其他营养素物质及功能保健性配料

DHA、低聚糖、膳食纤维、益生元、卵磷脂、核苷酸,CPP(酪蛋白磷酸肽)、胆碱,左旋肉碱、活性多糖、多肽等。

二、各类营养强化剂选择的依据

(一) 矿物质类营养强化剂选择的依据

1. 人体对矿物质及微量元素的需求

矿物质具有重要的生理功能,是人体必需的营养素。

人体必需的大量矿物质有 7 种,分别是:Ca(钙)、P(磷)、K(钾)、S(硫)、Na(钠)、Cl(氯)、Mg(镁)。

人体必需的微量矿物质有 14 种,分别是:Fe(铁)、Zn(锌)、Cu(铜)、Mn(锰)、Cr(铬)、Mo(钼)、Se(硒)、Ni(镍)、V(钒)、F(氟)、I(碘)、Co(钴)、Sn(锡)、Si(锶)。

2. 人体较易缺乏的矿物质

● 钙:是构成机体骨骼和牙齿的主要成分(占体内钙总量 99%);骨外钙(1%)对维持机体的生命过程有重要作用,如参与血液凝固等。

● 铁:在体内主要作为血红蛋白、肌红蛋白的组成成分参与 O_2 和 CO_2 的运输,缺铁易引起贫血。

矿物质在体内不能合成,而且每天都有一定量排出。有些矿物质如钙、铁易于缺乏,尤其是青少年、孕妇和乳母更易缺乏;有些因环境条件而易于缺乏,如碘、硒、氟;部分地区的锌、钾、镁、铜、锰等也有强化的必要。

(二)维生素类营养强化剂选择的依据

维生素不能在人体内合成,必须从食物中摄取;其中有些维生素如 VA、VD 等易于缺乏,有些维生素如维生素 C、维生素 B_1 等在加工中易于损失或破坏,对婴幼儿还需进一步强化胆碱和肌醇。维生素具有重要的生理功能,是人体必需的营养素,如表 1-3-3 所示。

表 1-3-3 常见维生素的生理功能

项目	维 生 素							
	维生素 A	维生素 D	维生素 E	维生素 K	维生素 B_1	维生素 B_2	维生素 B_5	维生素 B_{12}
生理功能	预防表皮细胞角化,防治干眼病	调节钙、磷代谢,预防佝偻病	预防不育症	促进血液凝固	维持神经传导,预防脚气病	促进生长,预防唇、舌炎、溢脂性皮炎	预防癞皮病,舌炎、皮炎	预防恶性贫血

(三)氨基酸及其含氮化合物类营养强化剂选择的依据

氨基酸是蛋白质合成的基本结构单位,也是代谢所需其他胺类物质的前身。

1. 应选择必需氨基酸进行强化

必需氨基酸是指人体不能合成或合成不能满足机体需要,必须从食物中直接获取的氨基酸。必需氨基酸包括异亮氨酸、亮氨酸、色氨酸、赖氨酸、蛋氨酸、苯丙氨酸、苏氨酸、缬氨酸;组氨酸也是婴儿必需氨基酸。

2. 应选择人类膳食中比较缺乏的限制性氨基酸进行强化

限制性氨基酸指按照人体的需要和比例关系含量相对不足的氨基酸,主要有赖氨酸、蛋氨酸、苏氨酸、色氨酸四种,其中又以赖氨酸最为重要。

3. 对于婴幼儿有必要适当强化牛磺酸

牛磺酸具有促进婴幼儿大脑、身高、视力发育等重要作用。成人可在体内合成一般不会缺乏,而婴幼儿由于合成牛磺酸所需酶的活性较低,合成量不能满足需要。牛乳中几乎不含牛磺酸,故需进行强化。

(四)其他营养素类营养强化剂选择的依据

主要是根据它们具有的生理功能来选择的,下面举例说明:

γ-亚麻油酸和花生四烯酸是必需脂肪酸,一旦缺乏,会引起各种疾病。γ-亚麻油酸缺乏易引起高血脂、糖尿病、皮肤老化等。亚油酸在体内转化为它们的量是有限的;如 DHA 对大脑和视觉系统的发育有重要作用,但婴幼儿自身合成 DHA 的能力有限,因此需要强化。核苷酸是构成细胞内遗传物质 DNA、RNA 的基本物质,在细胞结构、能量代谢和功能调节等方面起作重要作用,对婴幼儿有强化的必要。

三、营养强化剂的功能及其在焙烤食品中的作用

在焙烤食品中,营养强化剂除了具有强化功能以外,还会具有以下功能:

（一）营养强化剂的功能

① 补充焙烤食品加工中损失的营养素。

② 向焙烤食品中添加原来含量不足的营养素。

③ 将营养素加到焙烤食品标准中所规定的水平，使之尽可能满足全面的营养需要。

④ 向原来不含某种维生素的焙烤食品中添加该维生素。

（二）营养强化剂在不同焙烤制品中的应用

1. 在面制品中的应用

可以补充面制品在加工中损失的营养素，以 B 族维生素为例来说明，如表 1 - 3 - 4 所示。

表 1 - 3 - 4　经不同处理导致 B 族维生素损失

名称	烹调方法	维生素 B_1/%	维生素 B_2/%	烟酸/%
馒头	发酵、蒸	28	62	91
面条	煮	69	71	73
烧饼	焙烤	64	100	94

从表中可以看出，在面制品加工过程中，B 族维生素的损失很大，那就需要通过人工添加的方法补充在加工中损失的营养素。

2. 在糕点类制品中的应用

在面包中经常需要添加营养强化剂，如赖氨酸在面粉中含量极少，可向面粉中强化赖氨酸。

3. 在方便类制品中的应用

在速溶原料、方便面等食品中，添加营养强化剂以增加或补充方便类食品中缺乏的营养素。

四、焙烤制品中常用营养强化剂

用于焙烤制品中的营养强化剂主要有牛磺酸、维生素 B_1、维生素 D、葡萄糖酸钙、DHA。它们在焙烤制品中具体应用如表 1 - 3 - 5 所示。

表 1 - 3 - 5　焙烤制品中常用营养强化剂

种类	使用范围	每 kg 用量	备注
牛磺酸	谷类面制品	$0.3 \sim 0.5$ g	牛磺酸具有促进婴幼儿大脑、身高、视力发育等重要作用，因体内合成量不能满足需要
维生素 B_1	即食早餐谷类面食品	$7.5 \sim 17.5$ mg	如用硝酸硫胺素，须经折算，用量在盐酸硫胺素基础上乘以 0.97
维生素 D	即食早餐谷类面食品，膨化夹心面食品	$12.5 \sim 37.5$ μg	1 g 维生素 D = 40IU 维生素 D
葡萄糖酸钙	谷类及其面制品	$10 \sim 60$ g	1. 以元素钙计算，用量需调整 2. 各种钙盐中钙元素含量不同 3. 标准中未列出的钙盐，强化时以元素钙计
DHA	谷类及其面制品	$10 \sim 126$ mg/100 g	

除表中所列之外,还有 L-盐酸赖氨酸、维生素 A、维生素 B_2、维生素 C、葡萄糖酸亚铁、葡萄糖酸亚锌等。

五、使用营养强化的意义及注意事项

(一) 使用营养强化的意义

食品营养强化最初是作为一种公众健康问题的解决方案提出的。食品强化总的目的是保证人们在各生长发育阶段及各种劳动条件下获得全面合理的营养,满足人体生理、生活和劳动的正常需要,以维持和提高人类的健康水平。弥补天然食物的缺陷,使其营养趋于均衡。人类的天然食物,几乎没有一种单纯食物可以满足人体的全部营养需要。由于各国人民的膳食习惯,地区的食物收获品种及生产、生活水平等的限制,很少能使日常的膳食中包含所有的营养素,往往会出现某些营养上的缺陷。根据营养调查,我国各地普遍缺少维生素 B_2,食用精白米、精白面的地区缺少维生素 B_1,果蔬缺乏的地区常有维生素 C 缺乏,而内地往往缺碘。这些问题如能在当地的基础膳食中有的放矢地通过营养强化来解决,就能减少和防止疾病的发生,增强人体体质。弥补营养素的损失,维持食品的天然营养特性食品在加工、贮藏和运输中往往会损失某些营养素。如精白面中维生素 B_1 已损失了相当大的比例,同一种原料,因加工方法不同,其营养素的损失也不同。在实际生产中,应尽量减少食品在加工过程中的损耗。简化食品加工处理,选择易于增添的营养强化剂。由于天然的单一食物仅能供应人体所需的某些营养素,人们为了获得全面的营养需要,就要同时食用多种类的食物,食谱比较广泛,膳食处理也就比较复杂。采用食品强化就可以克服这些复杂的膳食处理。适应特殊职业的需要,军队以及从事矿井、高温、低温作业及某些易引起职业病的工作人员,由于劳动条件特殊,均需要高能量、高营养的特殊食品。而每一种工作对某些特定营养素都有特殊的需要,因而这类强化食品极为重要,已逐渐地被广泛应用。某些强化剂可提高食品的感官质量及改善食品的保藏性能。如维生素 E、卵磷脂、维生素 C 既是食品中主要的强化剂,又是良好的抗氧化剂。

(二) 使用营养强化的注意事项

1. 强化的营养素及强化的食品

所强化的营养素应是在大多数人膳食中其含量低于所需量的营养素,被强化食品应是人们大量消费的食品。例如:美国强化的营养素主要是维生素 A、维生素 D、Fe、Ca、B 族维生素等,强化的食品主要是奶制品、面制品;

我国碘的强化食品主要是食盐;

2. 食品强化要符合营养学原理

营养强化剂的量要适当,应不致破坏机体营养平衡,更不至于因摄取过量而引起中毒。一般强化量以人体每日推荐膳食供给量的 $1/2 \sim 1/3$ 为宜。

3. 营养强化剂应有较好的稳定性

营养强化剂在食品加工、保存等过程中,应不易分解、破坏或转变为其他物质,并且不影响该食品中其他营养成分的含量及食品的色、香、味等感官性状。例如:

● 赖氨酸的强化:由于 L-赖氨酸易吸收空气中的碳酸气变成碳酸盐,具有潮解性,难以处理,所以一般采用其盐酸盐或天冬氨酸盐的形式使用。

● 抗坏血酸的强化:普通维生素 C 在 200℃处理 15 min 会分解导致活性完全丧失,而维生素 C 磷酸酯镁（MAP）仍残存 90%，生物效应基本不变，因此适于高温加工食品的营养强化。

4. 营养强化剂应易被机体吸收利用

5. 营养强化剂应符合相关的标准

应符合我国食品营养强化剂使用卫生标准（GB 14880—1994）和质量规格标准。

6. 营养强化剂应经济合理

例如：碳酸钙是最经济、最安全、人体吸收利用率相对较高、含钙量也相对较高的钙盐，此外葡萄糖酸钙和乳酸钙也较经济，目前也用得较多。

卟啉铁和血红素铁稳定性好、吸收好，但价格高而较少使用。

第二篇　工 艺 篇

第一章　焙烤产品的基本配方原则

一、西点的配方要求

若说原辅料是西点的血肉,工艺是西点的骨骼,那么配方就是西点的灵魂,统领着整个西点的色、香、味、型。

西点的种类很多,西点的加工工艺多样,其各类品种的配方均有其一定之规,可以在规范允许下进行一定的变动。这个规范即我们所说的配方原则,或者说是配方平衡,配方平衡不仅关系到西点的口味,而且影响西点的色泽和形态。各种原辅料在一种或一类产品中应有适当的比例,以达到产品的质量要求。

（一）原辅料基本功能分类

配方平衡的基础是产品的要求,其原则取决于原辅料的基本功能和作用,按照原辅料的基本功能和其在西点中的作用进行分类的话,如表2-1-1所示。

表 2 - 1 - 1　原料基本功能分类

原 料 功 能	主要原料范围
干性原料	面粉、奶粉、泡打粉、可可粉
湿性原料	鸡蛋、牛奶、水
强性原料	面粉、鸡蛋、牛奶
弱性原料	糖、油、泡打粉

干性原料是整个西点原料中呈固态的部分,需与部分湿性原料混合,才能调制成所需的面团或面浆。湿性原料呈现液态,其是连接干性原料的纽带,是形成面团和面浆不可缺少的物质。强性原料往往含有较多高分子蛋白质,特别是面粉中的面筋蛋白质,具有形成及强化制品结构的作用。弱性原料往往不能成为制品的骨架,并具有减弱或分散制品结构的作用。

（二）配方平衡的基本原则

配方平衡的基础是平衡,即是指配方中的干湿平衡,也是指配方中的强弱平衡。

1. 配方中的干湿平衡

1）各种产品干湿平衡的基本规则

在不同品种产品中应根据其产品特点来确定所需的液体量,若调制面团其所需液体量要低于调制面浆所需液体量,按照所需得到材料的干稀程度。我们可以根据液体含量比例的多少将面浆和面团进行分类:稀浆(海绵蛋糕浆)、浓浆(油脂蛋糕)、软面团(面包)、硬面团(起酥点心)。

对于海绵蛋糕而言,液体的主要来源是鸡蛋液,通常蛋液与面粉的基本比例是1.6:1,干基面粉与湿基蛋液在高速搅打的过程中形成了泡沫体系,在搅打后能够形成成熟的较硬的泡沫,增加蛋液的量可以提高泡沫稳定性,鸡蛋蛋白质在结构方面的作用可以平衡因液体增加对结构和成型的不利作用。干湿配比适当,方能形成稳定的泡沫体系;油蛋糕主要依靠油脂的黏性和对面粉颗粒的包裹性能,其乳化体系,水太多不利于油、水乳化,且使浆料过稀,所以蛋液的添加量低于面粉的质量。

对于面包面团形成,其中既有损伤淀粉吸水糊化,又有面筋蛋白吸水膨润和扩展。加水量多,相当于面筋蛋白质和淀粉吸水量的和;对于酥性面团,需油脂的阻隔作用,避免面筋的生成,加水量很低,甚至有些不加水。

2)各主要制品所需湿性材料焙烤百分比范围

各类主要焙烤制品需液体量的百分比如表2-1-2所示。

表2-1-2　各种主要焙烤制品需液体量的百分比表

种类	液 体 种 类	
	蛋液	相当于加水量
海绵蛋糕	100% ~200%	75% ~150%
油脂蛋糕	100%	75%
面包	—	50% 左右
松酥点心		10% ~15%

3)干湿平衡的其他注意事项

生产蛋糕时,可减少蛋液的添加量,但加水量不超过面粉量。在西点配方中,油糖增加时,加水量减少。添加其他液体时,加水量减少。以水代替鸡蛋等湿性材料时,有最高限度,不得添加过多,且应该注意,添加比例不是1:1的替代关系。

2. 强弱平衡

1)油脂和糖的比例

强弱平衡主要考虑的是油脂和糖对面粉的比例。不同特性的制品所加油脂量不同。一般而言,酥性制品(如油脂蛋糕和松酥点心)中油脂量较多,而且油脂越多,起酥性越好。但油脂量一般不超过面粉量,否则制品会过于酥散而不能成型。非酥性制品(如面包和海绵蛋糕)中油脂量较少,否则会影响制品的气泡结构和弹性。在不影响制品品质的前提下,根据甜味的需要,可适当调节糖的用量。

2)各主要制品油脂和糖的比例

各类主要制品油脂和糖量的焙烤百分比如表2-1-3所示。

3)调节强弱平衡的基本规律

配方中增加了强性原料时,应相应增加弱性原料来平衡,反之亦然。例如,油脂蛋糕配方中增加了油脂量,在面粉量与糖量不变的情况下要相应增加蛋量来平衡。此外,蛋量增加时,糖的量一般也要适当增加。在海绵蛋糕制作中,糖能维持鸡蛋打发所形成的泡沫的稳定性。而在油脂蛋糕制作中,油脂打发时,糖(特别是细粒糖)能促进油脂的充气蓬松。可可粉和巧

表 2 - 1 - 3　各种主要制品中油脂和糖量的焙烤百分比表

种　类	液　体　种　类	
	糖	油脂
海绵蛋糕	80% ～110%	0
奶油海绵蛋糕	80% ～110%	10% ～50%
油脂蛋糕	25% ～50%	40% ～70%
面包	0 - 20%	0 ～15%

克力都含有一定量的可可脂,而可可脂的起酥性约为常用固体脂的一半。因此,根据可可粉或巧克力的加入量,可适当减少原配方中的油脂量。

4)泡打粉的加入和比例

泡打粉作为化学膨松剂常用于蛋糕、点心、饼干等制品中,协助或部分代替鸡蛋的发泡作用或油脂的酥松作用。蛋糕中蛋量有所减少,油脂蛋糕和松酥点心中油脂或糖量有所减少时应补充泡打粉。此外,配方中有牛奶加入时,可加适量的泡打粉使之平衡。当海绵蛋糕配方中蛋量减少时,除应补充其他液体外,还应适当加入或增加少量泡打粉以弥补膨松不足。同时蛋减少的越多,泡打粉相应增加的也越多(目前有添加乳化剂来弥补蛋量不足的方法,如添加蛋糕油)。一般而言,蛋与面粉之比超过150% 时,可以不加泡打粉。高、中档蛋糕的泡打粉用量为面粉量的 0.5% ～1.5% 。较低档蛋糕(蛋量少于面粉量)的泡打粉用量为面粉量的2% ～4% 。以上原则亦适用于加油脂较多的酥性制品如油脂蛋糕、松酥点心、饼干等。即油脂减少得越多,泡打粉增加得也越多。但必须指出的是,蛋量或油脂量过少,泡打粉过多将会影响制品质量。

3. 配方失衡的后果

1)液体含量过多或过少

对于蛋糕而言,液体含量过多,会表面坍塌,不能持气,底部水蒸气大量的产生,变白,向上凹入形成"X"形;若液体含量不足,内部组织粗糙,质地感应,成品外观紧缩。对于面包面团,液体含量过多,面筋持气能力减弱,成品内部湿黏,底部无焦糖化反应产生、略白,表面凹陷。对于酥性糕点,液体含量过多,成品品质韧性较强,无起酥出现或结块。

2)糖和泡打粉过多或过少

糖和泡打粉过多会使蛋糕的结构变弱,造成顶部塌陷,在泡打粉和糖同时使用的情况下,有时难以判断究竟是糖还是泡打粉所引起的后果。如蛋糕口感太甜且发黏,可知是糖加得太多;泡打粉过多时,可能引起蛋糕底部发黑。糖和泡打粉不足则会使蛋糕质地发紧,不疏松,顶部突起太高甚至破裂。

此外,配方失衡还会产生很多的影响,不同产品的表现不同,需具体问题具体分析。

(三)配方设计的宏观要求

1. 配方设计的安全性要求

科学合理的配方设计,应以国家的法律法规规定为标准,注意原料的安全性,对食品添加剂的添加,应在允许的范围之内,要注意不同地区的实际环境情况,确定配方的比例。

2. 配方设计的经济性要求

配方设计在保证产品质量的同时,应符合经济性要求。

3. 配方设计的工艺要求

应根据企业具体的机械及条件来确定最终配方,做到"方符设备,设备符方",才能制作出优质的产品。

4. 配方设计的特点需求

配方设计时,要考虑其新颖性和可行性,注重产品的特点和特色。

5. 配方设计要符合市场细分的需求

要根据市场细分,有针对性地进行配方设计,如各类人群、各个种族的习惯与特点。

6. 配方设计应符合"干湿平衡"和"强弱平衡"的需求

焙烤食品配方平衡,搭配合理方能得到优良的产品。

二、中点的配方要求

对于中点配料技术而言,需要掌握很多技巧技能,品种种类不同技术亦不同,加工技术及工艺配方则不同。各种产品的配方、特点及加工工艺的不同,会导致技术繁杂多样、产品各具特色,例如:麻花、月饼、酥饼、京八件等每种不同的产品都包括了繁复的技能技巧。其配料技术没有一定之规,但其总体上仍需遵循"干湿平衡"和"强弱平衡"的基本原则,在此不一一细述。

三、面包配方的设定原则

对于所有焙烤制品而言,配方是确定产品形式和风味的基础,但配方并非一成不变,而是可以合理地变化,面包配方的合理设计是关系面包产品质量和风味的主要决定因素之一。

面包的配方设定中,最为主要的因素即是面包的主要基础原料的含量和比例,即面粉、酵母、水、盐,以及部分辅料的添加方式和数量,应根据面包的种类来进行明确的确定。

第二章 面包的主要生产工艺

第一节 概 述

面包是以面粉、酵母、水、食盐为基本原料,经面团调制、发酵、成型、醒发、烘烤等工艺制成的发酵类,具有蓬松组织的一类制品。面包具有悠久的历史渊源,从远古时代的人们用石头烘烤面坯到如今采用高科技工艺生产的面包,历经数千年,面包是古代人类智慧的体现,也是人类科技文明发展的象征。面包品种丰富、数量繁多、营养丰富、食用方便、易于消化,而成为人类的主食之一,在欧美人们的主食中有 2/3 以上是面包。在我国,面包也成为大众喜爱的食品之一。

一、面包的分类

面包的种类很多,分类也很复杂,但并没有固定的分类方法,目前较为常见的分类方法如下:

（一）以制作面包面粉种类及颜色来区分

① 白面包:制作白面包的面粉磨自麦类颗粒的核心部分,由于面粉颜色白,故此面包颜色也是白的。

② 褐色面包:制作该种面包的面粉中除了麦类颗粒的核心部分,还包括胚乳和 10% 的麸皮。

③ 全麦面包:制作该面包的面粉包括了麦类颗粒的所有部分,因此这种面包也叫全谷面包,面包颜色比前述褐色面包深。主要食用地区是北美。

④ 黑麦面包:面粉来自黑麦,内含高纤维素,面包颜色比全麦面包还深。主要食用地区和国家包括北欧、德国、俄罗斯、波罗的海沿岸、芬兰。

（二）以特定的国家产地区分

① 英国:英国面包以复活节十字面包(Hot Cross Buns)和香蕉面包(Banana Bread)闻名。

② 丹麦:丹麦面包(Danish Pastry)以表面浓厚的糖汁闻名。特点是甜腻而且热量高。

③ 德国:椒盐 8 字面包(Brezel)或称 Pretzel。

④ 法国:法式长棍面包(Baguette)。

（三）以主要的风味进行区分

① 主食面包:主食面包相较其他品种的面包油和糖的比例低,以面粉量作基数计算(焙烤百分比),糖用量一般不超过 10%,油脂低于 6%,通常与其他副食品一起食用,本身无过多的辅料和风味。主食面包主要包括平顶或弧顶枕形面包、大圆形面包、法式面包。

② 花色面包:花色面包的品种很多,包括夹馅面包、表面喷涂面包、油炸面包圈及因形状

而异的品种等。它的配方较主食面包复杂,按焙烤百分比衡量,糖用量 12% ~ 15% ,油脂用量
7% ~ 10% ,还有鸡蛋、牛奶等其他辅料结构较为松软,体积大,风味优良。

③ 调理面包:属于二次加工的面包,烤熟后的面包再一次加工制成,主要品种有三明治、
汉堡包、热狗等三种。实际上这是从主食面包派生出来的产品。

④ 丹麦酥油面包:配方中使用较多的油脂,在面团中包入大量的固体脂肪,具有面包特
色,又有馅饼(Pie)及千层酥(Puff)等西点类食品的风味。丹麦面和油面包具有酥软爽口、风
味奇特、香气浓郁的特点。

除此以外,面包按用途还可以分为"主食面包"和"点心面包"两类;按质感可以分为"软
质面包"、"脆皮面包"、"松质面包"和"硬质面包"四类;按原料可以分为白面包、全麦面包和
杂粮面包三类,按加工和配料特点还可分为听型面包、软式面包、硬式面包、果子面包、快餐面
包等类型。

二、面包的特点

(一) 具有独特的发酵风味和烤制风味

面包除部分用于宗教类的非发酵面包外均需酵母发酵,赋予面包以独特的发酵风味。在
焙烤过程中,由于面团中各种化学物质的复杂反应生成大量的醛、酚等物质,赋予面包独特的
烤制风味。

(二) 松软可口,具有较好的适应性

对于不同国家地区的饮食习惯,面包具有不同的品种和样式,可以迅速的融入相应的口
味,从而就有很好的适用性。

(三) 易于携带和储存,是一种短期的方便食品

面包的存储优于米饭等主食食品,劣于饼干等低水份主食食品,但对于短时间的存储和
携带方面,其具有不可比拟的优势,通常可以储存 2 ~ 3 天。

三、面包的主要原料要求

要制作面包,首先要选好原料,尤其要重视面粉、酵母、水及糖、油等原料的种类、品质与
用量。

(一) 面粉

面粉是面包生产中的基本原料,是形成面包结构的主要成分。它主要作用是能包裹住气
体,这就要求面包面团的延伸性和弹性都较好,亦即要求面粉中必须要含有足够数量优良品
质的面筋。在选择制作面包的面粉时除考虑面粉粒度、水分等指标外,最好选用高筋粉,如果
没有高筋粉,也至少是中筋粉,这只是从面筋数量上对面粉提出要求。此外,还要经粉质测定
仪检验面粉面筋的品质、测定检验 α - 淀粉酶活性以及小麦烘焙试验测试面粉质量等方法,
确认面粉是否真正适宜制作面包,或者考虑应采用什么样的方式使得面粉适于制作面包。

(二) 酵母

面团中的酵母可将面团中可发酵的糖转化为二氧化碳和酒精,产生的二氧化碳气体使面
团发起,并赋予面包以酵香味,才生产出柔软膨松富于风味的面包。不同的产品要结合生产
的实际情况进行酵母的用量和品种的选择,但不论使用何种酵母,都要考虑酵母的发酵力,如

面粉筋力强及辅料多的面包,酵母用量要增加,若生产高糖面包,则要选择耐高糖的酵母。注意酵母的储藏条件及活化条件,按照酵母的种类进行相应的操作。

（三）水

水在面包的生产中具有十分重要的作用,既是增塑剂和溶剂(无水,无法形成面团),又是面团和制温度的调节剂。制作面包的水,首先应满足生活饮用水的要求,另外水质的软硬度、pH 值和温度对面包质量影响也极大。硬度适中的水才适于面包生产。硬度过大的水会增强面筋的韧性,延长发酵时间,使面包口感粗糙,此时可适当降低水的硬度后使用;太软的水会使面团过于柔软、发黏,缩短发酵时间,使面包塌陷,对极软的水可添加微量的磷酸钙或硫酸钙以增加其硬度,或增加食盐用量亦能达到良好效果。

第二节　面包生产的典型工艺流程

面包的生产工艺较为复杂,种类不同的面包具有不同的生产工艺,但大多数面包的生产都是以以下工艺为基础的。

一、快速法生产面包的工艺

快速发酵法生产面包将全部原料一次混合、一次发酵直至面团成熟,在发酵的过程中加入了大量的酵母以缩短发酵的时间。此法制作的面包缺乏酵香味、质地较为粗糙,面包无任何异味,不合格产品少,面包老化较快,储存期短,不易保鲜,且需使用较多的酵母、面团改良剂和保鲜剂,快速发酵法的生产周期短,效率高,发酵损失很少,出品率高,节省设备投资、劳动力和车间面积,降低了能耗和维修成本。

快速发酵法是将干性材料搅拌进行混合搅拌,加入湿性材料,慢速搅拌形成面团,改为快速搅拌形成面筋,面筋扩展后,加入盐、奶,形成面包面团,压片、分割、称量、搓圆、松弛 30 min 左右、预醒发(30~60 min,温度通常为 28℃,相对湿度为 75%)、成型、后醒发(温度为 38℃、相对湿度为 80%),烘烤、刷油、冷却、包装,工艺如图 2-2-1 所示。

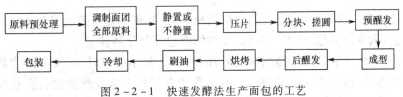

图 2-2-1　快速发酵法生产面包的工艺

二、一次发酵法生产面包工艺

一次发酵法生产面包也被称之为直接发酵法(Straight Process),是将所有原料一次混合调制面团,进行发酵制作,具有操作简单、发酵时间短、口感风味较快速发酵法好的优点,但是存在面团的机械性差,发酵耐性差,成品品质不够稳定,面包老化快的缺点。

一次发酵法同快速发酵法一样,经原料预处理后,将全部原料打成面包面团,发酵 30~60 min,温度通常为 28℃,相对湿度为 75%,分割、称量、搓圆、松弛 30 min 左右,成型,最后醒发(温度为 38℃、相对湿度为 80%),烘烤、刷油、冷却、包装,如图 2-2-2 所示。直接发酵法还有标准直接发酵法、速成法、无翻面法、后加盐法等工艺分类,但是均与基本工艺流程相似。

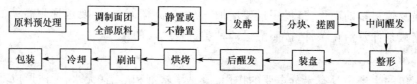

图 2 - 2 - 2   一次发酵法生产面包的工艺

三、二次发酵法生产面包工艺

二次发酵又被称之为中种发酵法(Sponge Process),对面包面团采用二次调粉搅拌、二次发酵的方法,工艺如图 2 - 2 - 3 所示。二次发酵法制作出的面包,因酵母有足够的时间繁殖,所制成品体积较一次发酵更大,面包内部组织细密柔软,富有弹性,面包发酵的香味浓厚,但生产工序较为复杂,生产周期较长,成本较高。

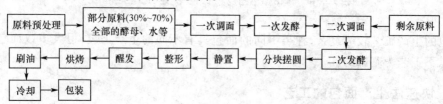

图 2 - 2 - 3   二次发酵法生产面包的工艺

第一次搅拌时,加入配方中 30% ~ 70% 的面粉,加入适量的水和全部酵母,倒入搅拌缸,慢速搅拌使其成为粗糙且均匀的面团称之为中种面团。在相对湿度为 75%,温度 28℃ 的环境中发酵 2 ~ 3h,面团发酵完成时出现海绵状组织,体积增加至 3 ~ 4 倍,出现浓厚的发酵酸味。加入全部剩余原料(除油、盐外),进行搅拌。搅拌至扩展阶段,加入油、盐继续搅拌直至形成面包面团,进行短时间延续二次发酵(温度为 38℃、相对湿度为 80%),二次发酵后进行分块搓圆,静置后进行醒发,入炉烘烤。

四、三次发酵及其他发酵方式

三次发酵法较二次发酵法更为复杂,周期更长,主要在一些欧美国家较为流行,代表的制品有法国面包、俄罗斯面包、意大利面包、维也纳面包等部分品种。

通常而言,发酵次数的多少与风味的好坏相关联,制作面包时,面团发酵次数越多,面包的风味就相对越好,但生产周期就越长。我国很少有采用三次发酵法进行面包生产的,三次发酵法面包以哈尔滨的秋林大列巴为代表,具有独特的工艺和风味,在欧洲高质量的传统面包依旧以三次发酵法生产居多。

三次发酵法的主要工艺流程见图 2 - 2 - 4。

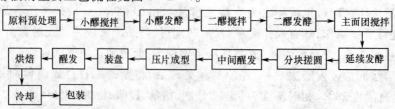

图 2 - 2 - 4   三次发酵法生产面包的工艺

但是由于各面包的工艺风味不一,很多三次发酵法的工艺与此不尽相同,此流程只供参考。

五、其他生产方式

面包的生产方式随着工艺的进步而越来越复杂多样。

(一)液体发酵法

液体发酵法是借助液体作为介质进行面团的发酵,先将酵母投放到适宜的液体中进行先期发酵,制成发酵液,然后再与其他原辅料进行混合搅拌。此方法缩短了发酵时间、提高货架期、延缓老化速度,适宜自动化连续生产,工艺如图2-2-5所示。

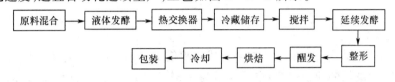

图2-2-5 液体发酵法生产面包的工艺

(二)冷冻面团法

冷冻面团法是20世纪50年代以来发展起来的面包新工艺。目前,在许多国家和地区已经相当普及,特别是国内外面包行业正流行连锁店经营方式,冷冻面团法得到了很大发展。冷冻面团技术是指在面包、糕点、面点的生产过程中,将面包、糕点、面点生坯等半成品或成品食品进行低温速冻,再将这些半成品或成品食品低温冷藏保存一段时间,在需要的时候解冻,最终成为成品。

1. 冷冻面团法生产面包的原料要求

面粉应当含有较主食面包所需面粉更高面筋(蛋白质)含量。面团生产时加入较少的水分,保持较低的吸水率(可在冷冻期间保持自由水的较低含量),保证面团的形状。采用耐冻性较好的酵母,其他原料的添加和选用,与主食面包基本相同。

2. 加工工艺要点

(1)冷冻面团要一直搅拌到面筋完全扩展为止,面团理想温度在18～24℃。

(2)发酵时间通常为30 min左右。

(3)分块、压片和成型工序操作要快,面团要迅速地送到冷库内快速冻结。

(4)机械吹风冻结工艺条件:-40～-34℃,空气流速16.8～19.6 m³/min,面块的中心温度达到-32～-29℃。

(5)低温吹风冻结(CO_2、N_2)在-35℃以下完成,通常在20～30 min内完成。

(6)冷藏间温度-23～-18℃。面团贮存期通常为5～12周。

(7)从低温冷藏间取出冷冻面团,在4℃的冷藏间里放置16～24 h可以使面团解冻,然后将解冻的面团放在32～38℃,相对湿度70%～75%的醒发室醒约2 h;或从低温冷藏间直接取出面团放入27～29℃,相对湿度70%～75%的醒发箱里醒发2～3 h。醒发后的面团即可转入正常烘烤。

(三)柯莱伍德机械快速发酵法

Chorleywood Bread Process是英国烘烤工业研究协会参照美国的连续混合面团法,应用高速搅拌产生能量促进面团起发的原理而研制出来的一种新型面包加工方法,有些书籍将此方法归类为快速发酵法。

1. 柯莱伍德法原理

柯莱伍德法应用高速搅拌机把机械能输入面团中,然后释放出来使面团膨胀。该法搅拌面团要比常规法多耗能 5 到 8 倍。高速搅拌机装有 44.13 ~ 51.49 kW 电动机,转速为 350 r/min,生产能力为 100 ~ 350 kg/次,搅拌时间 6 min/次。该机在真空下进行面团搅拌,当真空释放时,面团在突然减压情况下瞬间膨胀而完成发酵。因此,该方法是根据强烈的机械搅拌,把搅拌与发酵两个工序结合在一起,在搅拌中完成发酵的。除了使用高速搅拌机外,还采取以下辅助措施:使用大量氧化剂抗坏血酸,酵母用量比常规法增加 1 倍,面团温度 30 ~ 31℃,中间醒发 8 min,室温 29℃,醒发 25 min。机械搅拌将搅拌和发酵工序相结合,从而降低了工艺的复杂程度。

2. 柯莱伍德法特点

大大缩短了生产周期,从面团调制到出成品仅需 1 个多小时;节省了人力、设备和车间面积;可使用面筋含量低的面粉,如蛋白质含量为 8.3% ~ 10.5% 的中筋面粉;自动化程度高,保证了卫生。从配料到出成品完全由机械化完成。目前,英国和美国等许多欧美国家的面包厂采用柯莱伍德法工艺。

3. 柯莱伍德法工艺

柯莱伍德工艺如图 2 - 2 - 6 所示。

图 2 - 2 - 6　柯莱伍德法工艺生产面包的工艺

4. 工艺要点

1)面团的调制

4 ~ 6 min,面团温度 30 ~ 31℃。

2)中间醒发

8 min,室温 29℃。

3)醒发

25 min。

5. 工艺特点

1)缩短生产周期,整个生产周期为 1 h 左右。

2)节省人力、设备和空间。

第三节　面包生产的工艺

一、原料的预处理

面包原料的好坏与预处理的方式可直接决定面包的品质,对于面包生产而言,主要原料的预处理方式如下:

（一）小麦粉的处理

1. 小麦粉的储藏

小麦粉是面包生产的最为基础的原材料,其储藏应符合以下条件:干燥、卫生、防止霉菌侵染、防止虫害,储存温度应较为恒定,或在使用前进行调温处理,以适宜面包生产要求。

2. 小麦粉过筛

过筛的目的有两个,一是可以去除粉中的杂质,保证产品的质量;二是可以在粉中充入足够的空气,使得面粉较为分散,提高吸水率和酵母的发酵力,有利于面团的形成、酵母的发酵。

3. 除铁屑等杂质

在过筛装置中安装磁铁,去除铁屑,防止其影响面团的品质和面包成品的风味。

（二）酵母的处理

对采用的酵母要根据其性质将分别进行处理,在使用前应检查其是否适于产品的要求:

1. 鲜酵母的处理

在面包的生产中,选用鲜酵母的工艺已经不多了,在采用鲜酵母进行生产时,须提前 4～5 h 进行升温软化,然后溶于 5 倍体积的温水（25～28℃）中进行融化,在 5 min 左右时即可投料使用,须注意的是要避免鲜酵母的活化温度,温差过大易导致酵母死亡。

2. 干酵母的处理

干酵母使用时,必须经过活化,可采用 10 倍体积的温水（40～44℃）,不断搅拌（10～20 min）,活化后的酵母应在半小时之内使用,或置于 0～4℃的环境下段时间冷藏,须注意的是,在使用时要避免与糖盐的直接接触。

3. 即发干酵母的处理

即发干酵母在使用时,无需活化处理,可直接使用,若与温水溶解后使用其发酵活力上升较快。

（三）水的处理

须对水的硬度和酸碱性进行考查,在面包生产中水的总硬度在 100 mg/L 左右较为适合,若水质过软可加入硫酸钙和磷酸氢钙进行调节,水质过硬可加入碳酸钠进行软化;在面包生产中微酸性的水较为适合,可提高酵母的发酵速度,但酸度不能过大,可采用乳酸中和碱性水,用石灰水或苏打水中和酸性水;另外,根据生产的实际需求,需对水的温度进行适当调节,以调节面团的温度。

（四）其他辅料的预处理

1. 砂糖和绵白糖

砂糖和绵白糖均不适合在面包生产中直接添加使用,结晶砂糖难以在面团和制过程中溶解,对面筋的形成造成不良影响,且抑制酵母的发酵,在烘焙时易产生面包表面的麻点。

砂糖和绵白糖在使用时均需先用温水融化,过滤除去杂质。

2. 油脂

对液态油脂可直接使用,而部分固态或半固态油脂则需文火加热、水浴加热或搅拌机搅拌促使其软化后使用,需注意的是不得使其完全溶化,否则会影响其乳状结构,影响面制品质量,对小型生产而言,可采用先融化后冷冻至软化状态的方法进行处理,但不得反复使用此方法。

3. 乳粉

溶化后使用,并计算好乳粉添加量与水添加量的关系。

4. 食盐

食盐应溶解后过滤使用,注意食盐的添加顺序。

5. 添加剂

对面包改良剂、淀粉酶等添加剂在使用前通常采用原料中的小麦粉进行稀释混合均匀后使用。

二、面团的调制

面团的调制也被称之为搅拌、调粉、和面等,是面包生产实质工艺的第一步,极其重要。

(一) 面团调制的目的

面团调制具有如下作用:使各种原辅料均匀混合,形成质量均一的整体;促进各种原辅料的融合,加快面团内部生化反应的进行,如淀粉的水解糊化等;加速面粉吸水、蛋白质胀润形成面筋的速度,促进面筋网络的形成,缩短面团的形成时间;扩展面筋,使得面团具有良好的韧性、弹性和延伸性,改善面团的加工性能。

(二) 面团调制形成的过程及判断方法

物料搅拌时,在水的作用下,各种物料接触增加,相互混合,蛋白逐渐吸水,面团不断软化,直至面团的形成。面团调剂分为六个阶段如表2-2-1所示。

表2-2-1   面团调制的六个阶段

形成阶段	阶段名称	形成过程	面筋特点	面团特征
第一阶段	原料混合阶段	原辅料中干湿料混合均匀	蛋白质开始吸水,面筋还未形成	面团粗糙、较硬、无弹性及延伸性
第二阶段	面团卷起(拾起)阶段	水分被完全吸收,小面片逐渐融合成大面团	面筋开始形成,有筋性和部分弹性	面团成体、不再粘缸、面团粘手,延伸性差,易断裂
第三阶段	面筋扩展阶段	面筋不断形成	面筋逐渐形成阶段,有弹性和延伸性	面团表面干燥有光泽较光滑,仍易断裂
第四阶段	搅拌完成阶段	面筋完全形成	面筋柔软,有良好的延伸性	面团在搅拌时会与缸壁形成啪啪的打击声,和吱吱的粘壁声,但不会粘在缸壁上,面团表面细腻无粗糙感,可拉成面筋膜
第五阶段	搅拌过渡阶段	面筋耐力无法承受	面筋开始破裂,弹性和延伸性减退	面团表面出现水的光泽,出现黏性,停止后面团会向四周延伸
第六阶段	面筋打断(破坏)阶段	面筋完全打断,面团变稀	面筋完全断裂,无法持水	面团流动性增大,呈半透明状态,无法拉出面筋

(三) 面团调制对成品的影响

面团调制若未达到搅拌完成阶段,则面筋未充分形成,达不到良好的延展性和弹性,组织较硬,无法良好持气,成品体积较小,两侧内陷,组织粗糙不均匀,整形困难。

面团调制若过度,面筋被打断,面团过软,无法包裹发酵产生气体,面包体型扁小,甚至顶陷,面团过于湿黏整形困难,面包体积小,内部组织空洞大。

（四）面团调制的影响因素

1. 水分的影响

面团调制时，水的添加量不足或过度，都会影响面团中结合水、准结合水和自由水的比例，进而影响面团的工艺特性。

加水量不足，面筋性蛋白质不能充分吸水胀润，蛋白质分子扩展不够，这不仅使面筋生成率降低，而且所形成的面筋品质较差，较脆；面团卷起时间缩短；搅拌时面筋容易打断，无法充分扩展。

加水量过大，一方面会加快酶对蛋白质的作用，使面筋生成率降低，另一方面会延长卷起时间，一旦达到卷起阶段就很容易打断面筋，使面团过软，不符合生产的要求。

2. 小麦粉的种类和品质

小麦粉的品质会影响面团的调制，一为损伤淀粉的含量，损伤淀粉的含量会影响面团的吸水量和黏度，且蛋白质的含量和种类也会影响面团的形成。一般而言，春小麦及硬质小麦的面筋含量高于冬小麦及软质小麦。正常小麦粉的面筋生成率明显高于受冻伤的、受虫害的及霉变的小麦粉。

3. 温度

调粉的温度会影响面筋的形成时间，面团温度低卷起时间缩短，应延长扩展时间以适合加工需求，面团温度高卷起时间延长，但温度过高，会使面团失去其加工性质。

4. 搅拌速度

搅拌速度直接影响面团的形成，搅拌速度快面团卷起时间短，完成时间短，但到达完成阶段后其更易过渡至搅拌过渡阶段。对面筋强的小麦粉应注意控制搅拌速度，在中期应维持较高转速；对面筋弱的小麦粉在调制时，则应适当降低搅拌速度，防止面筋被打断。

5. 配方

配方中含有较多柔性材料时应延长搅拌时间，配方中韧性材料较多时，则搅拌时间会缩短。

6. 投料顺序

投料顺序会影响面团的形成，如糖盐的添加过程是放置于面团原料混合之初，还是在面团形成之后，对面团的形成会有很大影响，通常在生产中采用后加盐的方法，可以强化面筋，避免在搅拌初期面筋过于强韧，而面团不易形成，搅拌时间延长。对于面团中应添加的油脂则需在面团形成后进行添加，避免在形成面筋蛋白体的周围形成油膜阻碍蛋白质的吸水胀润，妨碍面筋的形成，根据生产产品的特性应合理的设定各原辅料的添加顺序，保证面团和成品的质量。

7. 面团 pH 值和酸度

面团 pH 值的变化将会影响面筋性蛋白质的带电性质。随着面团 pH 值的下降，偏离面筋性蛋白质的等电点，面筋性蛋白质带正电荷，且电荷数增加，导致蛋白质吸水能力增强，面团形成速度随之加快，但面团容易弱化。

8. 添加剂等原辅料因素

1）添加剂对搅拌的影响

添加剂中的快速氧化剂可以增加面团的吸水量，延长搅拌时间；还原剂使面筋变软，缩短搅拌时间，促进面筋网络的交联；酶制剂中淀粉酶可以使面团软化，缩短搅拌时间，增加面团黏度,蛋白酶能分解蛋白质,使搅拌的机械耐力降低,面团被软化,影响面团的发酵耐力;乳化剂可使面团韧性增强,提高面团搅拌耐力,延长搅拌时间,增强油脂对面筋网络的润滑作用,有利于面团起发。

2)辅料对搅拌的影响

辅料对面团的形成和面包的质量、风味、组织等影响也很关键。

• 蔗糖:制作同样软硬度的面包,每增加5%的蔗糖,面粉的吸水率就会降低1%,面团中蔗糖量的增加会使得面粉吸水速度减慢而延长搅拌时间。同时,糖对面包还可以起到抑菌、改善色泽、增加风味等作用,每增加5%的糖,面团吸水率降低1%。

• 食盐:可以增加面团的柔韧性,增加风味,抑制细菌滋生和控制酵母发酵等作用,由于过早加入食盐会延长搅拌时间和阻碍面筋形成,所以在搅拌面团时,食盐最好等面筋扩展至八九成时再添加。与无盐面团相比,增加2%的食盐,吸水率减少3%。

• 奶粉:在面团中添加脱奶粉可增加吸水率,因为脱脂奶粉吸水缓慢,固然会延长面团搅拌时间,同时,奶粉也可以起到乳化作用,使面包更柔软,增加风味等作用。

• 蛋品:目前国内在制作面包时添加的蛋品大多用鲜鸡蛋,鸡蛋可以与糖、水等混合搅拌,鸡蛋可以使面包更柔软、改善色泽、增加风味等作用。

• 改良剂:分为化学和生物改良剂两种,目前大多用化学改良剂,在使用过程中均直接和面粉搅拌均匀,可以改善面团内部组织、加大面包体积、延缓面包老化时间等作用。

（五）搅拌的投料顺序

投料顺序也被称之为加料次序,在面包生产中常用的一次发酵法和快速发酵法的基本投料顺序如下:

① 水、糖、蛋、甜味剂、添加剂(按使用说明,或事先与小麦粉混合),放入搅拌机充分搅拌,如采用鲜酵母也需在此工序加入。

② 奶粉、干酵母混入面粉中,放入搅拌机中,酵母需活化的应事先或活化,酵母与面粉混合后投入可以避免酵母直接接触冷热水,导致发酵能力降低,也可避免酵母与水接触,快速产气。

③ 面筋形成未扩展时加入油脂,油脂形成单分子薄膜,可起到润滑面筋的作用,使得面团柔软,增加持气能力。

④ 后加盐,在面筋扩展阶段和面团完成阶段之间进行加入。后加盐法具有缩短搅拌时间(反水化作用,收缩面筋)、提高面粉吸水率(面粉中蛋白质充分水化,面筋充分形成)、减少摩擦产生热量(有利于面团温度的控制)、减少能源的消耗等作用。

（六）面团温度的控制方法

适宜的面团温度,有利于面团的搅拌和形成,有利于酵母的发酵,不同的发酵方法对面团的温度要求不同,还应考虑在面包加工中环境的温度变化而适当调整。

1. 影响面团温度的主要因素

影响面团温度的主要因素有:原辅料的温度、室温、水温、搅拌摩擦热,若采用两次发酵法或多次发酵法,还要考虑前一工序发酵后的温度。

2. 搅拌摩擦引起面团温度增加的计算

以二次发酵法为例,搅拌种子面团时增加温度的计算方法为:

$$T_{f1} = （面团温度 \times 3）- （室温 + 粉温 + 水温）$$

搅拌主面团增加的温度：

$$T_{f2} = （面团温度 \times 4）- （室温 + 粉温 + 水温 + 种子面团发酵后的温度）$$

例：已知二次发酵法发酵后面团温度为 28℃，室温 26℃，粉温 25℃，水温 22℃，种子面团温度为 30℃，则

$$T_{f2} = （28 \times 4）- （26 + 25 + 22 + 30）= 9$$

$$T_{f1} = （30 \times 3）- （26 + 25 + 22）= 17$$

当然，在实际加工中，往往采用经验值进行计算，即 T_{f1} 为 4~6℃，T_{f2} 为 8~10℃。

3. 面团温度的控制方法

面团的温度通常采用水温来进行调节，计算公式如下：

第一次搅拌时应加入水的温度：

$$T_{d1} = （面团理想温度 \times 3）- （室温 + 粉温 + 搅拌新增加的温度）$$

第二次搅拌时应加入水的温度：

$$T_{d2} = （面团理想温度 \times 4）- （室温 + 粉温 + 搅拌增加温度 + 第一次发酵后的面团温度）$$

但此方法存在很大的弊端，即水用量的多少及其与原辅料量的比例会影响面团预计温度，而更应以此为基础，通过实际实验校验的方法确定水温。

在夏天，若水温过高超过面团预计温度，往往需要采用冰水来控制面团的温度：

$$冰需要量 = \frac{总水量 \times （自来水温 - 理想水温）}{80 + 自来水温}$$

三、面团的发酵（Fermentation）

发酵是面包加工工艺中最为关键的工序，泛指有机化合物在微生物的作用下产生一系列生物化学变化的过程，在面包的发酵过程中正体现了这一定义，在面包发酵过程中：面粉中的淀粉水解成糖，再由酵母的酒精酶分解成酒精和二氧化碳，部分糖在乳酸菌和醋酸菌的作用下生成有机酸。发酵过程中，通过一系列的生物化学变化，积累了足够的生成物，使得制品具有优良的风味和芳香。在发酵过程中进一步促进面团的氧化，增强面团的气体保持能力。面团的发酵就是利用酵母菌在其生命活动过程中所产生的二氧化碳和其他成分，使面团蓬松而富有弹性，并赋予制品特殊的色、香、味及多孔性结构。

（一）发酵的目的

发酵的目的如下：

① 发酵可以使酵母迅速的生长繁殖、产生足够量的 CO_2 气体，使得面团体积膨胀。

② 促进面团氧化，改善面团的加工性能，使之具有良好的延伸性，降低弹韧性，为面包的最后醒发和烘焙奠定基础。

③ 使得面包获得疏松多孔的组织结构。

④ 赋予面包色（美拉德反应和焦糖化反应的前体物质）、香（发酵产生的各种有机物的香气——酵香气）、味（柔软的口感、发酵产生的有机酸及有机醇等滋味）。

⑤ 使得制品营养更为丰富,更易消化:如生成酒精、二氧化碳、各种糖、氨基酸、有机酸、酯类等。

(二) 面团发酵的基本原理

1. 酵母的生长繁殖

面团发酵的过程是复杂的物理、化学、生物、微生物的变化过程。从宏观上看,发酵赋予了面团疏松多孔的结构,使得面团的体积增大、柔软,使得面团具有酸味、酒精等酵香味;从微观上看,酵母在面团中迅速繁殖生长代谢,其分泌的酶同面团中原有的酶一起促进了大量生化反应的产生,同时代谢产生的 CO_2 充当了面团蓬松的主体,发酵中产生的芳香类物质构成了香气的主体。

2. 发酵过程中主要的生物化学反应

面团中含有多种糖类,可溶性糖有葡萄糖、果糖等单糖,也含有蔗糖、麦芽糖和乳糖等双糖,部分糖类可以直接为酵母所发酵,产生酒精和二氧化碳,产生的酒精一部分可以留在面包中增添面包的风味,二氧化碳赋予面团足够的蓬松度。

单糖可以由酶的催化而来,面粉中天然存在的 α - 淀粉酶和 β - 淀粉酶是将淀粉转化成单糖过程中最为主要的酶,在酵母的发酵过程中也会代谢产生大量的胞外酶,使得糖的转化速度加快,酵母的发酵速度也随之加快,α - 淀粉酶(内切酶)可促使大分子的损伤淀粉转化为小分子的糊精,β - 淀粉酶(端切酶)可促使小分子糊精转变为麦芽糖,通常认为麦芽糖可以经过麦芽糖酶(主要来源于酵母分泌)的作用转化成为单糖而成为酵母的养分:

$$\left[C_6H_{10}O_5 \right]_n \xrightarrow[\text{损伤淀粉}]{\alpha - \text{淀粉酶}} \left[C_6H_{10}O_5 \right]_n \xrightarrow[\text{糊精}]{\beta - \text{淀粉酶}} C_{22}H_{22}O_{11} \xrightarrow[\text{麦芽糖}]{\text{麦芽糖酶}} C_6H_{12}O_6$$

酵母分泌的蔗糖酶可以分解加入的蔗糖,同时促进发酵的进程:

$$C_{12}H_{22}O_{11} \xrightarrow[\text{蔗糖}]{\text{蔗糖酶}} C_6H_{12}O_6(\text{葡萄糖}) + C_6H_{12}O_6(\text{果糖})$$

酵母发酵的过程可以简述如下:

面团发酵时,葡萄糖进入酵母细胞进入糖酵解转化为丙酮酸,丙酮酸在无氧的条件下转化为乙醇、CO_2 和热量,这种发酵是无氧发酵,也被称之为酒精发酵:

$$C_6H_{12}O_6 \xrightarrow[\text{酵母酶}]{\text{无氧呼吸}} 2C_2H_5OH + 2CO_2\uparrow + 238.26 \text{ kJ}$$

丙酮酸在有氧的条件下,进入三羧酸循环,产生 CO_2 和水,并产生大量的热量,这个过程就是酵母的有氧呼吸反应,使得面团在发酵的过程中产热、产气。

$$C_6H_{12}O_6 + 6O_2 \xrightarrow[\text{酵母酶}]{\text{有氧呼吸}} 6CO_2\uparrow + 6H_2O + 2871 \text{ kJ}$$

发酵进行到中期以后,面团中氧气被消耗殆尽,有氧呼吸基本被终止,无氧呼吸占上风,越到发酵后期酒精发酵进行越旺盛。在代谢过程中产生的乙醛、乙酸等物质也会部分存留在面团中,构成了发酵香气的主要来源。发酵过程中温度、pH 值对发酵的影响很大,温度高,发酵力会急剧上升,但在上升后会急剧衰退。pH 值则主要是对酶的活性构成极大的影响,在发酵后期 pH 值接近酶的最适 pH 值 5.0 左右,因此发酵速度大大加快。

在发酵过程中并不仅仅是围绕酵母产生的生化反应,其中随着面团发酵的进行,同时也

发生其他发酵过程,主要以乳酸发酵、醋酸发酵为主,此时面团的酸度增高:

$$C_6H_{12}O_6 \xrightarrow{乳酸菌} 2C_2H_5OH \cdot COOH(乳酸) + 83.60 \ kJ$$

$$CH_3CH_2OH + O_2 \xrightarrow{醋酸菌} CH_3COOH(醋酸) + H_2O + 489 \ kJ$$

醋酸发酵产生刺激性酸味,而酪酸发酵会产生臭味,因此需控制面团发酵的温度,定期清洗消毒工具,避免产酸菌的大量繁殖,影响产品的质量。

3. 影响面团发酵的因素

1)温度

温度是影响酵母发酵的重要因素,酵母在面团发酵过程中要求的温度有一定的范围,因通常酵母菌最适宜温度是35℃,乳酸菌最适宜温度是37℃,所以面团的温度一般控制在25～32℃。温度太低,会使得面团发酵速度过慢;温度高虽然可以缩短发酵时间,但也会给杂菌生长创造有利的条件,面团温度过高也会使酶的作用旺盛,持气性差。所以,面团操作的最佳温度是25～28℃,高于这个温度范围就不好掌握操作工艺,而且容易影响其质量。

2)pH 值

酵母适合在偏酸性的条件下生长,最佳 pH 值应控制在5～6之间,产气能力强。

3)糖盐的含量

面团糖盐的含量决定了影响酵母活性的渗透压,渗透压高,则使得酵母质壁分离,导致酵母无法生长甚至死亡,在设计面包配方时,要考虑糖盐的添加量,因其具有协同提高渗透压的作用,因此注意其用量不得超过限值,同时添加时应成反比。

4. 影响面团发酵体积(面团持气能力)的因素

1)小麦粉

小麦粉所含蛋白质的质和量,也称之为强力度,是面团气体保持的决定性因素。此外,小麦粉本身的新旧程度以及添加剂也会对面团气体的保持产生极大的影响。相对而言,新粉有更大的调整余地,老粉持气能力减弱,含杂质(麸皮等)多的面粉,持气能力也弱。

2)搅拌程度

面团搅拌阶段直接影响面团的持气能力,搅拌后处于最佳加工时期的面团,面筋的抗拉弹性能强,气体保持能力强。

3)其他

加水量的多少会对蛋白质形成面筋的速度有所影响,对面团的持气能力有所影响。加水率越高,持气能力越好,超过一定限度后,则持气能力急剧降低。面团 pH 值,偏酸的 pH 值有利于面团的持气,一般而言,pH 值处于5.5的时候持气能力最强。面团温度,面团的温度会影响面团的水化、结合作用和面团的软硬程度,温度高,蛋白酶酶活强,则持气能力减弱。酵母量,酵母量多时对短期发酵有利,长期发酵,则使筋力疲劳,对持气能力产生不良影响。除此,食盐、乳、蛋、酶、糖等的添加量均对面团的持气能力有所影响。

(三) 发酵的过程及控制调整

1. 发酵时产气量与持气性

产气量指在发酵过程中产生 CO_2 气体的量,要增加产气量:一可以增加酵母用量,二增加糖的用量或含有淀粉酶的麦芽糖或麦芽粉,三可以加入一定的改良剂或提高面团的温度。

酵母发酵产生的 CO_2 气体只有最大限度的保存在面团之内,才能使面团获得最佳的膨胀率,促进发酵成熟,如果面团的持气性不强,就得不到发酵理想的面团。产气量高,但持气能力不佳,或产气量低持气能力好,均得不到最佳的发酵面团。

2. 产气量与持气性的关系

1)当面团的产气量和持气性都达到最大时,面包体积最大,内部组织、颗粒及表皮颜色都非常理想。

2)产气量达到最大限度,而面筋未达到最大限度扩展,即持气性能未达到最大,气体产生再多也无法使面团膨胀体积达到最大,做出面包的体积小,组织粗糙,颗粒度大,可以采用加入少量蛋白酶的方法,加快面筋的软化。

3)面团在发酵期间面筋扩展已经达到最大,但产气量未达到最大,面筋筋性过强,抑制了气体的膨胀,面包体积小,品质差,可以适当增加糖的用量,加快产气速度。

（四）面团发酵工艺及其控制

面团发酵工艺的关键在于控制发酵的温度、湿度和时间,使之促进酵母的发酵和繁殖,得到发酵完整的面团。

1. 发酵的工艺参数

发酵的基本工艺参数为 $28 \sim 30℃$,相对湿度为 $70\% \sim 75\%$ 。发酵时间与发酵方法的选用相关,如酵母添加量高,则发酵时间缩短。

翻面,是在发酵过程中,尤其是一次发酵过程中应用较多的处理方式。当发酵进行到一定程度时,面团中的 CO_2 气体含量越来越多,空气逐渐变少,酵母由有氧呼吸变为酒精发酵,发酵速度减慢。因此可以利用翻面的方法增加酵母与氧气的接触,促进面团的发酵速度。

翻面的作用如下:

1)排出过多的 CO_2 气体,去除酵母有氧呼吸的抑制因素,充入新鲜空气,促进酵母的进一步繁殖和发酵。

2)使面团各部分的温度均匀,在发酵过程中,由于发酵产热等原因,面团温度逐渐升高,使得产酸厌氧菌极易生长,翻面可以调节面团内外的温度。

3)有利于面筋的进一步延伸,翻面后的面团继续发酵直至成熟,面筋进一步延伸。

2. 面团发酵成熟的辨别

发酵成熟的面团是面团处于面包加工的最佳状态,未成熟的面团称为嫩面团或发酵不足面团,发酵过度面团称为老面团。

判断面团发酵成熟的方法如下:

1)回落法

面团发酵初期至面团发酵成熟,面团中央顶部,由凸起变为水平,当正中央部位开始下落时,发酵成熟,回落过大则发酵过度。

2)手触法

用手指轻轻按下面团,手指离开后,面团既不弹回也不下落,发酵成熟;面团弹回,发酵不足;面团下落,发酵过度。

3)拉丝法

拉开面团,若交叉细丝缕状,发酵成熟;反之,无细丝缕,发酵不足;面丝细,易断,则为发酵过度。

4）温度法

面团成熟后升温 4～5℃。

5）表面气孔法

发酵不足,表面无气孔,紧密,不透明;发酵成熟,表面出现均匀细密的半透明薄膜气孔,气孔过大则发酵过度。

6）嗅觉法

经验丰富的技师可根据发酵酸味的程度判断发酵成熟与否。

3. 面团是否成熟对面包品质的影响

面团成熟可以影响面包的品质:

① 发酵不足,体积小,风味弱,组织粗,香气不足,口感差,表皮颜色深。

② 发酵成熟,体积大,组织均匀,风味佳,独特酵香,口感松软,有弹性,内部洁白,表皮色润。

③ 发酵过度,烘焙时体积大,出炉后易坍塌,收缩性变,表皮色浅,有皱纹,无光泽,内部气孔大不均匀,酸味大,有异味。

4. 面团发酵损失

面团发酵损失是指在面团发酵后由于部分成分发生了各种变化,形成了气体或有机酸等挥发性成分,以及在发酵过程中产热导致部分水分的蒸发,造成的面团重量损失。影响因素主要有:

① 配方的差异。

② 发酵时间的差异。

③ 工艺及操作的方法。

④ 面团温度及发酵温度的不同。

面团发酵损失一般为1%～2%左右,发酵时间越长,发酵损失越大。我们可通过减少发酵时间,降低发酵温度等方法减少发酵损失,但都会受到发酵工艺参数的限制,发酵损失的计算,通常可采用以下公式:

$$发酵损失（\%）= \frac{搅拌后面团质量 - 发酵后面团质量}{搅拌后面团质量} \times 100\%$$

四、面团整形

面团整形是面包生产中十分重要的一步,其关系到面包的大小、形状、层次、表皮光滑程度等。整型是将发酵好的面团做成一定形状的面包坯,包括分块、称量、搓圆、中间醒发、压片、成型、装盘或装模等工序。在整形期间,面团仍然继续进行着发酵过程,整形过程的温度过低还会影响面团继续发酵,温度过高或湿度过低会使面团表皮干燥形成硬皮,通常采用整形的标准条件是:温度 25～28℃,相对湿度 60%～70%。

（一）分块和称量

分块和称量就是按着成品的质量要求,把发酵好的大块面团分割成小面团,并进行称量。保证了成品的质量均一,大小相近,在面团分块称量的前后,面团中的体积含量、相对密度和面筋结合状态都在发生改变,所以在分块工序中最初和最后面团的状态是不一致的,这就要求我们分块称量的时间要短,手法要快,通常主食面包的分块称量在 20 min 左右,点心面包的分块称量在 30 min 左右完成。

在分块称量时要对加工过程的质量损耗计算在内,按照产品要求进行。

（二）搓圆

搓圆又称揉圆、滚圆,是使分割得不整齐的小块面团变成完整的球形面团的过程,搓圆是继分块称量后的第一步。

1. 搓圆的作用

① 可将新分割的小块面团的切口处施以压力,使皮部延伸将切口处覆盖,变成完整的球形。为下一工序打好基础。

② 新分割的小块面团,面筋的网状结构被破坏而紊乱,切口处有黏结性,搓圆施以压力,使皮部延伸将切口处覆盖,面筋得以修复。

③ 排出部分二氧化碳,使各种配料分布均匀,便于酵母的进一步繁殖和发酵。

④ 搓圆可以减少面团相互间和面团对面案等器物的黏着,使面块表面与空气接触、表皮光滑。

2. 搓圆方法

搓圆分为手工搓圆或机械搓圆,手工搓圆要求手法熟练,速度快,面团圆滑不粘手,五指拢住面团向面案上轻压,快速沿一个方向旋转,直至成为圆球状。机械搓圆速度快,适合大批量操作。

（三）中间醒发（亦称静置）

中间醒发又称静置,是将搓圆后的面团在一定的温湿度条件下静置松弛的过程。搓圆后的面团一部分气体被排出,内部处于紧张状态,面团缺乏柔软性。如立即压片或成型,面团不能承受压力,外皮易被撕裂,不易保持气体,进行中间醒发时间虽短,但对提高面包质量具有不可忽视的作用。中间醒发箱有带式、箱式和盘式等几种。

1. 中间醒发的作用

① 使搓圆后的紧张弹性大的面团,经中间醒发后得到松弛缓和,以利于后道工序的压片操作。

② 使酵母产气,调整面筋的延伸方向,让其定向延伸,压片时不破坏面团的组织状态,又增强持气性。

③ 使面团的表面光滑,持气性增强,不易黏附在成型机的辊筒上,易于成型操作。

2. 中间醒发的工艺要求

① 温度:以 27 ~ 29℃ 为最适宜,温度过高会促进面团迅速老熟,持气性下降,酸度增高;温度过低,面团冷却,醒发迟缓,延长中间醒发时间。

② 相对湿度:适宜的相对湿度为 70% ~ 75% ,太干燥,面包坯表面易结成硬壳,使烤好的面包内部残存硬面块,组织差;湿度过大,面包坯表面结水使黏度增大,影响下一工序的成型操作。

③ 中间醒发时间:中间醒发的时间不宜过长,通常为 12 ~ 18 min。

④ 中间醒发适宜程序的判别:中间醒发后的面包坯体积相当于中间醒发前体积的 0.7 ~ 1 倍时为合适。

（四）面团压片

在中间醒发后,面团需经进一步加工形成一定的形状,压片是整形的第一步,可以使面包内部形成片状的纹理结构,提高面包的质量。

1) 面团压片的目的

排除面团大的气泡,使中间醒发时产生的大的气泡被赶出,小的气泡较为均匀的分布在面团中,保证面包成品内部组织均匀。

2) 面团压片后成品品质的差别

面团压片与否,面包成品的品质有很大不同。压片后生产的面包内芯呈片状,可片层状撕下,内部洁白,气泡大小均一,无大气泡;未压片的面包气泡大小不均,内部组织粗糙。

3) 压片机械及压片工艺

压片通常采用压片机,调整适合的转速和辊间距,在压片时应同时用手拉抻,每压一次,对折一次,反复进行,直至面片表面光滑细腻。压片时要根据面团的软硬度适当撒浮粉,防止粘辊,面片折叠时要尽量规格整齐,不能长短不齐,薄厚不均。

(五) 面团成型

成型决定了面包的最终形状,可以使得产品得到固定的外观,式样美观,现在大型企业采用机械成形的方法,但也有大部分企业采用手工或半手工成型。花色面包和特殊形状的面包通常采用手工成型。

对于成型而言,不同种类的面包成型方法不同,如牛角面包、辫子面包、法棍面包等。需注意的是,应保证成型方式适合面团的配方、面团的性质,成型采用的方式与面团的搅拌程度、发酵情况等都有很大关系,如搅拌不足,面团硬,整形困难;搅拌过度,面团扁软,成型不紧密。

在压片和成型中撒浮粉应注意量和度的控制,绝不可过多,只需不粘手和工具即可。

五、装盘(听)

装盘(听)就是将成型后的面包坯放入烤盘(听)内,然后进行醒发的过程。

(一) 烤盘的种类及选用

烤盘是烘焙的必备的器具,选用适当的烤盘,进行适当的选用。不但可以节约成本,降低消耗,而且可以提高生产效率。需注意的是,价格高的烤盘并不一定适合焙烤的品种,而过于注重烤盘成本,容易导致成品品质的变差,使用便宜但不适用的烤盘有可能得不偿失。

烤盘的种类很多,如表 2 - 2 - 2 随着材料学的进一步发展,烤盘的材质也呈现多样化的特征,目前在市场主要采用的烤盘是采用金属制成的烤盘:通常有采用铝、铁、不锈钢、铜等材质制成,具有导热速度快,强度大的特点。

表 2 - 2 - 2　烤盘的种类及其特点

烤盘的种类	特　　点
铝合金烤盘	铝合金是传热最快的非铁金属,传热及散热速度快,可以选择强度,质量较轻,较经济,有可以适合各种产品的品种进行选择
钢铁(镀铝板)烤盘	钢铁烤盘材料便宜,广泛应用在烘培器具,传热比铝慢,易生锈,已被镀铝铁板所取代。镀铝板有钢板的强度,表面被一层薄膜铝金属包覆,所以不会生锈,大量应用在自动化生产在线,易加工、有磁性
不锈钢烤盘	材质有一百多种,应用在烤具上不多,主要是其传热较慢,基本不太使用
铜烤盘	传热也很快,应用在烤盘成本过高,重量较大,也会有铜氧化出现,需进行表面处理,不太适合应用于焙烤产业

随着科技的进步,目前许多的烤盘为了延长使用的寿命与使用的范围,会在原本的材质上做表面处理,以得到适合的性质。这种方式使得烤盘以较低的成本而产生了更好的效果,表2-2-3~表2-2-5是目前常见的几种表面处理方式:

表2-2-3　各种涂层及其在焙烤制品中的应用

涂层处理	特　　性
铁氟龙(TEFLON)、P. T. F. E.	耐用约1 000次以上,是一般面包店常用的表面处理,但是它只能对含糖11%以下的面包有不沾的效果,对于高糖蛋糕是没有抗沾效果的。铁氟龙不沾处理层次有别,便宜的烤盘使用一次性的变性氟树脂来取代,不是纯的PTFE,所以不沾效果只有五分之一,建议不要使用
Silicon硅立康	是高糖蛋糕抗黏的好材料,也用于含糖量在20%以下的蛋糕,一般的面包也可以使用。Silicon的缺点是高温时硬度较低,所以使用时不能在高温时用铲子碰触,否则很容易将不沾层刮伤
PFA	这是一种较高级的不沾涂料,由于它的高厚度涂层,及零毛细孔特性,它的耐用度可以提高至3 000次以上,是面包烘焙最好的选择,但它的不沾性质对于高糖分的蛋糕无法完全发挥。PFA的材料成本较高,但使用寿命数倍于普通的铁氟龙,其最终使用成本反而最低

表2-2-4　其他处理方式烤盘及其特性

其他处理方式	特　　性
阳极处理	专门在铝材料的表面皮膜处理技术,可以在铝的表面形成一层硬化的皮膜,如以膜厚的厚度为8μm以上,可以有抗氧化和容易清洗的优点
硬膜阳极处理	阳极氧化的技术之一,可以把铝的表面硬化到HV600度以上,比刀子的硬度还硬,是比不锈钢卫生、耐用的表面处理技术。具有抗氧化与耐摩擦的优越特性
电解	专用在不锈钢的表面抛光、化学研磨,它的标准可达美国NSF的卫生标准,可以把不锈钢的杂质清理干净,使不锈钢的表面有更卫生的标准

表2-2-5　表面处理后功能比较表

材质	处理方式	最高耐热	平均寿命	用途	特　　性
铝合金	阳极	300℃	3 000次以上	—	不易氧化(不生锈)、易上油、不耐刮
	硬膜	300℃	20 000次以上	—	第一次使用需清洗、涂奶油。耐刮、卫生容易清洗
	硅利康	220℃	1 000次以上	含糖量20%以下高糖类蛋糕	第一次使用需清洗、涂奶油。不易上油
	PTFE	260℃	1 000次以上	含糖量11%以下面包	第一次使用需清洗、涂奶油。不易上油
	PFA	260℃	3 000次以上	含糖量11%以下面包	第一次使用需清洗、涂奶油。不用上油、省时、省油
	奈米	260℃	4 000次以上	含糖量11%以下面包	第一次使用需清洗、涂奶油。耐磨、耐刮、快速导热、锁水效果(远红外线)、易洗抗菌
镀铝	铁氟龙	260℃		含糖量11%以下面包	不用上油、省时、省油
不锈钢	电解	600℃	—	—	表面亮丽、卫生

注:—表示无相关资料佐证

（二）新盘的预处理

新盘购买后在使用前均需要进行处理，最基本的处理就是清洗烤盘的表面油污。对于钢铁烤盘或镀锡、镀铝烤盘，需在清洗后干燥，并在内外刷上植物油，在 250～280℃的烤箱中炼制 30～40 min，直至烤盘表面形成亮膜，对于烤听则需适当降低温度，通常选则炼盘温度为 220℃左右。对于表面涂膜或镀膜的烤盘大多不需要进行炼盘即可使用。

（三）烤盘刷油及预冷

在装入面团前，烤盘或烤听必须先刷一层薄薄的油，防止面团与烤盘粘连，不易脱模。刷油前应将烤盘（听）先预热到 60～70℃，有助于油的流动和分布，凉盘刷油，油分布不均匀，黏性较大。

（四）烤听体积的选择

不同大小的面团所选择的烤听体积是不同的，通常烤听体积过大，面包组织不均匀，颗粒粗糙，烤听体积过小，影响面包体积膨胀和表面光泽，易变形。因此需根据经验和计算进行烤听体积的选择。

（五）装盘（听）方法与要求

有的产品可以在整型之后经过醒发后直接烘烤，如圆面包；还有醒发后入炉前只需在表面用小刀划出口子，如硬面包；还有部分需要经过摆盘摆听后进行烘焙。

通常装盘（听）有如下要求：

① 在烤盘上整型后的面团摆放均匀整齐，留有适当的间距，与烤盘边相距 3cm 左右。

② 摆盘时注意面团的摆放的不要过密，也不要一端摆放过多，一端摆放过少，导致吸热不均，成熟度不均。

③ 面团在装盘时通常将存在卷缝的一端朝下，防止因发酵或烘焙膨胀裂开，要保证烤盘刷油或垫烤盘纸后的温度与面团或室温相近，烤盘过冷或过热都会影响面团在后期发酵的品质。

④ 在装盘和装听时，要考虑面团的醒发膨胀程度和盘（听）的容量。

六、面团醒发（最后发酵或二次发酵）

面团醒发是把成型完成后的面包坯，再经过一次发酵，使其达到焙烤前应有体积和形状的过程，此时形成的面团可以直接进入烤箱进行烘焙。

（一）醒发的作用和目的

经过前段工艺加工的面包面团，面团内部气体大部被排出，面团处于紧张状态，面筋失去原有的柔软，变得脆硬发黏。如果立即送入炉内烘烤，则面包体积和内部组织都达不到成品的要求，颗粒感强，且在侧面或顶上出现空洞、边裂现象。

醒发可以使紧张的面团得以松弛恢复，面筋进一步结合，延伸性逐步增强，利于面团体积的充分膨胀，改善面包内部的结构，使酵母能够产生足够的代谢物质，产生浓郁的发酵香气。

（二）醒发条件

醒发的过程应在醒发箱或发酵室内进行，其温度与湿度应较前期发酵略高，多以蒸汽保持醒发箱内的温湿度。醒发的条件详细介绍如下：

1. 温度

醒发的温度主要取决于酵母发酵的温度，通常温度选定介于 30～50℃之间（一般为 38～

40℃），温度过高，易导致水分散失过快，面包坯表皮干燥，超过油脂的熔点，油脂就会液化，面包体积就会缩小；温度过低，内部发酵不良，膨胀程度不够，导致醒发时间延长。部分面包的醒发温度要求较为特殊，丹麦面包、硬皮面包、牛角酥面包等的醒发温度往往在 23 ~ 32℃之间。

2. 湿度

醒发工艺要求湿度在 80% ~ 90%（通常 85%），相对湿度过低，也会使面包坯表面干燥，限制面包的膨胀，醒发后期会在表面形成龟裂，面包重量损耗增加；相对湿度过大，在面包坯表面结成水滴，使得成品面包表面出现气泡和白点。

3. 醒发时间

醒发时间要根据酵母的使用量、发酵的温度、面团的成熟程度、整形工艺过程和面团的柔软性进行确定，一般为 30 ~ 60 min 之间。醒发时间不足，面包体积小、气室不均匀，组织结构不好，顶部形成一层盖，表皮呈红褐色，边皮有如燃焦的现象；醒发时间过长，面包酸度增加，气体产量过大，导致面筋膜无法承受而破裂，面包烘焙后顶部塌陷，面包皮色泽缺失。通常对同一种面包而言，在保证质量的情况下，醒发时间越短，组织结构越好。

（三）醒发终点的判断

醒发终点即为入炉时间，醒发终点的判断关系到面包质量，其判断方法列举如下：

① 正常情况下，醒发结束时，面团的体积为成品体积的 80% 左右，其余 20% 在烘焙的加热的过程中膨胀，在实际的操作过程中需根据炉温变化的快慢进行适当调节。

② 当接近醒发终点时，面包坯的体积膨胀了 2 ~ 3 倍，即可认为可以入炉烘焙。

③ 根据面包坯的表观、柔软度、透明度等进行判断，醒发终点时，面团表面呈半透明薄膜状，随醒发和膨胀的进行，面团醒发时间过长，表面气泡一触即破，气体逸出，表面塌陷。

每个品种的面包，其正确的醒发时间，只能通过工厂（车间）的实际试验来确定。可通过量度面团在醒发后的高度来决定是否入炉，即经过若干次试验后，找出面团的最佳膨胀高度，然后照此形状划制一块高度板（呈凹入的弧形，如凹），生产中便以该量度板为标准，达到高度后即入炉烘烤，未到的则继续醒发。

（四）醒发的影响因素

1. 原料因素

1）小麦粉

小麦粉中面筋的含量高，面团的韧性强，醒发若不充分，入炉后膨胀不足，因此要延长醒发时间；小麦粉面筋含量低，面团延伸性、韧性和弹性差，入炉后容易膨胀和破裂，醒发时间要缩短。

2）糖盐的含量

在面团中糖盐含量高，则酵母发酵速度慢，发酵耐性强，要延长醒发时间；糖盐含量低，酵母发酵抑制条件少，要适当缩短醒发时间。

3）酵母的种类

酵母的活性强，醒发的时间可以适当缩短；酵母的发酵耐力差，活性弱，醒发的时间可以适当的延长。

2. 烤炉的影响

一般而言，焙烤温度越低，持续时间越长，面团在烤炉中胀发越大；焙烤温度越高，持续时间越长胀发体积越小。因此,前者可缩短醒发时间,后者需延长醒发时间。

对于炉顶辐射热较强的烤炉,面包坯在烤炉中膨胀受限,需延长醒发时间,而对对流充分的烤炉,醒发时间可适当缩短。

3. 面团发酵程度和面包类型的影响

面团发酵成熟度不足的面团,入炉后膨胀的不好,需要用醒发程度大一些来进行补救;而对于面包是否夹馅、表面是否装饰、是烤听烘焙醒发还是烤盘烘焙醒发等,其加工工艺均会影响醒发,需根据实际情况适当调整。

（五）面团醒发时的注意事项

① 应根据烘焙进度及时上下倒盘,使之醒发均匀,配合烘焙,如果已醒发成熟,但不能入炉烘焙时,可将面团移至温度较低的架子底层或移出醒发室,防止醒发过度。

② 醒发箱进出盘顺序应有规律,先入先烤,避免醒发箱门开闭次数过多。

③ 从醒发室取盘烘焙时,必须轻拿轻放,不得振动和冲撞,防止面团跑气塌陷。

④ 特别注意控制湿度,防止滴水。醒发适度的面团表皮很薄,很弱。如果醒发室相对湿度过大,水珠直接滴到面团上,面团表皮会很快破裂,跑气塌陷,而且烘焙时极不易着色。

七、面包烘焙

烘焙是面包制作中的最后阶段,同时也是非常重要的阶段。这一工序的热作用,使生面包坯变成结构疏松、易于消化、具有特殊香气的熟面包。在烘焙过程中,面包坯中的水分部分蒸发,酵母因热死亡,蛋白质高温变性构成面包气室的骨架,淀粉进一步糊化,过多的挥发性酸挥发,糖发生美拉德反应和焦糖化反应,面包体积充分膨胀,复杂的生化反应随温度的升高快速进行。烘焙后,成品是否熟透,色泽是否良好,炉温的控制是否到位,操作者应有全面的认识。

（一）面包烘焙的传热

热传递有三种方式:传导、对流和辐射。这三种传热方式在烘烤中是同时进行的,只是在不同的烤炉中主次不一样。

1. 传导

热从物体温度较高的部分沿着物体传到温度较低的部分,叫做传导。热传导是固体中热传递的主要方式。在烘焙过程中,热从发热装置产生,可通过上下烤箱板和模具传导到面包坯,面包坯外部受热后向面包坯内部传导。传导是面包加热的主要方式,其特点是加热快,对食品内部风味物质的破坏少,烘烤出的食品香气足,风味正。至今,在哈尔滨的秋林食品厂等厂家的部分焙烤产品仍采用木炭加热的砖烤炉烘焙面包。

2. 对流

液体或气体中较热部分和较冷部分之间通过循环流动使温度趋于均匀的过程就是对流。对流是液体和气体中热传递的特有方式,气体的对流现象比液体明显。对流可分自然对流和强迫对流两种。自然对流往往自然发生,是由于温度不均匀而引起的。在焙烤过程中,可通过控制上下火温度,促进烤箱内部对流产生。在烤箱中,热蒸汽混合物与面包表面的空气发生对流,使面包吸收部分热量。没有吹风装置的烤炉,仅靠自然对流所起的作用是很小的。目前,有不少烤炉内装有吹风装置,强制对流,对烘烤起着重要作用。

3. 辐射

物体因自身的温度而具有向外发射能量的本领,这种热传递的方式叫做热辐射。热辐射虽然也是热传递的一种方式,但它和热传导、对流不同。它能不依靠媒质把热量直接从一个系统传给另一系统。热辐射以电磁辐射的形式发出能量,温度越高,辐射越强,热量可直接辐射至物体将其加热。最常用于食品的辐射方式是使用电介质、微波或红外线。目前较为先进的是远红外烤箱、微波炉等新型烤箱。

(二) 面包烘焙的方法

面包的种类不同,烘焙方法也有所差异,即使是同一种面包也会出现不同的烘焙方法,即可采用长时间低温烘焙,又可采用高温短时间烘焙。面包烘焙有"三分做七分烤"的说法,在烘焙中要注意面包的品种、温度、湿度和时间等几个关键因素的控制。

1. 面包烘焙温度的控制

在实际的烘焙过程中,经验的积累是生产出较高质量产品的保证,不管采用何种烤炉,面包的烘焙通常采用三段温区控制的方法:

1) 烘焙初期

醒发后的面包坯入炉后,通常需要较低的温度和较高的相对湿度,下火高于上火,有利于水分的充分蒸发,面包体积最大限度的膨胀,上火温度控制在120℃以下,下火控制在180~185℃,若做100~150 g的普通面包,烘焙时间为5~6 min。

2) 烘焙中期

面包坯内部温度在初期逐渐升高到50~60℃,体积已经膨胀到产品需求,面筋也到了弹韧性的极限,此时酵母活动降低,应当同时提高上火和下火,上火提高速度略快于下火,最终将上下火温度提高到200~210℃,此阶段的烘焙时间为3~5 min。

3) 烘焙后期

在烘焙后期是面包表皮上色和增加特色香气的时期,面包已经基本定型,此时应提高上火,降低下火,促进表皮美拉德和焦糖化反应的进一步进行,通常采用上火温度为220~230℃,下火为140~160℃。

当然对于温度控制也有不同的方法,其针对的产品品种不同,如较为典型的烘焙方法有:

① 恒温焙烤法,也就是在烘焙过程中,一直保持恒定的温度进行烘焙。

② 初期低温,中期和后期采用标准温度的方法。

③ 初期高温,中期和后期采用标准温度的方法。

方法不同得到的产品的品质和形态也有所差异。

2. 面包在烘烤过程中的温度变化

在烘烤过程中,面包内外温度的变化,主要是由于面包坯内外温度差导致的。面包坯表皮温度高,而内部温度低,热从面包坯外部向内部扩展,在烘烤中,面包内的水分不断蒸发,面包皮不断形成与加厚以至面包成熟。烘烤过程中面包温度变化情况如下:

① 随着烘焙时间的延长,面包各层的温度都达到并超过100℃,最外层可达180℃以上,与炉温几乎一致。

② 面包皮与面包心分界层的温度,在烘烤将近结束时达到100℃,并且一直保持到烘烤结束。

③ 面包心内任何一层的温度直到烘烤结束也不超过100℃。

3. 烤炉内湿度的控制

在大型企业采用的现代化烤炉,可以自动地控制烤炉内的湿度,可在不同烘焙阶段喷入不同量的水蒸气。对于小型作坊,也需要根据产品情况,用喷壶为烤箱内部适当增加水蒸气的含量。

在合适的阶段增加烤炉内的湿度有如下优点:

① 促进面包坯表面淀粉糊化形成糊精,有助于后期色泽的产生。

② 防止面包坯表皮由于失水干裂,造成产品形态不佳。

③ 加入的水分吸热,可促进在烤炉内对流的形成,有助于热量的传播。

④ 能够增加面包的烘焙弹性,有助于烘焙初期面包的胀发。

4. 面包在烘烤过程中的水分变化

在烘烤过程中,面包中发生的最大变化是水分的大量蒸发,面包中水分以气态方式与炉内蒸汽交换,以液态方式向面包中心转移。当烘烤结束时,使原来水分均匀的面包坯,成为各层水分含量不同的面包。

当冷的面包坯送入烤炉后,热蒸汽在面包坯表面发生冷凝作用,形成了薄薄的水层。水层在焙烤初期一部分被面包坯所吸收,另一部分被再次蒸发,面包坯入炉后 5min 之内看不见蒸发的水蒸气,在这段时间内面包坯内部温度才只有 40℃ 左右,在此阶段面包坯略增重,但焙烤时间的延长,温度的升高,面包坯随着水分蒸发,面包坯质量迅速下降。

面包表皮的形成与水分的散失有关,面包皮的厚度受烘烤温度和时间的影响。在烘焙后期 200℃ 的高温下,面包坯表面剧烈受热,水蒸气快速蒸发,表皮变干硬,形成水分含量较低的面包皮,阻碍着蒸汽的散失,加大了蒸发区域的水蒸气压力,水分逐渐向中心转移,使得面包内部柔软松弛。

5. 面包在烘烤过程中的体积变化

体积是面包重要质量指标之一。

1) 烘焙初期面包体积变化

面包坯入炉后,面团醒发时积累的 CO_2 和入炉后酵母最后发酵产生的 CO_2 及水蒸气、酒精等受热膨胀,使面包体积迅速增大,这个过程大致发生在面包坯入炉后的 5~7 min 内,即入炉初期的面包起发膨胀阶段。因此,面包坯入炉后,应控制低上火高下火,促进面包坯的起发膨胀。如果上火大,就会使面包坯过早形成硬壳,限制了面包体积的增长,还会使面包表面断裂,粗糙、皮厚有硬壳,体积小。

2) 面包烘焙中后期体积变化

随着温度提高,面包体积的增长速度减慢,最后停止增加。此时面包内部气体量不再增加,表皮逐渐形成,丧失延伸性,形成面包体积增长的阻力,抑制了面包体积的进一步增长。

通常而言,面包的重量越大,它们单位体积越小,听型面包比非听面包的体积增长值要大些。在烘焙过程中喷入少量水蒸气,制出来的面包,由于面包皮形成慢,厚度小,面包的高度和体积都有所增加。

6. 面包的烘焙损失

面包在烘焙过程中,由于水分、CO_2、酒精有机酸等物质的散失,导致质量损失 10% ~ 12%。面包的质量损失主要集中在焙烤的中间阶段,前期温度较低,蒸发较慢,后期面包皮形成,蒸发也会减慢。影响烘焙损失的因素还有:配方中水分、糖、蛋等用量;烘焙温度的高低,温度越高损失越大;烘焙时间,烘焙时间越长损失越大;烘焙湿度,烘焙过程湿度越小,损失越大;入炉面团的质量和产品形状,面团质量越小损失越小,表面积越大损失越大等。

7. 面包烘焙的质量要求及影响因素

面包的感官评定指标主要包括面包内部组织、面包体积、表皮颜色、烘焙均匀度、样式等几个方面,通常要求面包总的质量要求包括组织均匀、内部色泽洁白、外部金黄诱人、气孔大小分布均匀壁薄、组织有弹性、柔软细腻、有很好的发酵香味、味道略酸有少许酒的芳香。

1）体积

面包体积的大小与使用原料的好坏,制作技术的正确与否有很大的关系。面包在烤熟的过程中必须经过一定程度的膨胀,体积膨胀过大,会影响内部的组织,使面包多孔而过于松软;体积膨胀不够,则会使组织紧密,颗粒粗糙。

2）表皮颜色

面包表皮颜色是焦糖化反应和美拉德反应共同作用产生的,正常的表皮颜色是金黄色,顶部较深而四边较浅,不应有黑白斑点的存在。如果表皮颜色过深,可能是上火控制不佳,温度太高,或前期发酵中产生的糖分过高等因素导致;如果颜色太浅,则多属于烧烤时间不够或是烤箱温度太低,配方中使用的上色作用的原料如糖、奶粉、蛋等太少,基本发酵时间控制不良等原因。因此,面包表皮颜色的正确与否不但影响面包的外观,同时也反映出了面包的品质。

3）面包外观样式

面包的式样不仅仅是顾客选择的焦点,而且也直接影响内部的品质。一般要求成品的外形端正,大小一致,体积大小适中,并符合成品所要求的形状。

4）烘焙均匀度

烘焙均匀度是指面包表皮及底部的色泽是否均匀,表现出面包的配方及烘焙的工艺是否适合。通常面包底部应是淡黄至浅褐色均匀分布,上部则应是顶部颜色较深,四周颜色较浅均匀过度、均匀分布。

5）表皮质地

良好的面包表皮应该薄而柔软,不应该有粗糙破裂的现象,面包表皮质地与温度的控制、湿度的控制有着很大的关系,在前面已经叙述。

6）面包内部的颗粒情况

面包内部的颗粒要细小,甚至没有任何颗粒感,有弹性和柔软,面包切片时不易碎落。

7）面包内部的颜色

面包内部颜色要求反射光洁白色或浅乳白色并有丝样的光泽。

8）面包的香味

要求面包具有发酵后产生的酒精、酯类及其他复杂生化变化产生的酸等复合香味,也要有烘焙过程中产生的焦香味,口感柔和,香味纯正。评定面包内部的香味,是将面包的横切面放在鼻前,用双手压迫面包以嗅其发出的气味,正常情况下除了面包的香味外,不能有过重的酸味,不可有霉味、油的酸败味或其他怪味。

9）面包入口滋味

面包种类不同,配方有所差异,入口滋味有所不同,但正常的面包入口应很容易嚼碎,而且不粘牙,没有酸味和霉味。

8. 烘焙条件对面包品质的影响分析

1）烤炉预热温度不足

产品入炉后，温度低，烘焙时间延长，水分过度蒸发，烘焙消耗增大，表皮增厚，颜色浅，表皮淡白，缺乏金黄光泽，也可能在烘焙时由于频繁开关炉门导致温度下降。

2）烤炉温度太高

烤炉温度过高，表皮水分蒸发过快形成硬皮，使得内部组织膨胀受到压制，表皮着色迅速，易使人误以为面包已成熟，提前出炉，导致面包内部较黏而密实，达不到应有的松软，缺乏香味。

3）烤炉预热时间过长，热量过于聚集

烤炉预热后空挡太长，干热过久的内部炉膛聚集太多热量。较低温度的产品入炉后，所有的热源会在烘烤过程的最初阶段集中于产品表面，形成很高的上火，随即热量消失，快速降温，不稳定的炉内温度造成产品内部难熟，常见于小型烤箱、烤炉。

4）摆盘不当受热不均

摆盘防止过于集中或者过于疏松，不够平衡都易导致产品品质受到影响，颜色分布不均，应注意烤盘排列方式的改变。

5）烘焙时间控制不当

炉温的高低、时间长短要根据产品的量进行调整，数量少要适当降低底火，数量多则应适当提高底火，时间也应灵活调整。

6）烘焙过程冷热变换过快

在面包烘焙过程中要注意温度升高：降低的持续性，温度变换过快，易导致产品的过度收缩或胀裂。

此外，烤箱种类及性能的不同也会造成烘焙时间及温度的差异，煤气炉、电烤炉、砖炉等焙烤方式的操作和控制都不同，而是否加装风扇，对增进热能对流稳定也具有一定作用，总之，应在理论的基础上加以实践经验的积累，才是烘焙出高质量产品的关键。

烘焙条件对面包品质的影响及改正方法如表 2 - 2 - 6 所示。

表 2 - 2 - 6　烘焙条件对面包品质的影响及改正方法

面包品质问题	可能原因分析	改进方法
面包体积过小	炉温过高或上火提升快过高	对炉温和上火进行适当调节
体积过大	炉温过低，烘焙时间过长	适当提高炉温，缩短时间
皮色太浅	炉内湿度小，上火温度低，烘焙时间短	调整湿度，提高上火，延长时间
底部白、中间生、皮色深	下火偏低，上火偏高	加大下火，降低上火，调整炉温和时间
皮色灰暗	炉温偏低，烘焙时间长	提高炉温和烘焙时间
皮层过厚有硬壳	炉内湿度低，炉温低，烘焙时间长	调整湿度，提高炉温，减少烘焙时间
皮层起泡，龟裂	炉温高，湿度小，上火高	调整炉温和湿度
边缘破裂	炉温高，湿度小	调整炉温和湿度
皮部有黑斑	炉温不均，上火大	降低上火

八、成品的处理及包装

（一）出炉后的处理

① 出炉后应马上涮光剂，以防制品变的干燥影响其风味，通常刷油或蛋液。

② 等面包冷却后要做相关的处理，如包装，冷藏储存等。

（二）面包冷却

面包冷却是将出炉后的面包内部温度冷却到 32～38℃ 的过程。刚出炉的面包，温度高，皮层较脆，瓤芯较软，立即包装会造成皮层断裂、破碎和变形。温度高的面包被包装后，也会在包装内部结成水滴，使皮和瓤吸水，霉菌容易繁殖，大面包会引起表皮产生皱纹现象，对于需要切片的面包，因为内部水分大、黏度大不易切片，因此面包出炉后必须冷却。面包冷却场所的适宜条件为：温度 22～26℃，相对湿度 70%，空气流速 180～240 m/min。

面包冷却应当注意卫生，尤其是刷过糖和蛋液的面包，防止微生物和灰尘的污染，出炉后应先冷却一会儿后再倒盘，听型面包可以直接出听冷却，面包冷却时要保持一定的距离，加快冷却速度。

在冷却过程中，面包质量也会发生损耗，损耗 2% 左右，小面包的质量损耗较大面包质量损耗大。在冷却环境中，湿度大，质量损耗小；气流温低，质量损耗小；面包含水量大，损耗大；质量相同的面包，体积大，损耗大。

（三）面包的包装

面包包装可以保持卫生，保证面包免受污染，防止面包失水变硬，增加产品的美观，易于携带，面包包装对包装材料有一定的要求：首先，包装材料必须安全卫生，不会直接间接污染面包；其次，包装材料最好不透水和气，防止水分和气味的散失；再次，包装材料应有一定的耐用性和便携性。

第四节　面包的贮存技术

面包的贮存问题长期以来一直困扰着焙烤工业，营养丰富，口感适宜、便于携带的产品，却无法良好的储存，会发生老化和微生物繁殖的现象。

一、面包的老化因素及防止方法

面包在贮存过程中品质会下降，发生老化现象（也称"陈化"、"硬化"或"固化"）。所谓老化，是指面包在长期贮存后，质地发生改变，口感坚韧，面包瓤硬化、无弹性、干燥、易掉屑、香味丧失等现象，相关研究认为老化主要是由淀粉的老化造成的，而淀粉的老化是指支链淀粉转化为直链淀粉的过程。

近几年来，国外在抑制面包老化方面取得了显著的进展，甚至出现了保质期长达 90 天的面包，日本已发明了一种改善面包品质的新方法，即在面包生面团中添加一定量的胶原蛋白和豆渣，使面团品质改良，延缓老化，还充分利用了豆渣中剩余的营养物质，与小麦粉等原料形成蛋白质的互补作用。

（一）面包老化的表现

了解面包老化的机理和表现对提高焙烤工业的产品质量和工艺水平有着巨大的意义，面包老化的表现主要有：

1. 内部组织硬化

小麦面粉的淀粉颗粒是由直链及支链淀粉所构成，在烤焙过程中，淀粉颗粒开始膨润，直链淀粉游离出去，当面包冷却后，这些直链淀粉便联结在一起，构成面包特有的形状及强度；而留在淀粉颗粒内的支链淀粉，在烘焙过程中慢慢地键结在一起，随着贮存时间的增长，内部组织结构愈来愈坚固，而使组织硬化。

2. 水分含量的改变

水分的挥发和重新分布会促进老化。未经包装的面包因为水分的挥发会损失 10% 的重量，而有包装的面包，则会损失 1% 的重量；而且即使水分含量相同，未包装的面包吃起来较干，这是因为水分子由中心部位移到面包外皮，并且由淀粉内部移到蛋白质中所致。

3. 外皮软化

在经包装的面包中，水分自原来的 12% 增加至 28%，这使得原本干酥、口感好、新鲜度高的表皮，变成质地软而韧性强。

4. 香味的损失及改变

面包中某些香气成分较易挥发，会导致香味的损失及改变。新鲜面包吃起来通常有甜味、咸味及少许的酸味，但是随着时间的增长，甜味和咸味渐渐减少，而只剩下酸味，使得面包味道变差。在嗅觉方面，新鲜面包通常含有发酵的酵香味及小麦固有的香味，随着时间的延长，这些香味都逐渐流失。

（二）影响老化的因素

1. 面包的主要成分

面包中的脂质、蛋白质的含量、乳化剂的含量等都会影响面包的老化进程，如脂质可以改善面包体积，提高面包内部颗粒的持水性；而甜味剂具有一定的保水性，能够直接减缓老化；蛋白质含量高，面筋阻隔淀粉枝交联的速度，可以延缓老化的进程。

2. 面包的加工工艺

面包的搅拌工艺及发酵工艺都可影响面包的体积及面包内部物质的持水能力，含水量较多的面团，可以使最终产品中水分含量增加，延缓老化。

3. 包装

包装会影响面包水分、外皮质地及香味。未包装的面包较易损失水分及香味，更加容易老化。

4. 温度

通常认为在 -20℃以下，在 20℃以上可以延缓老化的进程。有研究表明面包内部组织硬化的速率在 -6.7~10℃（20~50℉）的低温时最快，而超过 35℃（95℉）的高温最易影响颜色及香味，所以 21.1~35℃（70~95℉）为最适合面包的贮存温度。在 -32~-28.9℃（0~-20℉）间低温冷冻，经过一天的冻藏时间，各种影响老化的因素全部停止。面包内部组织（面包肉）硬化的情况能够在 48.9℃（120℉）或更高温的情况下回复松软，重复 2~3 次后方法失效。

5. 乳化剂（表面活性剂）

乳化剂是抗老化方法中最为实用的一种，添加乳化剂可以增加面包软度。乳化剂可以和淀粉颗粒内的直链淀粉联结在一起，避免这些直链淀粉游离，不会增强刚出炉时面包内部组织的强度。乳化剂对于支链淀粉的效果不明显,在贮存过程中不会减缓水分的损失,导致面包瓤芯失水老化,但乳化剂可作为面团的增强剂及外皮的软化剂。被用来作为软化剂的乳化剂包括单甘油酯(Monoglycerides)、双甘油酯(Diglycerides)、蒸馏后的单甘油酯(Distilled monoglycerides)、聚山梨糖醇酯六十(Polysorbate 60)及硬脂酰乳酸钠(SSL)等。

6. 酶制剂

α-淀粉酶等酶制剂经常用做延缓面包的老化,在加工过程中长链淀粉在酶制剂的水解下,形成更小的片段,降低了其聚合成为晶束的可能,使得水分移动减慢,延缓贮存过程中内部组织硬化的速率。酶制剂的热稳定性及作用方式是非常重要的,支链淀粉被酶制剂作用后可抑制老化。

(三)延缓面包老化的方法

1. 储存温度的控制

避免面包储存于 -6.7 ~ 10℃ 这个最大老化速度带,将面包储存于 20℃ 以上,或 -20℃ 以下。

2. 使用适当的添加剂

采用合适的添加剂可以延缓面包的老化,如添加以单甘油酸酯、卵磷脂等乳化剂及硬酯酰乳酸钙(CSL)、硬酯酰乳酸钠(SSL)、硬酯酰延胡索酸钠(SSF)等为主要成分的抗老化剂。

3. 选用适宜的加工条件和工艺

在搅拌时应尽量提高吸水率,采用高速搅拌使得面筋得以充分的扩展,延长发酵时间,使得面团充分发酵成熟,也就是要搅拌面团要"拌透"、发酵面团要"发透"、醒发时要"醒透"、烘焙时要"烤透"、冷却时要"凉透"。

4. 合理的包装

对面包进行合理包装,避免了微生物的污染,也避免了水分的散失,可以延缓面包老化,但不能防止淀粉的 β 化。通常认为 40℃ 时包装效果好,30℃ 时包装风味佳。

二、面包的腐败及预防

面包在存储中发生腐败变质的情况很多见,如面包内部瓤芯变黏、表皮长霉等。

对于微生物而言面包是一种良好的培养基,可以污染面包的微生物有:

1. 普通马铃薯杆菌、黑色马铃薯杆菌

两种菌主要引起面包内芯发黏,使得面包内部多孔结构分解,产生黏稠胶状物质,产生腐败臭味,可见白色菌丝体。经常对工具及原材料进行检查,有助于避免这两种微生物的污染;适当降低面包 pH 值,可以抑制菌体生长,也可添加醋酸、乳酸、磷酸、磷酸氢钙等作为防腐剂使用,但需注意,成品酸度控制不宜过高。

2. 青霉、黄曲霉、根霉等

霉菌的生长需要氧、水分、碳源和氮源等营养物,它是利用孢子繁殖的,在潮湿环境中,霉菌孢子最适生长温度为 20 ~ 35℃。当面包上出现霉斑时,孢子在面包上至少已经繁殖 24h 了。可采用定期清洗消毒、紫外灭菌、控制环境湿度、加入醋酸乳酸丙酸盐等作为防腐剂的方法抑制霉菌的生长繁殖。

第五节　几种典型面包生产制作实例

实例 1　一次发酵法制作面包

一、实验目的

① 掌握一次发酵法的基本原理、工艺流程和制作方法。

② 掌握点心面包的基本配方和原理。

③ 比较鲜酵母和即发干酵母在一次发酵法生产面包中的优缺点及使用方法。

二、实验原理

一次发酵法也称直接发酵法,其基本做法是将所有的面包原料,一次混合调制成面团,进入发酵制作程序的方法。直接发酵法的优点和缺点如下:

- 优点:操作简单、发酵时间短、口感、风味较好,节约设备、人力、空间。
- 缺点:面团的机械性、发酵耐性差、成品品质受原材料、操作误差影响较大,面包老化较快。

直接发酵法也有以下几种:

1. 标准直接发酵法(Standard Straight Process)

将所有的原辅材料,一次拌和调制成面团,发酵约 2h(在面团膨胀至 60% 左右时要翻面),最后面团温度要求达到 25~27℃然后分割,烤制。

2. 速成法(No - time Dough Method)

加大酵母、酵母营养物、改良剂用量和面团发酵温度,缩短制作时间,一般是为了应付紧急情况的需要。当然比起正常的发酵,味道和品质都有较大差距。主要做法是加大酵母使用量(增加 1 倍),增加改良剂,可酌减盐(但不能低于 1.75%)、奶粉和糖,可使用 1% ~2% 醋酸。搅拌面团时温度稍高一些(30~32℃),时间长一些(延长 20% ~25%),发酵室温也稍高一些,主要减少发酵和最后发酵时间。

3. 无翻面法(No - Punch Dough Method)

不管发酵多长时间,中间不翻面,其他工序同上。

4. 后加盐法(Remix Dough Process)

先将除盐以外的原料调成面团,发酵 2~2.5 h 后,再加入食盐搅拌捏合,因为盐有硬化面筋的作用,与面团形成要求面筋充分吸收水分相矛盾,采用后加盐方法可使面筋力更强。

三、面包的配方

面包的配方如表 2 - 2 - 7 所示。

表 2-2-7　面包配方

原材料	投料质量/kg	原材料	投料质量/kg
面粉	10	食盐	0.04
奶粉	0.6	改良剂	0.04
即发干酵母	0.08	水（加热）	5.5
白糖	1.6	蛋液	0.8
奶油（热软化）	0.6		

四、制作方法

（一）搅拌

① 首先将水、糖、蛋、添加剂加入搅拌机中搅拌均匀,溶化和分散,水温要根据室温和所需发酵温度来计算:

水温 = 3×28℃ - 面粉温度 - 室温 - 6℃（计算公式详见"面包生产工艺"）

② 加入面粉、奶粉和酵母搅拌成面团。

③ 油脂的混合:油脂软化后直接与面粉接触就会将面粉的一部分颗粒包住,形成一层油膜。所以油脂的投入,一定要在水化作用充分进行后,即面团形成后投入（卷起阶段到扩展阶段）。另外油脂的贮藏温度比较低,如直接投入调粉机将呈硬块状,很难混合,所以要软化后投入。

④ 最后加盐搅拌均匀,搅拌后面团理想温度为28℃。时间在 15～20 min。

（二）发酵

将面团至于30℃,75% 相对湿度的发酵箱中,发酵 2～2.5 h,根据发酵程度判断翻面的时间,通常在发酵体积是原面团的 1.5 倍或者在整个发酵时间的60%～70%时进行翻面。

（三）整形

将发酵好的面团进行压片,压制光滑、细腻为止;将压好的面片放在操作台上,用滚筒滚压平整,厚薄一致,从一端卷起,卷成条、计量分块、搓圆、做成各种形状、均匀摆入盘。装听预热 60～70℃刷油,冷至32℃左右。整形过程要求在 15min 内完成。

（四）醒发

醒发温度为 38～42℃,相对湿度为 85% ,55 min 左右。面包体积是原来体积 2～3 倍。

（五）烘焙

初期:下火高于上火,上火在 120℃,下火在 180～185℃,5～6 min。

中期:温度 200～210℃,3～4 min。

最后:上火 220～230℃,下火 140～160℃,3～5 min。

共需 12～15 min。

（六）刷油

面包出炉后立即在表面刷上一层油。

（七）冷却

五、思考题

① 点心面包与主食面包配方之间的主要区别是什么?

② 快速发酵法与一次发酵法在工艺方面的区别是什么？

③ 怎样判断一次发酵法的发酵是否完成？

④ 一次发酵法为什么需要翻面？

⑤ 点心面包的烘焙工艺具有什么特点？

⑥ 制作面包的四大要素原料是什么？

实例 2 吐司面包的制作

一、目的与要求

① 加深理解面包生产的基本原理及其一般过程和方法。

② 对于吐司面包的制作进行探索性试验，观察成品质量。

二、原料及用具

原料：面包粉、酵母、改良剂、人造奶油、鸡蛋、白砂糖、盐、葡萄干、色拉油、奶粉、辅料等。

用具：调粉机、温度计、台称、天平、不锈钢切刀、烤模、醒发箱、烤箱等。

三、内容及步骤

（一）基本配方

吐司面包配方如表 2-2-8 所示。

表 2-2-8 吐司面包配方

原材料	投料质量/kg	原材料	投料质量/kg
面包粉	5	食盐	0.005
奶粉	0.2	改良剂	0.1
即发干酵母	0.08	水（加热）	2.5
白糖	1.0	蛋液	0.25
奶油（热软化）	0.3		

（二）生产流程

调粉 → 发酵 → 成型 → 醒发 → 烘烤 → 冷却 → 成品检验

（三）操作要点

① 将葡萄干放入清水中浸泡 20 min，待用。

② 将配料中除黄油、葡萄干的全部原料投入调粉机中搅打至 7 成，加黄油继续搅打至面团面筋扩展，投入葡萄干慢速搅拌均匀。

③ 将打好的面团放于涂有油的烤盘上，放入 32~34℃、相对湿度为 80%~95% 的醒发箱中发酵，90 min。

④ 每组分割成 180 g 面团 10 个，160 g 面团 3 个。

⑤ 成型、装盒。

⑥ 装有生坯的烤模，置于调温调湿箱内，箱内温度为 36~38℃，相对湿度为 80%~90%，醒发时间为 45~60min，观察生坯发起的最高点达到烤模上口 90% 即醒发成熟，立即取出。

⑦ 取出烤模,推入炉温已预热至180℃左右的烘箱内烘烤,至面包烤熟立即取出。烘烤总时间一般为30~45 min,注意烘烤温度在180~200℃之间。

⑧ 冷却:出炉的面包待稍冷后脱出烤模,置于空气中自然冷却至室温。

四、思考题

为什么土司面包的烘烤温度要比小圆面包的烘烤温度低?

实例3 主食面包制作

一、目的与要求

① 加深理解面包生产的基本原理及其一般过程和方法。

② 对于主食面包的制作进行探索性试验,观察成品质量。

二、原料及用具

原料:面包粉、酵母、改良剂、人造奶油、鸡蛋、白砂糖、盐、色拉油、奶粉、辅料等。

用具:调粉机、温度计、台秤、天平、不锈钢切刀、烤模、醒发箱、烤箱等。

三、实验及步骤

(一) 基本配方

主食面包基本配方如表2-2-9所示。

表2-2-9 主食面包基本配方表

原材料	投料质量/kg	原材料	投料质量/kg
面包粉	5	食盐	0.03
奶粉	0.2	葡萄干	0.1
即发干酵母	0.06	水(加热)	2.5
白糖	0.9	蛋液	0.25
奶油(软化)	0.3		

(二) 生产流程

调粉 → 发酵 → 成型 → 醒发 → 烘烤 → 冷却 → 成品检验

(三) 操作要点

1. 调粉

取全部的面粉、改良剂、盐、奶粉、鸡蛋等原料投入调粉机中,开动机器,慢速搅拌,慢慢加水,待形成面团时加糖,均匀后加入酵母,至15 min左右面筋完全析出时加入奶油或油脂,搅拌成面团后待用。

2. 发酵

面团置于32~34℃、相对湿度为80%~95%的醒发箱中发酵,面团中心温度不超过32℃。静止发酵1.5~2.5 h,观察发酵成熟即可取出。

3. 整形

发酵好的面团按要求切成每个70 g的面坯,用手搓圆,挤压除去面团内的气体,按产品形状制成不同形式,装入涂有一层油脂的烤模中。

4. 醒发

装有生坯的烤模,置于调温调湿箱内,箱内温度为 36 ~ 38℃,相对湿度为 80% ~ 90%,醒发时间为 45 ~ 60 min,观察生坯发起的最高点略高出烤模上口即醒发成熟,立即取出。

5. 烘烤

取出的生坯应立即置于烤盘上,推入炉温已预热至 200℃左右的烘箱内烘烤,至面包烤熟立即取出。烘烤总时间一般为 15 ~ 20 min,注意烘烤温度在 180 ~ 200℃之间(面火 180℃,底火 203℃)。

6. 冷却

出炉的面包待稍冷后脱出烤模,置于空气中自然冷却至室温。

四、成品检验

1. 形态

圆面包外形应圆润饱满完整,表面光滑,不硬皮,无裂缝。

2. 色泽

表面呈有光滑性金黄色或棕黄色,四周底部呈黄色,不焦不浅,不发白。

3. 内部组织

面包的断面呈细密均匀的海绵状组织,掰开面包　呈现丝状,无大孔洞,富有弹性。

4. 口味

口感松软,并具有产品的特有风味,鲜美可口无酸味。

5. 卫生

表面清洁,内部无杂质。

6. 理化指标

酸度:5 度以下。

水分:30% ~ 40%。

五、思考题

① 制作面包对面粉原料有何要求,为什么?

② 糖、乳制品、蛋品等辅料对面包质量有何影响?

实例 4　花色面包制作

一、目的与要求

① 掌握花色面包制作的原理与一般工艺。

② 了解花色面包成型工艺方法。

二、配方与设备

1. 配方

配方见表 2 - 2 - 10。

表 2 - 2 - 10　花色面包基本配方

原材料	投料质量/kg	原材料	投料质量/kg
面包粉	5	水	2.5
白糖	1.2	豆沙馅	适量
即发干酵母	0.08	蛋液	0.22
黄油	0.3	食盐	0.05
面包改良剂	0.05		

2. 设备

调粉机、温度计、台称、天平、不锈钢切刀、烤模、醒发箱、烤箱等。

三、工艺流程

调粉→发酵→成型→醒发→烘烤→冷却→成品检验。

四、操作要点

1. 调粉

取全部的面粉、改良剂、盐、奶粉、鸡蛋等原料投入调粉机中，开动机器，慢速搅拌，慢慢加水，待形成面团时加糖，均匀后加入酵母，至 15min 左右面筋完全析出时加入奶油或油脂，搅拌成面团后待用。

2. 发酵

面团置于 32 ~ 34℃、相对湿度为 80% ~ 95% 的醒发箱中发酵，面团中心温度不超过 32℃。静置发酵 1.5 ~ 2.5 h，观察发酵成熟即可取出。

3. 整形

发酵好的面团按要求切成每个 100g 的面坯，用手搓圆，挤压除去面团内的气体，按产品形状制成不同形式，装入涂有一层油脂的烤模中。

4. 醒发

装有生坯的烤模，置于调温调湿箱内，箱内温度为 36 ~ 38℃，相对湿度为 80% ~ 90%，醒发时间为 45 ~ 60 min，观察生坯发起的最高点略高出烤模上口即醒发成熟，立即取出。

5. 烘烤

取出的生坯应立即置于烤盘上，推入炉温已预热至 200℃ 左右的烘箱内烘烤，至面包烤熟立即取出。烘烤总时间一般为 15 ~ 20 min，注意烘烤温度在 180 ~ 200℃ 之间（面火 180℃，底火 203℃）。

6. 冷却

出炉的面包待稍冷后脱出烤模，置于空气中自然冷却至室温。

五、质量要求

成品呈金黄色，面包表皮平整，内部孔隙均匀，有面包特有的风味，组织松软有弹性。外形美观，达到设计要求。

六、思考题

花色面包制作与主食面包制作的不同之处？

第三章　糕点的生产工艺

第一节　概　述

糕点是焙烤制品中十分重要的一类,品种很多,且由于中外焙烤工艺发展的途径不同,产品的特色差别很大。通常认为糕点是以小麦粉、糖、蛋、油脂、乳品、果料及其他辅料为原料,经过调制成型、烘焙、装饰、包装等加工工序制成的一系列具有一定色、香、味的食品。从整体上看,糕是指质地柔软、疏松,具有绵软口感的软胎焙烤制品,点是指焙烤制品中带有馅心,也有部分人认为,点是除去糕以外所有糕点的统称,也包括挂糖点心及不挂糖不带馅的点心。

一、糕点起源的简单介绍

糕点的起源无法追溯,但早在我国《周礼·天官》中就有"笾人羞笾食,糗饵粉粢。"的记载,这其中记述了利用米或米粉制作糕点的简单加工雏形。在古埃及金字塔中也发现距今约7000年的点心化石和制作工具。可见,糕点的起源很早,但中西方焙烤技术融合却比较晚,这也给中式糕点自成体系创造了条件,西式焙烤技术传入我国据说有两种途径:一是明朝通过传教士传入,二是清代由东欧俄国修建铁路传入。

二、糕点的分类

糕点从分类上讲,并没有合适的划分方法,习惯上分为中式糕点和西式糕点,但并不能准确的说明糕点的传承。中式糕点往往是指传统糕点,是中国焙烤工艺的结晶。中式糕点按照馅料上分,可分荤素。从地域分,可分南北,北点以京式糕点为代表,以大甜或大咸为主;南点以广式、苏式为代表,广式风味多、苏式油量大。从民族风味分,可分汉、满、回、藏等。西式糕点泛指不同于中式糕点的类别,品种多,花样多,辅料多,以甜口为主。

（一）按照生产工艺分类:

1. **热加工糕点**:以烘烤、油炸、蒸煮、炒制等加热熟制为最终工艺的一类糕点。

（1）烘烤糕点:烘烤熟制的一类糕点。

酥类:用较多的油脂和糖,调制成塑性面团,经成形、烘烤而成的组织不分层次,口感酥松的制品,如京式的核桃酥、苏式的杏红酥、西式糕点中的小西饼、塔、排等。

松酥类:用较少的油脂,较多的糖(包括砂糖、绵白糖或饴糖),辅以蛋品、乳品等并加入化学膨松剂,调制成具有一定韧性,良好可塑性的面团,经成型、烘烤而成的制品,如京式的冰花酥、苏式的香蕉酥、广式的德庆酥、西式糕点中的司康等。

松脆类:用较少的油脂,较多的糖浆或糖调制成糖浆面团,经成型、烘烤而成口感松脆的制品,如广式的薄脆饼、苏式的金钱饼等。

酥层类:用水油面团包入油酥面团或固体油,经反复压片、折叠、成型后,烘烤而成具有多层次的制品,如广式的千层酥,西式面点中的清酥类产品糖面酥、咖喱胶等。

酥皮类:用水油面团包油酥面团或固体油制成酥皮,经包馅、成形后,烘烤而成饼皮分层次的制品,如京八件、苏八件、广式的莲蓉酥等。

松酥皮类:用较少的油脂,较多的糖,辅以蛋品、乳品等并加入化学膨松剂,调制成具有一定韧性,良好可塑性的面团,经制皮、包馅、成形、烘烤而成的口感松酥的制品,如京式的状元饼、苏式的猪油松子酥、广式的莲蓉甘露酥及西式糕点中小松饼等。

糖浆皮类:用糖浆面团制皮,然后包馅,经烘烤而成的柔软或韧酥的制品,如京式的提浆月饼、苏式的松子枣泥麻饼、广式月饼等。

硬皮类:用较少的糖和饴糖,较多的油脂和其他辅料制皮,经包馅、烘烤而成的外皮硬酥的制品,如京式的自来红、自来白月饼等。

水油皮类:用水油面团制皮,然后包馅、成形、烘烤而成的制品。如福建礼饼、春饼等。

发酵类:用发酵面团,经成型或馅成型后,烘烤而成的口感柔软或松脆的制品,如京式的切片缸炉、苏式的酒酿饼、广式的西樵大饼等。

烤蛋糕类:以鸡蛋、面粉、糖为主要原料,经打蛋、注模、烘烤而成的组织松软的制品,如苏式的桂花大方蛋糕、广式的莲花蛋糕、西式糕点中的清蛋糕、油蛋糕、烤芝士蛋糕等。

烘糕类:以糕粉为主要原料,经拌粉、装模、炖糕、成形、烘烤而成的口感松脆的糕点制品,如苏式的五香麻糕、广式的淮山鲜奶饼、绍兴香糕等。

烫面类:以水或牛奶加油脂煮沸后烫制小麦粉,搅入鸡蛋,通过挤糊、烘烤、填馅料等工艺而制成的一类点心,如哈斗和爱克来。

其他类:用以上两种或两种以上产品复合而成的产品,如酥皮泡芙、酥皮蛋糕等。

(2) 油炸糕点:油炸熟制的一类糕点。

酥皮类:用水油面团包油酥面团制成酥皮,经包馅、成型后,油炸而成的饼皮分层次的制品,如京式的酥盒子、苏式的花边饺、广式的莲蓉酥角等。

水油皮类:用水油面团制皮,然后包馅、成型、油炸而成的制品。如京式的一品烧饼等。

松酥类:用较少的油脂,较多的糖(包括砂糖、绵白糖或饴糖),辅以蛋品、乳品等并加入化学膨松剂,调制成具有一定韧性,良好可塑性的面团,经成型、油炸而成的制品,如京式的开口笑、苏式的炸食、广式的炸多叻、西式糕点中美式糖纳子等。

酥层类:用水油面团包入油酥面团或固体油,经反复压片、折叠、成型后,油炸而成的具有多层次的制品,如京式的马蹄酥等。

水调类:以面粉和水为主要原料制成韧面团,经成型、油炸而成的口感松脆的制品,如京式的炸大排岔等。

发酵类:用发酵面团,经成型或包馅成型后,油炸而成的口感柔软或松脆的制品,如广式的大良等。

其他类别:用其他方式调制的面团,经成型后,油炸而成的口感松脆的制品,如西式面点中油炸泡芙类产品。

(3) 蒸煮糕点:以蒸制或水煮为最后熟制工序的一类糕点。

蒸蛋糕类:以鸡蛋为主要原料,经打蛋、调糊、注模、蒸制而成的组织松软的制品,如京式的百果蛋糕、苏式的夹心蛋糕、广式的莲蓉蒸蛋糕、西式糕点中蒸布丁等。

印模糕类：以熟制的原辅料，经拌合、印模成型、蒸制而成的口感松软的糕类制品。

韧糕类：以糯米粉、糖为主要原料，经蒸制、成形而成的韧性糕类制品，如京式的百果年糕、苏式的猪油年糕、广式的马蹄糕等。

发糕类：以小麦粉或米粉为主要原料调制成面团，经发酵、蒸制、成形而成的带有蜂窝状组织的松软糕类制品，如京式的白蜂糕、苏式的米枫糕、广式伦教糕等。

松糕类：以粳米粉、糯米粉为主要原料调制成面团，经成形、蒸制而成的口感松软的糕类制品，如苏式的松子黄千糕、高桥式的百果松糕等。

粽子类：以糯米和/或其他谷类为主要原料，裹入或不裹馅料，用粽叶包扎成型，煮（或蒸）至熟而成的食品。

糕团类：以糯米粉为主要原料，经包馅（或不包馅）、成型或水煮而成的制品，如元宵等。

水油皮类：用水油面团制皮，然后包馅、成形、水煮而成的制品。

（4）熟粉糕点：将米粉、豆粉或面粉预先熟制，然后与其他原辅料混合而成的一类糕点，如麻糬等。

热调软糕类：用糕粉、糖和沸水调制成有较强韧性的软质糕团，轻成形制成的柔软糕类制品。

印模糕类：以熟制的米粉为主要原料，经拌和、印模成型等工序而制成的口感柔软或松脆的糕类制品，如苏式的八珍糕、广式的莲蓉水晶糕等。

片糕类：以米粉为主要原料，经拌粉、装模、蒸制或炖糕，切片形而制成的口感绵软的糕类制品。

月饼：使用面粉等谷物粉，油、糖或不加糖调制成饼皮，包裹各种馅料，经加工而成在中秋节食用为主的传统节日食品。

炒制类：以面粉、油、糖等为主要原料，添加其他辅料，经炒制而成的制品，如油炒面等。

其他：除烘烤糕点、油炸糕点、水蒸糕点、熟粉糕点、月饼外的热加工糕点。

2. 冷加工糕点：在各种加热熟制工序后，在常温或低温条件下再进行二次加工的一类糕点。

（1）冷调韧糕类：用糕粉、糖和沸水调制成有料强韧性的软质糕团，经成形制成的柔软糕类制品，如闽式的食珍橘红糕等。

（2）冷调松糕类：用糕粉、糖浆和冷开水调制成有较强韧性的软质糕团，经包馅（或不包馅）、成形而成的冷作糕类制品，如苏式的松子冰雪酥、清闵酥等。

3. 西式蛋糕类：以面粉、鸡蛋、糖等为主要原料，经打蛋、注模、烘烤后，在蛋糕坯表面或内部添加奶油、人造奶油、蛋白、可可、果酱等的制品，如裱花蛋糕等。

（1）上糖浆类：先制成生坯，经油炸后再拌（浇、浸）入糖浆的口感松酥或酥脆的制品，如京式的蜜三刀、苏式的枇杷梗、广式的雪条等。

（2）沙琪玛：以面粉、鸡蛋为主要原料，经调制面团、静置、压片、切条、油炸、拌糖浆、成型、装饰、切块而制成的中式糕点。

4. 冷冻品类

以乳制品、糖、鸡蛋等为主要原料，经搅拌、冷冻或冷藏制出的甜食，如提拉米苏、慕司等。

5. 其他

除冷调韧糕类、冷调松糕类、西式蛋糕类、上糖浆类、萨其马外的其他冷加工糕点。

（二）糕点按产品区域特色分类

1. 西式糕点

从外国传入我国的糕点的统称，具有西方民族风格和特色的糕点。如裱花蛋糕、清蛋糕、油蛋糕、乳酪蛋糕、提拉米苏、慕斯、蛋奶布丁、奶油起酥糕点、奶油混酥糕点、派、蛋塔、蛋卷、西式小花点、西式小干点、蛋白点心、泡夫糕点等。按产品特色又可为德式、法式、俄式、美式、日式等。

2. 中式糕点

具有中国传统风味和特色的糕点。

中式糕点又分京式糕点、苏式糕点、广式糕点、扬式糕点、闽式糕点、潮式糕点、宁绍式糕点、川式糕点、高桥式糕点（沪式糕点）、滇式糕点（云南糕点）、秦式糕点（陕西糕点）、晋式糕点、哈式糕点、豫式糕点、鲁式糕点、安徽糕点、河北糕点、浙江糕点、湖北糕点、台湾糕点等。

（三）其他分类（偏向西点的分类方式）

糕点按材料的形态还可分为：面糊类、乳沫类、戚风类。按照材料和做法的不同可分为海绵蛋糕、戚风蛋糕、天使蛋糕、重油蛋糕、奶酪蛋糕、慕斯蛋糕等。按其使用原料、搅拌方法及面糊性质和膨发途径，可分为油底蛋糕、乳沫类蛋糕、戚风类蛋糕、奶酪蛋糕、慕斯蛋糕等：

1. 乳沫类蛋糕

主要原料依次为蛋、糖、面粉，另有少量液体油，且当蛋用量较少时要增加化学膨松剂以帮助面糊起发。其膨发途径主要是蛋在拌打过程中与空气融合发泡，进而在炉内产生蒸汽压力而使蛋糕体积起发膨胀，蛋白质变性定型。

根据蛋的用量的不同，又可分为海绵类与蛋白类。使用全蛋的称为海绵蛋糕，例如瑞士蛋糕卷、西洋蛋糕杯等；若仅使用蛋白的蛋糕称为天使蛋糕。

（1）海绵蛋糕（Sponge Cake）：海绵蛋糕是一种乳沫类蛋糕，构成的主体是鸡蛋、糖搅打出的乳沫和面粉结合的网状结构，因其组织结构类似于海绵，所以被称为海绵蛋糕。海绵蛋糕可分为全蛋海绵蛋糕和分蛋海绵蛋糕，全蛋海绵蛋糕是全蛋打发后加入面粉进行制作；分蛋海绵蛋糕是将蛋清和蛋黄分别打发与面粉混合制作。

（2）天使蛋糕（Angel Fool Cake）：天使蛋糕是一种乳沫类蛋糕，是蛋液经过搅打后产生松软的粉末，其中不含任何的油脂，蛋中的蛋黄也不采用，产品的颜色清爽，雪白。

2. 戚风类蛋糕（Chiffon Cake）

戚风蛋糕是比较常见的一种基础蛋糕，质地轻软，主要以蛋白为起泡原料。戚风蛋糕有时可作为生日蛋糕的蛋糕坯，在生产中蛋白与糖及酸性材料按乳沫类打发，其余干性原料与蛋黄按面糊类方法搅拌，最后将两者结合起来，主要种类有普通戚风蛋糕、草莓戚风蛋糕等。

3. 重油蛋糕（Pound Cake）

重油蛋糕也称之为磅蛋糕、油底蛋糕，是利用黄油经过搅打后与鸡蛋和面粉进行混合制成的一类蛋糕。重油蛋糕的松软主要来源于黄油的阻隔作用，面筋不能很好的形成，因为加入的黄油量较大，因此口味香醇，有时加入果脯等减少油腻感。重油蛋糕主要原料依次为糖、油、面粉，其中油脂的用量较多，并依据其用量来决定是否需要加入或加入多少的化学膨松剂。重油蛋糕主要膨发途径是通过油脂在搅拌过程中结合拌入的空气，而使蛋糕在炉内膨胀。例如：日常所见的牛油戟、提子戟等。

4. 奶酪蛋糕（Cheese Cake）

Cheese Cake 可译为芝士蛋糕，在蛋糕中加入一定量的乳酪制成的蛋糕，具有浓厚的乳酪

的风味,通常添加的乳酪是奶油奶酪(Cream Cheese),奶酪蛋糕又可分为以下几种:

(1)重磅奶油蛋糕:奶酪添加量高,奶酪味道较重,多采用果酱调整蛋糕的口味。

(2)轻奶油蛋糕:奶酪添加量较低,有时还用打发的蛋清来增加蛋糕的松软度,粉类添加量低,口感较绵软,入口易化。

(3)冻奶酪蛋糕:是一类免烤蛋糕,在奶酪中加入凝固剂(明胶)后在冰箱中冷冻而制作的蛋糕,其中不含有任何粉类,从另一个角度看不属于焙烤食品类别。

（四）慕斯蛋糕(Mousse Cake)

慕斯蛋糕也是一种免烤蛋糕,是通过打发的鲜奶油中加入水果泥和胶类凝固剂冷藏凝固,而制成的一种蛋糕。

三、糕点生产的主要设备及原料要求

设备和原料是糕点生产中除技术外最为重要的两个因素,有这样一句话"三分在做七分在烤",足以说明糕点生产中各因素的重要性。

（一）糕点生产的主要设备

糕点生产所需设备大同小异,基本上都包括烤箱、打蛋机、烤盘、糕点模、量秤、蛋糕浇壶、裱花设备等。

① 烤箱选用:蛋糕生产所需烤箱需选择温度可控、上火下火可分控的烤箱,最好选用热量分布均匀,容量略大,可在烤箱中形成对流的红外线烤箱。

② 打蛋机选用:蛋糕生产所需打蛋机应选用三速可调式打蛋机,并配有三种基本的搅拌桨(鼠笼式、铲式和钩式),主要用作蛋糊、面浆的搅拌,对于个别新式蛋糕,如:面包蛋糕,也需进行面团的搅拌。

③ 秤:应配置一大量程的秤,来称量重量较大的原料,如面粉等;并配置一电子天平或小秤,来称量小量使用的材料,如发粉等。

④ 蛋糕浇壶:应采用易于清洗的不锈钢或马口铁制成的浇壶,重量应轻些,便于浇注蛋糕模,有些厂家也采用机械浇注和布袋浇注的方式。

（二）糕点生产中的原料及要求

糕点中所需原材料要根据要制作产品的类型进行选择配比。经常采用的原料有蛋、糖、小麦粉(或其他粉)、油脂、乳化剂等,在原材料章节均有所叙述。

四、糕点的一般工艺流程

不同的糕点生产工艺和加工技术有所不同,其一般工艺流程可归纳为:

原料的选择与配比 → 面团(糊)的调制 → 整形与成型 → 熟制(烘焙) →

→ 冷却 → 装饰 → 成品

详细工艺在以后章节进行介绍。

第二节 面团(糊)的调制技术

面团(糊)是糕点生产和成型的基础,几乎所有的糕点都需要进行面团(糊)的调制。所谓的面团(糊)的调制是指将配方中的原料按照某些工艺混合搅拌的过程,在面团(糊)调制

过程中使得各种原料均一混合、材料的物化性质发生了一定的改变,便于操作,体现糕点最终产品的状态。

一、西式糕点面团(糊)的调制技术

(一)蛋糖面糊调制法

蛋糖调制法主要用于乳沫类及戚风类蛋糕,产生泡沫面浆(面糊)。利用蛋白经过高速搅拌包裹气体的能力和糖稳定气泡的能力形成面糊的主要结构,是西点中最为普通、最为基础的一类面糊的调制方法,通过适当的改变配方的成分和比例,可以变幻出很多类型的糕点。

1. 蛋白面糊

蛋白面糊是只以蛋中的蛋白和砂糖为主要起泡和持泡原料,经过高速搅打充气后再加入粉类制品而形成的面糊。蛋白面糊的调制可分为冷加糖蛋白面糊、热加糖蛋白面糊和煮沸加糖蛋白三种调制方法,其区别是蛋白和糖是否加热,戚风蛋糕就是蛋白面糊的主要产品之一。

冷加糖蛋白面糊调制过程中无需对糖和蛋白进行加热,先将蛋白和糖混合均匀后,按照同一搅拌方向高速搅打充气,形成坚实的泡沫,再加入小麦粉。

热加糖蛋白面糊是在适当温度下,利用蛋白的起泡性能增加,加快气泡体系形成的方法,通常将蛋白水浴加热至 40～50℃,添加糖后进行快速搅打,形成稳定体系后加入小麦粉。

煮沸加糖蛋白是将蛋和部分糖(20% 左右)混合后,高速搅拌一段时间,将剩余糖熬制成糖浆呈细丝状注入搅拌器,同时高速搅拌,此时形成的蛋白稳定性好,可与奶油混合用作装饰,实质上已不是面糊的范畴。

最常用的蛋白面糊基本调制过程为:

先将全部的糖、蛋放入搅拌缸(缸和鼠笼搅拌桨洗净,无油)内,以慢速打均匀,然后用高速将蛋液搅拌到呈白色(温度低时,可水浴加热),即用手勾起蛋液时,蛋液尖峰向下弯,呈公鸡尾状时,加入过筛的面粉(发粉),慢速拌匀。

2. 全蛋面糊

全蛋面糊也是西式糕点中的基础面糊之一。与蛋白面糊不同的是,原料采用了全蛋和糖一起搅打的方式,常用于海绵蛋糕的生产,有时也作为生日蛋糕的底坯。全蛋面糊的打发方式主要有两种:一种全蛋搅打法,另一种为分蛋搅打法(蛋白、蛋黄分别搅打的方法),全蛋面糊中的特色糕点是清蛋糕。

1)全蛋搅打法

全蛋搅打法是将全蛋和糖(也有先同部分糖搅打,后逐次加入剩余糖的)一同搅打,均匀后高速搅打,形成光洁、乳黄或乳白色的泡沫,加入过筛的小麦粉的方法。为提高搅打起泡的速度,可采用水浴将蛋液加热至40℃左右,需注意的是,只能一个方向进行搅打。

2)分蛋搅打法

分蛋搅打法先将蛋分为蛋白、蛋黄两个部分,蛋白与1/3 左右的糖先搅打成蛋白膏,通常打制成硬性发泡;同时用剩余的糖和蛋黄搅打起泡到湿性发泡,将两者相混合,拌匀,再加入过筛的小麦粉的方法。

(二)油脂面糊调制法

油脂面糊在糕点中应用较多,产品的弹性和柔软性略差,但质地酥散、滋润、有油脂香味,可做奶油蛋糕原料使用。

1. 糖油拌合法

糖油拌合法是将油类(奶油等)先打软后,加糖或糖粉搅拌至松软绒毛状,再分次加蛋拌匀,最后加入粉类材料拌合,拌合过程中通过快速搅拌充入大量空气,使烤出来的蛋糕体积较大、组织松软,但其内含油脂较多,较为油腻,部分饼干类、重奶油蛋糕采用此方法。拌合过程如下:

① 用桨状搅拌桨将配方中所有的糖、盐和油脂倒入搅拌缸内用中速搅拌 8~10min,直至所搅拌的糖和油膨松呈绒毛状,将机器停止转动把缸底未搅拌均匀的油用刮刀拌匀,再予搅拌。

② 将蛋多次慢慢加入已拌发的糖油中,并把缸底未拌匀的原料拌匀,待最后一次加入应拌至均匀细腻,不应再有颗粒存在。

③ 奶粉溶于水,面粉与发粉拌合后用筛子筛过,分作三次与奶水交替加入以上混合物内,每次加入时应成线状慢慢加入搅拌物的中间。用低速继续将加入的干性原料拌至均匀光泽,然后将搅拌机停止,将搅拌缸四周及底部未搅到的面糊用刮刀刮匀。继续再添加剩余的干性原料和奶水,直到全部原料加入并拌至光滑均匀即可,但避免搅拌太久。

2. 粉油拌合法

粉油拌合法与糖油拌合法的过程大致相同,但采用粉油拌合法制得的成品组织更为松软,细密,体积也更大,需注意的是,采用粉油拌合法时,油脂用量不能少于 60%,否则得不到应有的效果。其拌合的程序如下:

先将发粉与小麦粉混合过筛,置入缸内,放入油脂,一同搅拌至疏松充气膨大,再加入糖和盐,中速搅拌均匀,分次加入剩余的奶、水、蛋,直至全部糖颗粒溶解。

3. 混合调制法(两步拌合法)

混合调制法,较为简便,但要求小麦粉的筋度适宜,不得过高。过程如下:

① 将所有干性原料(面粉、糖、盐、发粉、奶粉、油等)全部以及所有的水,用桨状拌打器慢速搅拌均匀。

② 改用中速搅拌,再将全部蛋用慢速加入,待全部加完后机器停止将缸底刮匀,改用中速继续搅拌。

(三)烫面面糊调制法

烫面面糊是采用油与水的乳化液加热后加入小麦粉,使得面筋蛋白预热变性,淀粉糊化,再加入鸡蛋打制成蓬松状态的面糊,主要用作泡芙等中空状态的糕点。调制方法如下:

将水和油乳化后加热沸腾,搅拌加入小麦粉;使淀粉全部糊化,面糊成团,停止加热;分次加入鸡蛋后充分搅拌;通常采用挤注成型的方式;烘焙时,先高下火,膨胀后降低下火,提高上火,并采用先高温后低温的炉温控制方式。

(四)酥性面团调制法

1. 酥性面团

酥性面团又称之为甜酥面团、混酥面团、松酥面团,俗称冷粉,以小麦粉、油脂(起酥性油脂)、水(奶)为主要原料配合加入砂糖、疏松剂、蛋品、果仁、巧克力、蛋等辅料。其中,油糖的含量略高于其他各类面团,品种多样赋予变化,口感松酥。酥性面团还可分为酥点面团和甜点面团,前者含糖油量高于后者。

酥性面团的形成机理是:利用高糖、高油限制面团中蛋白质的水花而生成的面筋,形成一种松散结构,在拌粉前水、蛋、乳制品等原料,通过充分搅拌混入大量空气,促使调成后的面团制成品在加热过程中汽化作用形成松酥结构;化学疏松剂在酥性面团调制过程中,经加热产生气体,使得成品酥松多孔。

酥性面团包括中点和西点:中点有杏仁酥、桃酥等品种,这些产品表面往往具有自然花纹、自然开花,成熟后大小能达到理想的工艺目的,以重油、重糖为主,以糖在其中的作用较大。西点主要以混酥类为主,有部分饼干、小西饼、塔等都属于酥性面团制作的糕点。

2. 酥性面团的调制方法

酥性面团调制过程中主要是利用油脂对蛋白的包裹和对面筋形成的阻隔作用,以及糖的反水化作用,使得面筋难以形成,成品酥松。因此,酥性面团的调制就是要让油脂和糖包裹在蛋白体外部的过程,通常有三种方法:擦入法、粉油法和糖油法。

① 擦入法:擦入法又称之为搓酥,用手或机械将油脂和面粉采用搓的方式进行混合,油脂和面粉最终混合至屑状,不存在团块,随后加入溶解糖的水、奶、蛋等材料,主要适用于低糖、无糖的甜酥类面团的制作。

② 粉油法:用油脂和小麦粉一同搅打至蓬松的膏状,再加入剩余的小麦粉和其他原料调制成面团,适于高脂甜酥面团的调制。

③ 糖油法:先将油脂和糖搅打成膏状,后分次加入蛋、水、奶,最后加入过筛的面粉,混合成光洁的面团,适合高糖甜酥面团。

3. 酥性面团调制需要注意的问题

酥性面团调制需要注意的问题如下:

① 调制面团的湿度要低,酥性面团的调制温度以低温为主,控制在 22 ~ 26℃。温度较高的时候,蛋白体易吸水交联形成面筋。油脂含量高的面团,若温度较高,会造成油脂的微粒软化,甚至析出,不利操作。因此,在温度高时,可用冰水来降低面团的温度。

② 要注意调制面团投料的顺序,防止在搅拌时先形成面筋,应先加入油糖等阻隔蛋白质吸水的材料,抑制面筋的形成。

③ 糖油比例要适当,糖油比例过低易形成面筋,油糖含量过高,易使面团发黏,甚至油脂析出的现象出现。

④ 用水及水性原料加入的多少控制面团的软硬度,通常在操作中,软面团含水性原料多,易成筋,而不易调制时间过长,较硬面团应适当增加调制时间。

二、中式糕点面团(面糊)调制技术

(一) 水调面团(筋性面团、韧性面团)

水调面团是水和小麦粉混合(有的加入少量食盐、食碱等)调制的面团,具有面团弹性大、延伸性好、筋性较强的特点,多用于油炸制品。

水调面团又可分为冷水面团、热水面团和温水面团:

1. 冷水面团

1) 冷水面团的调制方法

面粉与冷水混合,至"面穗"状后,再加水揉成面团,揉至面团光滑有筋性为止。

2) 冷水面团的调制要点

① 加水要恰当。需根据制品要求、温度和湿度、面粉的含水量等灵活掌握加水量。在保

证成品软硬需要的前提下,根据各种因素加以调整。

②　水温要适当。必须用低于30℃的水调制,才能保证面团的特点。冬季可用微温水;夏季可加盐增强面筋的强度和弹性。

③　掺水要分次。一是便于调制;二是随时了解面粉吸水性能等。一般第一次加70%～80%,第二次20%～30%,第三次只是少量地洒点水,把面团揉光。

④　揉搓(搅打)要适当。面筋网络的形成,依赖揉搓(搅打)的力量。揉搓(搅打)还可促使面筋较多地吸收水分,产生较好的延伸性和可塑性。

⑤　需静置饧面。使面团中未吸足水分的粉粒有一个充分吸收的时间。这样面团就不会再有白粉粒,柔软滋润、光滑、具有弹性。一般饧置10～15 min,也有30 min左右的。饧面时必须加盖湿布,以免风吹后发生面团表皮干燥或结皮现象。

2.　温水面团

温水面团是用50℃左右的水调制的面团。适宜制作各种花色饺子、筋饼、家常饼、大饼等,在焙烤类产品中不是很多见。

温水面团的调制方法与冷水面团相似。调制中要注意两点:

①　水温要准确,以50℃左右为宜。

②　要注意散尽面团中的热气。

3.　热水面团

热水面团是用60℃以上的热水调制的。适宜制作蒸饺、烧麦、春饼、单饼、苏式月饼等产品。调制热水面团的水温多数都在90℃左右。调制时要经过下粉、浇水、拌粉、揉团、散发热气等过程。在调制过程中要注意以下问题:

①　热水要浇匀,边浇边拌和,均匀烫熟而不夹生。

②　洒冷水揉团热水和面只能进行初步拌和,揉团前必须均匀地洒些冷水。

③　散发面团中热气方法是将和好的面团摊开或切成小块,使热气散发。

④　吃水量要准确在调制过程中一次掺完、掺足,不可在成团后调整。

（二）松酥类面团

松酥类面团具有一定的筋力,但其筋力较水调面团弱,大部分用于松酥类糕点、油炸类糕点和包馅类糕点,最为常见的就是京式糕点中的开口笑。

松酥类糕点调制时,先将糖、糖浆、鸡蛋、油脂、水和疏松剂混合搅拌均匀,乳化形成乳浊液,加入面粉,充分搅拌。

在松酥类面团形成过程中,利用糖液的反水化作用和油脂的疏水性,使面筋蛋白质在一定温度条件下,部分发生吸水胀润,限制类面筋的大量形成,从而达到筋性、延伸性、可塑性共同具备的特点。

（三）水油面团

水油面团是将小麦粉、水与油脂一同调制的面条,可加入一定量的糖粉、饴糖等其他料。面团具有水调面团的基本性质,有一定的弹性、较好的延伸性和可塑性,即可作为油酥的皮料酥层——京八件等,又可单独包馅成为硬酥类或水油皮类糕点——奶皮饼、自来红月饼等。

水油面团的调制方法在京式月饼一节详细介绍。

（四）酥性面团

1. 油酥面团

油酥面团是利用油脂和小麦分调制的面团,采用搓擦的方式使得油脂吸附在小麦粉颗粒的表面,形成松散型的面团,依靠油脂的黏合能力聚集在一起,质地酥松柔软,可塑性强,通常油脂的用量为小麦粉的一半,且多采用起酥油或固态油,小麦粉采用低筋粉。

调制时,油酥面团要搓透,严禁使用热油,避免蛋白质变性、淀粉糊化,油酥发散。要避免有水加入,形成面筋,与水油面团黏结而不分层。油酥面团不单独使用,常作为馅酥使用。

2. 甜酥面团

甜酥面团的主要材料是小麦粉和大量的糖、油脂、少量的水和其他辅料。这种面团松散性好,可塑性好,但是无弹性和韧性,通常制作酥类糕点,如桃酥、杏仁酥等。产品含油量大、含糖量高,不用于包馅。

甜酥面团的比例为:小麦粉:油:糖为 1:(0.3~0.6):(0.3~0.5),加水量少,采用低筋粉。调制时应先将辅料油糖蛋水等混合搅拌形成乳浊液,而后再加入小麦粉搅拌,注意搅拌时间不宜过长,防止形成面筋。

甜酥面团调制时,应注意以下几点:

① 辅料先行混合,必须乳化充分;

② 面团形成后搅拌时间要短,温度要低,防止蛋白体水化形成面筋;

③ 调制面团随调随用,防止出筋和走油。

（五）浆皮面团

浆皮面团通常以糖浆和小麦粉一同调制而成,松软、细腻、可塑性好,适合做浆皮类的面皮使用,常见的产品有广式月饼、金钱饼等。调制方法详见广式月饼。

调制浆皮面团需注意的是:

① 不可用热浆调制面团。

② 糖浆与碱水充分混合后再加入油脂搅拌,控制好碱水的用量,防止发生色泽的改变,风味变劣。

③ 糖浆与水混合后必须充分乳化,防止走油、起筋等现象的发生。

④ 调节面团的软硬度应采用面粉和糖浆,而不能用水。

⑤ 调制后应立即使用,不宜放置。

（六）蛋糕糊的调制

蛋糕的种类很多,很多人认为蛋糕是西点,其实是错误的,蛋糕可分为中点和西点两种,制作原理大致相当,只不过西点中的蛋糕,原料多样,品种繁多。中点的蛋糕,品种少,主要以面粉、蛋、糖、猪油、植物油为主,可分为烤蛋糕类、蒸蛋糕类两种;还可以按用料分为清蛋糕和油蛋糕两种。

1. 清蛋糕糊的调制

清蛋糕糊之所以谓之"清",就是因为其中基本不用油脂,主要利用的是蛋的乳化和持气作用及糖的保气作用,通常将蛋糖高速搅打充气后,放入面粉搅拌均匀,与西式糕点中的清蛋糕和戚风蛋糕制作方法基本一致,都是利用蛋白的发泡性,在高速搅打的过程中蛋液卷入大量的气体,形成被蛋白胶体薄膜包裹的小气泡,随着搅打的进行,使得气体的充入量增加,面糊体积不断增大,开始形成的气泡大而透明,后期形成的气泡小而乳白细腻,气泡越细腻,蛋糕体积越大,结构越疏松,柔软。

需注意的问题是：

① 打蛋时需要控制蛋液的温度,温度高,起泡性好,但不应高于50℃。

② 打蛋时应朝一个方向搅打,防止反向搅打使形成气泡受到反向冲力而破裂。

③ 打蛋时,应先将蛋、糖搅打,因糖能提高泡沫的稳定性。

④ 酸性物质可以促进泡沫的产生和稳定性。

⑤ 防止油脂的对泡沫消泡的影响,避免油脂进入。

⑥ 蛋糊调制后应立即使用,防止衬底现象发生。

2. 油蛋糕糊的调制

油蛋糕糊与清蛋糕糊不同,在配方中有一定数量的油脂和化学疏松剂。

在油蛋糕的调制中主要靠油脂的打发而使得产品蓬松、嫩软,也就是需要油脂充气膨胀,这个需要高速搅拌才能形成。空气进入油脂形成气泡,使油脂膨松、体积增大。通常油脂膨松越好,蛋糕质地越疏松,但膨松过度会影响蛋糕成型。油脂的种类决定了油脂充气性及打发蓬松的程度,另外,细砂糖可助油脂充气;在清蛋糕中添加作为充气主力的蛋液,需注意添加方式,应少量逐步添加,当蛋液加入打发油脂中时,蛋液中的水分与油脂在搅拌下发生乳化。乳化对油脂蛋糕的品质有重要影响,乳化越充分,制品的组织越均匀,口感亦越好。若乳化不好,容易造成油、水分离,成蛋花状,主要可能是由于油脂选用乳化性能不好、调制温度过高或过低(20~24℃较好)、蛋液加入过快等因素。

油蛋糕糊调制方法与西点中油脂面糊调制法部分相同,主要分为冷油法和热油法两种。冷油法用于搅打奶油、人造奶油等较易打发充气的油脂;热油法通常用于搅打猪油等难以充气、持气的油脂。

冷油法工艺过程为:将油、糖、水混合打发,混合物乳化膨胀后,缓慢加入蛋液继续搅打,形成蛋糕糊,加入小麦粉,慢速搅拌均匀,形成油蛋糕糊。冷油法制作的蛋糕体积大、结构密实、品质好。

热油法工艺过程为:蛋、糖搅打呈乳白色后,慢速搅拌加入热的油水混合物,加入部分小麦粉及疏松剂,搅拌后,加入剩余的小麦粉,继续搅拌均匀。

3. 采用蛋糕油调制蛋糕糊的方法

蛋糕油在前面原料乳化剂部分已经有所叙述,但因其在蛋糕,尤其是在低成分(少蛋)的蛋糕中应用非常多,因此在此有必要进一步详细介绍。

蛋糕油的主要成分是单酸甘油酯和棕榈油,被称做蛋糕乳化剂或蛋糕起泡剂,多用在制作清蛋糕,蛋糕油具有缩短打发时间,提高出品率,降低成本(蛋量添加少),成品组织均匀、细腻、口感松软的特点,但因其中可能会含有较多的反式脂肪酸,作者不赞同多添加蛋糕油。

蛋糕油使用时,蛋糕糊的调制方法通常也有三种:一步拌合法、两步拌合法和分步拌合法。

1) 一步拌合法

将配方内的所有原料(油除外)一步放入搅拌缸内,使用鼠笼式搅拌桨,先慢速打1~2 min,待面粉全部拌合均匀后,再用高速挡搅拌5 min,然后慢速拌合1~2 min,同时慢慢加入油,拌匀即可,多用于略高成分的蛋糕糊打制,在打制过程中一次搅拌完毕。采用该方法时使用低筋面粉、细砂糖、蛋糕油(需根据说明使用,不同蛋糕油的使用用量有所差异)的用量大于4%以上。所得到成品内部组织细腻,表面平滑光泽,但体积稍微小一些。

2）分步拌合法

先把蛋、糖两种原料按传统方法搅拌，至蛋液起发，加入蛋糕油，高速搅拌，同时慢慢地加入水，至打至硬性发泡，慢速拌匀，加入已过筛的面粉，搅匀。分步拌合法将原料分几次加入，对原料要求不是很高，蛋糕油的用量也可以小于 4%。所得到的蛋糕成品内部组织比传统的要细腻，但比一步法的稍差些，然而体积则较大。

3）两次拌合法

将原料（油除外）分两次加入搅拌缸搅拌，先把蛋、糖、水、蛋糕油加入搅拌缸内，慢速拌匀 1～2 min，高速搅拌 5～6 min，慢速加入面粉，充分拌匀后，高速搅拌 0.5～1 min，加入油，慢速拌匀，加入液体油，拌匀。低成分的海绵蛋糕（即蛋用量较少的配方）很多是采用该法。

三、膨松面团

膨松面团是在调制面团过程中，加入适当的填料或运用特殊的方法使面团起"生化"反应、化学反应和物理作用，从而使面团组织产生空洞，变得膨大疏松。用膨松方法调制出的面团，分为酵母膨松面团、化学膨松面团和物理膨松面团。在西点中，发酵面团可用来烤制面包、面包蛋糕、披萨、发酵或半发酵饼干等；在中点中，发酵面团可以制作，京式缸炉、光头、白蜂糕、酒酿饼等。

（一）发酵面团的调制

1. 发酵面团的分类

发酵面团可分为酵母发酵面团、面肥发酵面团、酒和酒酿发酵面团三种，当然这三种并不能完全概括所有发酵面团的种类。

2. 发酵面团的形成原理

发酵面团主要依靠自然或添加的酵母的有氧呼吸和厌氧呼吸等生化反应，形成风味物质、气体等，赋予发酵面团特别的风味及疏松的结构，详见面包发酵一节。

3. 发酵方法及注意事项

发酵方法可分为一次发酵法、二次发酵法等，与面包的面团发酵基本相同，需注意的是，在发酵工艺中要了解小麦粉的成分（蛋白质的性质及含量、淀粉和淀粉酶的质量）、酵种的发酵能力及酵种中各微生物的大致比例及安全性、掺水量、温度、时间、碱的添加等。

（二）化学膨松面团

化学膨松面团就是将适量的化学膨松剂加入面粉中调制而成的面团。主要添加小苏打、臭碱、发粉等，利用化学物质的分解或反应产生一定的气体，使得面团疏松膨胀。

在化学蓬松面团中应注意化学膨松剂的选择、用量的控制及调制方法的确定。

第三节　糕点的其他加工技术

一、糕点的成型技术

糕点成型是将调制好的面团或面糊加工成一定形状的过程，通常糕点的加工成型均在熟制之前，成型工艺不仅关系到糕点的外形与美观，而且对产品的品质也有极大的影响，更决定了烤制的参数变化。

成型方法的分类：

成型方法主要可以分为手工成型、机械成型和印模成型三种。根据不同成型方法，食品成型主要有如下六种方法：包馅成型、挤压成型、卷绕成型、辊压切割成型、冲印和辊印成型、搓圆成型等。

1. 手工成型

手工成型方式灵活多样，因此采用手工成型的糕点可以制成多种多样的形状。糕点成型以手工成型为主，逐渐向机械成型转变。

1）手搓成型

采用手搓的方式搓成各种形状，制成条状居多，适合发酵面团、甜酥面团的成型，有时也与其他成型方法配合使用。

2）压延成型（擀制成型）

采用滚筒或用面棒将面团压延成一定厚度的面皮，常在饼干、小西饼、派皮等成型中应用。需要注意的是：在压延过程中注意要转换方向压延，用力尽量均匀，避免面团收缩造成成品形状的改变，防止面皮组织粗糙，出现裂纹。压延可采用单层压延和复合多层压延的方式，根据产品的类型确定。

3）包馅成型

包馅是将定量的馅料包入一定量的面皮中的过程，使得皮馅结合较为紧密，最长使用包馅成型的就是中式的月饼。

4）卷起成型

卷起成型往往是压延成型的下一道工序，现将面团压延成片，在面片上涂上各种调味料后，卷成卷，可以单向卷起和双向卷起。

5）挤注成型

挤注成型多用于装饰过程中，但在部分膏状的面糊成型中也有使用，如西点中的曲奇饼干、泡芙等都可以采用挤注成型的方式。将面糊注入装好裱花嘴的裱花袋中，均匀用力挤出，制得所需的形状的糕点。

6）注模成型

注模成型用于面糊类糕点的成型，需要利用模具抑制面糊的延伸和膨发的方向，如海绵蛋糕、油脂蛋糕等成型的方式。

7）折叠成型

对于层酥类结构的糕点多采用折叠成型。如中式千层酥、西式松饼等都采用折叠成型的方式。

8）包酥成型

包酥成型是将酥料包裹在皮料之中，经过擀制和折叠而形成多层次的结构。包酥成型多用于中点的成型方式，可分为大包酥和小包酥两种，大包酥多采用全部的皮料包裹全部的馅料，大包酥的效率高、生产速度快，多用于工业化生产，但是层次少，酥层不均匀。小包酥是将馅和皮分为对等的小块，一块馅料对应一块皮料，可以采用卷或叠的方法，产品质量高，分层薄而明晰，但效率低，适宜小型家庭加工或高档产品采用。

2. 机械成型方法

目前，机械成型已经逐渐成熟，但西点机械成型的方法较多，中点机械成型的品种依旧很少。机械成型的方法主要取决于采用的机械,现在使用较多的机械包括压延机、切片机、灌注机、辊印机、包馅机等,在食品机械书籍中均应有相关的介绍,不再详细介绍。

3. 印模成型

印模成型既有手工方式也有机械成型方式,能将面团或面皮经按压切印成所需形状,常用的有木模、金属模,现今又出现树脂模等,应用印模成型常见的有部分饼干类、月饼类产品。

二、糕点的装盘

(一) 面糊类的装盘

1. 面糊装盘前烤盘预处理的方式

蛋糕搅拌好后,必须装于烤盘内,每种烤盘都必须经过预处理才能装载面糊。高身平烤盘、吐司烤盘、空心烤盘、生日蛋糕圈、梅花盏、西洋蛋糕杯等不同种类的烤盘,均须预处理:

1) 刷油

在烤盘预热后,在烤盘内壁涂上一层薄薄的油层,但戚风蛋糕不能涂油。

2) 垫纸或撒粉

在涂过油的烤盘上垫上白纸,或撒上面粉(也可用生粉),以便于出炉后脱模。

2. 面糊的装载

蛋糕面糊装载量,应与蛋糕烤盘大小相一致,过多或过少都会影响蛋糕的品质,如进行清蛋糕的面糊装载时,只需灌注模具的三分之二即可。同样的面糊使用不同比例的烤盘所做出来的蛋糕体积,颗粒都不相同,通常模具越小,表面积越大,产品的损耗越大。

因面糊种类、配方、搅拌方法有所差异,所以面糊装盘的数量也不相同,最标准的装盘数量要经过多次的烘焙试验,使用同一个标准的面糊及个数同样大小的烤盘,各分装不同重量的面糊,比较各盘所烤的蛋糕组织和颗粒。

此外,面糊类产品装盘后应注意避免过多的震动,防止走形或气泡破灭导致制品表面塌陷。

(二) 面团类制品的装载

1. 面团类制品装盘前烤盘预处理的方式

面团类制品装盘前烤盘的预处理方式基本与面糊类装盘前烤盘预处理方式相同,也需刷油或垫纸。

2. 面团类制品的装盘

面团类制品在成型后装盘应注意以下几点:要均匀摆放,四周密些、中间疏些;要轻拿轻放,不要破坏成型的形状;对于发酵面团制品,可装盘后再进行发酵。

三、糕点的熟制技术

面糊类糕点的熟制通常采用蒸或烤的方式、面团类糕点则可采用蒸、烤和油炸的方式。熟制是产品进入流通前最为重要的环节,焙烤食品用得最多的就是烤制的方式,糕点的烘烤是一项技术性很强的工作,是糕点技术中的关键工艺之一。

(一) 面糊类焙烤制品的熟制技术

面糊混合好后应尽可能很快地放到烤盘中,进炉烘烤。不立即烤的蛋糕面糊,在进入烤箱之前应连同烤盘一起冷藏,可降低面糊温度,从而减少膨发力引起的损失,也可将面糊连同搅拌缸一起置入冷藏箱中进行冷藏,要防止剧烈震动。

1. 烘烤前的准备

① 必须了解将要烘烤产品的性质,以及它所需要的烘焙温度和时间。

② 熟悉烤箱性能,正确掌握烤箱的使用方法。

③ 部分产品在混合配料前应该把烤箱预热,这样在产品放入烤箱时,已达到相应的烘烤温度。

④ 保证好产品的出炉、取出和存放的空间,以及相应的器具,保证后面的工作有条不紊地进行。

2. 烤盘及产品在烤箱中的排列

盛装面糊的烤盘应尽可能地放在烤箱中心部位,烤盘各边不应与烤箱壁接触。若烤箱中同时放进 2 个或 2 个以上的烤盘,应摆放均匀,使热气流能自由地沿每一烤盘循环流动,两烤盘彼此既不应接触,也不应接触烤箱壁,更不能把一个烤盘直接放于另一烤盘之上。

3. 烘烤温度与时间控制

影响产品烘烤温度与时间的因素很多,烘烤操作时应灵活掌握。产品烘烤的温度与时间随面糊中配料的不同而有差异。例如:

① 在相同条件下,油蛋糕比清蛋糕的烤制温度低,时间长;重油蛋糕、果料蛋糕比轻奶油蛋糕温度要低,需要比其他蛋糕的烘烤时间更长;清蛋糕中,天使蛋糕比其他的海绵蛋糕烘烤温度要高一点,时间也较短。

② 含糖量高的产品,其烘烤温度要比用标准比例的产品温度低。例如:用糖蜜和蜂蜜等转化糖浆制作的蛋糕比用砂糖制作的温度要低,因其在较低温度下就能烘烤上色。

③ 重量越大的产品,应该底火大,上火小,焙烤时间长,炉温低。

④ 相同配料的产品,其大小或厚薄也可影响烘烤温度和时间。例如:长方形蛋糕所需要的温度低于纸杯蛋糕或小模具蛋糕。

⑤ 烤盘的材料、形状和尺寸均影响产品的烘烤。例如:耐热玻璃烤盘盛装的蛋糕需要的温度略低一些。因为玻璃易于传递辐射热,烤制的产品外皮很易上色。在浅烤盘中烤制的蛋糕比同样体积、边缘较高的烤盘烤出的蛋糕更大而柔软,外皮颜色更美观。

4. 面糊类产品成熟检验技术

测试面糊类产品是否烘熟,可用手指在产品中央顶部轻轻触试,如果感觉硬实、呈固体状,且用手指压下去的部分马上弹回,则表示产品已经熟透;也可以用牙签或其他细棒在产品中央插入,拔出时,若测试的牙签上不黏附湿黏的面糊,则表明已经烤熟,反之则未烤熟。烤熟后的蛋糕应立即从炉中取出,否则烤的时间过久蛋糕内部水分损耗太多,影响品质。

5. 烘焙与面糊类产品的质量

1)烤炉温度

温度太低,产品顶部会下陷,同时四周收缩。低温比正常温度烤出的产品松散、内部粗糙。

温度太高,则产品顶部隆起,并在中央部分裂开,四边向内收缩,用高温烤出的产品质地较为坚硬。

2）烘烤时间

烘烤时间过长,组织干燥,产品四周表层硬脆,如制作卷筒蛋糕时,则难以卷成圆筒形,并出现断裂现象。

3）上下火温控

对于一些制品,烤炉上火与下火温度高低的控制是否得当,对其制品的品质影响也较大。如薄片蛋糕应上火大、下火小,海绵蛋糕上火小、下火大。

（二）面团类产品的熟制技术

面团类产品的熟制与面糊类产品熟制的原则大体相同,若采用烤制的方式,则需注意以下几个方面:

① 对于饼片状产品,需注意扎空放气,防止中间起鼓而导致产品受热不均,边缘出现焦糊的现象。

② 对于发酵类的面团产品而言,则更需注意控制上下火的温度,避免上火过高结成硬盖,产品无法膨发的现象出现。

③ 对于起酥类产品及分层产品,需防止低温时间过长而导致层层之间的粘连,导致分层不明显,乃至硬结现象的发生。

④ 应注意产品的摆放方式,在烤盘中,应遵循中间稀疏,四周致密(但产品之间也应留有膨胀的余地)的原则。

⑤ 要注意产品烘焙的前后温度控制,根据产品的性质在烘焙前后期选用不同的上下火温度,避免一个温度烤制到底。

⑥ 要控制不同产品的烤制时间,通常发酵类团型产品的时间和温度均应高于片状或起酥类产品。

面团类产品其他的注意事项与面糊类产品的注意事项基本相同,同样遵循炉温高,焙烤时间短;炉温低,焙烤时间长;产品厚烤时间长,防止表层结皮;糕点大,焙烤时间长;糕点小或薄需时间短。生坯含水量高,产品含水量低,低温长时烘焙;通常糕点的烘焙尽量在限度内短时高温烘焙。

烘焙的温度与湿度也有一定的关系,炉内的湿度控制的当,则制品上色好,皮薄,细腻;湿度过低上色差,表面粗糙,皮厚无光泽;湿度过高产品表面有斑点。炉内湿度受到温度、封闭程度、炉内产品的数量的影响。

四、糕点的冷却技术

糕点的冷却影响着最终产品的质量,在糕点烘焙结束时,表面温度较高,中心温度较低,不能直接进行包装,必须冷却。通常在30℃左右时,糕点才能包装,也有部分产品需冷却较长时间才能包装。

不同产品的冷却方式和条件也不同,应根据产品的要求进行相应的处理。而且冷却的方式与时间和冷却的环境也有很大的关系,如冷却空间的湿度情况、冷却空间的温度等。因此部分产品品种在冷却中需要注意环境的湿度及产品自身的湿度变化:对于含水量高的产品,点心面包、蛋糕等,要冷却后及时包装,防止水分散失过大;水分含量较低的糕点,如酥类糕点等,应控制冷却的时间和空间的湿度,防止吸湿导致产品质量降低失去酥性;部分软皮类糕点在冷却中可以允许部分吸湿,可防止一段时间后进行包装。

不同类型蛋糕的冷却要根据蛋糕的品质进行处理：

1. 油蛋糕的冷却

油蛋糕烤制之后，一般继续留置烤盘内约 10 min，待热量散发后，烤盘不烫手时可把蛋糕从烤盘内取出。多数重油蛋糕出炉后不作任何奶油装饰，保持其原来的本色出售。若需用奶油或巧克力等做装饰的蛋糕，蛋糕取出后继续冷却 1～2 h，到完全冷却后再作装饰。

2. 乳沫类蛋糕的冷却

天使蛋糕和海绵蛋糕所含蛋白数量很多，蛋糕在炉内受热膨胀率很高，出炉后如果温度剧变时会剧烈收缩。乳沫类蛋糕出炉后应立即翻转过来，放在蛋糕架上，使正面向下，这样可防止蛋糕过度收缩。

3. 装饰蛋糕的冷却储存

为了使蛋糕保持新鲜，经过装饰后的蛋糕必须保持在 2～10℃ 的冰箱内冷藏。不做任何装饰处理的重油蛋糕，可放在室温的橱窗里。如果一次所做的蛋糕数量较多，可将蛋糕妥善包装后放在0℃以下冰箱内冷藏，能存放较长时间不变质。在出售时，应先把蛋糕从冰箱内取出，放在室温下让其解冻，再放进橱窗出售。

第四节　糕点的装饰技术

糕点的装饰是赋予糕点优美外观的重要工艺，通常西点的装饰远远超过中点的装饰，装饰使得焙烤工艺不仅仅是一个基本的技术，而且升华到了美学的层次，好的装饰糕点不但让人垂涎欲滴，更让人珍为美品，不忍下口。

一、装饰的目的和基本方式

（一）装饰的目的

装饰的目的主要有以下几个方面：

① 装饰可以使产品更加美观，部分装饰材料能赋予糕点不同的风味，如巧克力、水果等；

② 装饰可以延长食品的货架期，部分装饰材料覆盖了整个制品的表面使得产品的水分散失速度降低，延缓产品的老化；

③ 装饰可以提高产品的营养价值，部分装饰料本身也是具有丰富营养的。

（二）装饰的基本方式

对于中点而言，简单的装饰就是在部分糕点上进行点红，加入几粒果干或覆上一层其他料。对于西点而言，在糕点的表面会使用复杂的材料，进行两次以上的装饰工序，操作复杂，工艺多变，如抹、挤、点、蘸、喷、刮、塑、摆、拼等各种工艺都有所应用。对于部分糕点可进行适当的造型，做成各种各样的结构，主要应用于生日蛋糕等复杂高档的产品上。

（三）装饰的基本要求

1. 装饰效果的要求

蛋糕装饰要注意色彩搭配，造型完美，具有特色和丰富的营养价值。

2. 装饰质量要求

形态规范，表面平整，图案清晰美观。

二、装饰方法

糕点的装饰方法很多,主要的有如下几种:

(一) 颜色搭配

糕点的颜色搭配好坏直接影响人们对糕点的整体印象,好的色泽搭配应考虑到糕点本身的特点和人们的消费习惯,还应考虑到搭配的合理性和层次性,颜色搭配不仅需要极强的工艺操作能力还需富有美感。

(二) 挤出裱花

裱花是糕点中常见的装饰方式,尤以西点中使用居多,采用的主要器具就是裱花袋和裱花嘴,采用一定的手法,将膏状或糖霜类和巧克力类的装饰料的附着于糕点之上,起到美观而又形神具备的作用。在装饰过程中不带要配以花草动物等形状,还要根据形状搭配适当的颜色,配以一定的图案和文字,使得布局合理,形象生动,寓意深刻。

裱花操作难度大,技术要求高,对裱花料的性质了解深刻,不同的裱花料、裱花嘴可以采用不同的手法,对挤出的力度、速度、方法都有不同的要求。裱花成型的基本种类有:写字、绘画、无规则的曲线、点及线条、扁平纹及星状纹等。裱花整个过程对裱花工具的选择、裱花嘴挤出时的高低与角度、挤注的速度和力度、裱花料的选择和调色、整体的布局和文字的选择等都有一定的要求。

(三) 夹心

夹心是在糕点间或糕点内部进行夹入或挤入装饰和风味材料的方法,可以改善糕点的风味和营养,糕点中有很多品种都采用夹心的方式,如蛋糕层与层之间加入蛋白膏、奶油、果酱等;饼干片与片之间的夹心、泡芙内部的挤入夹心等。

(四) 表面装饰

表面装饰在糕点的装饰中被普遍采用,主要采用涂抹、包裹、拼摆、模型、黏附、包衣、盖印、撒粉等方法,表面装饰的手法多样,形成的效果最具有直观性,为广大的操作者所应用。

(五) 模具法

利用印模成型的方法,采用凹凸纹理在糕点表面形成图案的装饰方法,是一种既包括成型也包括装饰的工艺手法,多用于中点的装饰,如月饼、龙凤喜饼等的装饰。

第五节　糕点加工的质量要求

在糕点的加工过程中会出现各种各样的问题,需要根据糕点的加工特性和具体的加工工艺进行详细的剖析和改良。

一、糕点的感官检验

在对糕点质量的优劣进行感官鉴别时,应该首先观察其外表形态与色泽,然后切开检查其内部的组织结构状况,留意糕点的内质与表皮有无霉变现象。感官品评糕点的气味与滋味时,尤其应该注意以下几个方面:有无油脂酸败带来的哈喇味、口感是否松软利口、咀嚼时有无矿物性杂质带来的砂声,产品感官是否符合产品的品质要求。几种产品的感官质量要求如表2-3-1所示。

表2-3-1　几种产品的感官质量要求

感官类别	产　品　类　别				
	酥皮类	混酥类	奶油起酥类	水点心类	蛋糕
色泽	表面呈白色或乳白色,底呈金黄或棕红色,戳记花纹清楚,装饰辅料适当	表面呈深麦黄色,无过白或焦边现象,青花白地,底部呈浅麦黄色	、表面乳黄色至棕黄色,墙部呈浅黄色至金黄色,底部为深麦黄色,富有光泽	表面蛋白膏细腻洁白,若是奶油膏则呈乳黄色,有光泽,无色粒,装饰色彩调剂得均匀适度	表面油润,顶和墙部呈金黄色,底部呈棕红色,色彩鲜艳,富有光泽,无焦烟和黑色斑块
形状	每个品种的大小一致,薄厚均匀,美观而大方,不跑糖、不露馅、无杂质,装饰适中	块形整齐,大小、薄厚都一致,有自然裂纹且摊裂均匀	造型周正,切边整齐,层次清楚,规格一致,无塌陷,不露馅,外装饰美观大方	圆形、桃形、方形、条形、梅花形、椭圆形等都轮廓周正,规格整齐,花、鸟、花篮、花盆等象形装饰制作逼真	块形丰满周正,大小一致,薄厚均匀,表面有细密的小麻点,不粘边,无破碎,无崩顶
组织	皮馅均匀,层次多而分明,不偏皮不偏馅,不阴心、不欠火,无异物	内部质地有均匀细小的蜂窝.不阴心、不欠火,无其他杂质	起发良好疏松,层次众多、均匀、分明,不浸油、无生心,不混酥,无大的空洞,没有夹杂物	组织起发良好,均匀疏松,装饰膏细腻无孔,蛋糕坯体蜂窝均匀,有弹性,无生心、无杂质	发起均匀,柔软而具弹性,不死硬,切面呈细密的蜂窝状,无大小空洞,无硬块。外表和内部均无肉眼可见的杂质,无糖粒,无粉块,无杂质
气味	酥、松、绵、香甜适口,久吃不腻,具有该品种的特殊风味和口感	酥松利口不粘牙,具有本产品所添加果料的应有味道,无异味	松酥爽口,奶油味纯正,果酱味清甜,具有各品种应有的特色风味,无异味	绵软爽口,奶香味足,具有该品种的特色风味,无异味	蛋香味纯正,口感松喧香甜,不撞嘴,不粘牙,具有蛋糕的特有风味

二、产品缺陷及可能原因的分析

以蛋糕为例,说明各质量问题的缺陷及其可能的原因如表2-3-2所示。

表2-3-2　蛋糕几种常见质量缺陷及分析

现象	原　因
中心凹陷	糖太重、搅拌过度或发粉太多、烘烤不足(表面有潮湿痕纹)、蛋糊定型前受震、用粉量轻、水分过多
顶面凹陷高低不平	面粉比例过高、和粉过度起筋、蛋浆打发度不够、和粉过早、炉温太高、湿度不够、结皮过早
内质僵硬地形坚实	搅拌充气不足、面粉用量过多而发粉用量不足、蛋质量差(黏稠度低)

三、糕点存放中的品质问题

糕点的存储是有一定环境和时间限制的,不同类型糕点的存储要求各不相同:

(一) 回潮

指含水量较低的品种,如甜酥类、酥皮类等,在保管过程中,若空气相对湿度较高,便会吸收空气中的水分而引起回潮,不仅色香味受损,还失去原来的特殊风味,甚至出现软塌、变形、发轫、结块现象。对于部分软皮糕点则不存在这个问题,反而需要从环境中获得水分才能保证皮料的长时松软,保存的太过干燥会产生不良的影响。

(二) 干缩

含水量较高的品种如蛋糕、蒸糕类糕点,在空气相对湿度较低,存放温度较高时,常会出现水分会散失,导致皱皮、僵硬、减重现象,糕点不仅外形变化,口味也显著劣化。

(三) 走油

油脂含量较高的品种会出现油脂外渗的现象,特别是与吸油性物质接触如纸包装,油分渗透会更快,这种现象称之为走油,会丧失原有风味和光泽。

(四) 变质

糕点类产品因营养丰富,容易受微生物的侵染,若在生产储运过程中卫生标准不符合,或存放时间过长都会导致细菌、霉菌感染,而发生变质。

除此以外,油脂含量高的品种也会因长期的接触氧气而导致蛤败,也就是脂肪的氧化酸败,而导致产品的品质下降,口味变劣。

四、以海绵蛋糕为例分析各种质量问题、原因及改良方法

海绵蛋糕是目前我国销量最大的糕点之一,其工艺简单、口感松软,深受人们喜爱,现在部分家庭也自己制作海绵蛋糕,现以海绵蛋糕为例,分析其常见的质量问题,产生的原因和改良方法,其他产品比照此产品根据其自身的特点进行分析:

(一) 收缩与变形

1. 原因

1) 温度控制

炉温不均匀;烤制中间炉温又太高,上火大,造成外焦里不熟,蛋糕内部残余水分过多,出炉后遇冷冷缩。

2) 配方问题

配方中糖的用量太多,面糊比重太大,黏度过高,影响蛋白薄膜形成,膨胀和充气起泡;鸡蛋不新鲜,陈放时间过长,黏稠性降低,稳定性差,不易充气起泡;小麦粉比例过低,面糊的组织结构不牢固,保气性差,易造成热胀冷缩现象;使用了过度氯气漂白的面粉,造成面筋筋力严重下降,使面糊的组织结构不牢固,保气性差,同样造成热胀冷缩现象;配方中使用了过多的膨松剂,造成蛋糕过度膨胀,破坏了蛋糕的组织,结构不牢固,保气性下降,出炉后遇冷冷缩。

3) 操作问题

蛋白和面糊搅打过度,面糊内充气过多,面糊比重太小,蛋糕的组织受到破坏,结构不牢固,保气性下降,出炉后遇冷冷缩;上下、前后进行串盘、倒盘,造成蛋糕在炉内未定型前受到

震动、跑气而收缩变形;烤制初期炉温太低,蛋糕内部多余水分蒸发不出去。

2. 改进方法

1)检查配方

配方中糖的用量应低于鸡蛋的用量,鸡蛋尽量新鲜,检查配方和总水量是否平衡,选用优质的蛋糕专用粉。除了低档海绵蛋糕外,最好不要使用膨松剂。

2)控制温度

海绵蛋糕应使用177~205℃的炉温,根据不同品种灵活调整烤制规程。

3)改良操作

蛋糕烤制过程中尽可能不要移动,以免受到震动而塌陷,打蛋时不要搅拌过度。

(二)膨胀体积小

1. 原因

1)配方问题

配方内油脂用量太多,低档海绵蛋糕配方内未使用膨松剂或膨松剂用量比例过低,使用了不新鲜的陈鸡蛋,蛋的用量低于140%时,应使用膨松剂。调制面糊时加水量太少,面糊黏稠度过大,流变学性能及流动性太差,配方内水的用量太多,面糊黏稠度下降,组织结构不牢固,面糊内空气损失,保气性下降。面糊太干,烤制时面糊不易膨胀,面粉筋力过高。

2)操作问题

面糊搅打完成后放置时间太久,没有及时注模装盘和烤制,造成面糊跑气、消泡。面糊调制的最后阶段,加入油脂后搅拌速度太快,搅拌时间太久,面糊内空气损失过多。面糊装盘或注模数量不足,打蛋时温度太低,蛋白不易充气起泡,面糊比重太小。打蛋时间不足,面糊比重太大,面糊内充气量太少。打蛋过度,面糊内充气过多,面糊稳定性和保气性下降,面糊调制时间过久,面糊内空气受到损失。

3)控温问题

烤制时炉温过高,气体迅速膨胀,气泡破裂而逸出,烤制开始时炉温太高,上火过大,蛋糕定型过早,出现"盖帽"现象,蛋糕难以起发膨胀。

2. 改进方法

1)检查配方

海绵蛋糕内总水量不可超过50%,以免面糊黏稠度下降;所用面粉蛋白质含量应在7%~9%之间,过高、过低与过度氯气漂白的面粉均不宜使用。低档海绵蛋糕中不能使用油脂,高档海绵蛋糕中油脂用量最多不能超过50%。制作时必须使用新鲜鸡蛋;注意配方内搅拌后面糊的浓度。

2)改良操作

严格控制打蛋时间,过度与不足都会影响到蛋糕膨胀;打蛋完成后,最后加入面粉和油脂时,不能使用高速搅打,更不能搅打过久,小心轻轻拌匀即可;面糊搅拌后应马上注模或装盘,进炉烤制,不可在室内放置太久;面糊装盘量应为烤盘之六分满,过多过少均不适宜;

3)温度控制

海绵蛋糕应用大火,但不能过高,先下火高,后上火高。

（三）表皮过厚

1. 原因

烤制时上火过大,蛋糕过早定型,造成蛋糕表皮过厚;若开始时烤炉温度太低,烤制时间太久,蛋糕内水分过度蒸发,造成蛋糕表皮过厚。配方中糖的使用量太多,烤制时蛋糕的着色反应太强烈,造成蛋糕表皮过厚;整个烤制过程炉温太低,烤制时间太长;烤盘或烤模过壁太高,太深,蛋糕表面温度过高,吸热量过大,定型早,着色快,表皮厚。蛋黄用量太多。

2. 改进方法

除个别品种外,大多数海绵蛋糕应用下火大,上火小;严格执行烤制规程,根据不同的品种确定炉温,烤制时间不宜太久;检查配方是否平衡;检查烤盘过壁是否符合标准。

（四）组织韧性强

1. 原因

调制面糊时,面粉加入后搅拌过久,形成了较多的面筋或所用面粉筋力太高。配方中糖的用量比例太低,蛋糕不柔软。配方中柔性原料成分太少,没有使用化学膨松剂或用量不足。配方中面粉用量太多、蛋、糖、油等用量不足。烤制时炉温太低,烤制时间太长,蛋糕内部水分过少,过干。打蛋时间不足,蛋白未充分起发膨胀,面糊内充气少,面糊比重过大。

2. 改进方法

调制面糊时,面粉加入后轻轻拌匀即可,不可搅拌过久。要使用低筋面粉,或加入20% ~ 30% 玉米淀粉、预糊化淀粉和变性淀粉;检查配方是否平衡,糖的用量要达到标准,尽可能使用精炼植物油指或各种奶油;低档蛋糕必须使用化学膨松剂,检查配方中柔性原料糖、油、蛋的用量是否达到标准;检查烤制规程是否正确,烘制温度是否合理,打蛋时间要达到标准要求。

第六节　典型蛋糕的制作实例

实例 1　小圆蛋糕的制作

一、实验目的

了解小圆蛋糕生产的一般过程,基本原理和操作方法。

二、实验要求

① 实验进行过程中对每一操作都应作详细记录,如各种原料的使用,成品数量,烘烤温度,时间等。

② 掌握烤炉的使用方法。

三、实验原料及所用设备器具

原料:鸡蛋、低筋粉、砂糖、蛋糕油、饴糖、泡打粉、添加剂等。

设备器具:小型调粉机、台称、蛋糕烤盘、小排笔、远红外食品烤箱、打蛋搅拌棒、小勺。

每组实验用原料配方:糖500 g、水310 ~ 350 ml、面粉700 g、鸡蛋600 g、蛋糕油15 ~ 17 g、香兰素1.5 g、泡打粉3.5 ~ 4 g。

四、操作步骤

① 打蛋:打蛋后用打蛋机高速搅拌蛋液 5 ~ 10 min,至均匀。

② 加糖:慢慢加入糖和蛋糕油。高速搅拌,3 ~ 5 min。

③ 将筛好的泡打粉、香兰素和面粉一次加入,再加入水,先中速搅打 1 min,再改为慢速搅打至均匀。

④ 焙烤:牛料上小圆蛋糕烤盘,开始上火低,下火高(180 ~ 190℃/200 ~ 210℃)。依据上色时间,至焙烤后期,选择上火高,下火低(200 ~ 210℃/180 ~ 190℃),料熟后取出。

五、质量要求

色泽呈淡黄或黄色,均匀,香甜,形状规整。

六、思考题

① 蛋液的比例较高对制品有何影响?

② 为什么在加入小麦粉时不宜用力搅拌?

③ 烤箱预热的作用是什么?

实例 2　戚风蛋糕制作

一、实验目的

了解戚风蛋糕生产的一般过程、基本原理和操作方法。

二、实验要求

① 实验进行过程中对每一操作都应作详细记录,如各种原料的使用、成品数量、烘烤温度、时间等。

② 掌握烤炉的使用方法。

三、实验原料及所用设备器具

原料:鸡蛋、面粉、砂糖、奶油、饴糖、添加剂等。

设备器具:打蛋机、台秤、蛋糕烤盘、小排笔、远红外食品烤箱、小勺等。

四、实验内容

(一) 戚风蛋糕配方

A:细糖 150 g;水 200 g;沙拉油 200 g。

B:泡打粉 10 g;低筋粉 425 g;香草粉;5 g。

C:蛋黄 325 g。

D:蛋白 750 g。

E:细糖 400 g;盐 5 g;塔塔粉 10 g。

(二) 工艺过程

制作过程如下:

① A 拌匀，B 过筛后加入拌匀，再加入 C 拌匀。

② D 快速打至湿性发泡，加入 E，继续打至干性起发；状态为挑起成弯曲鸡尾状。

③ 取 1/3 蛋白与面糊混合，再加入 2/3 蛋白中拌匀。

④ 倒入烤盘刮平，入炉以上火 180℃，下火 150℃ 烤熟，需要 20 ~ 30 min。（冷却后可以抹奶油或果酱捲起。）

注意事项：蛋白起发程度要掌握好，打发不足及过度对组织均有影响影响。

五、质量要求

成品表面呈宗褐色，质地松软，口味清香，营养丰富。

六、思考题

① 清蛋糕与油蛋糕在制作工艺中有哪些不同之处？

② 蛋黄、蛋白分开打擦有什么好处？

③ 塔塔粉在制作戚风蛋糕的作用？

实例 3　海绵蛋糕的制作

一、实验目的

了解海绵蛋糕生产的一般过程、基本原理和操作方法。

二、实验要求

① 实验进行过程中对每一操作都应作详细记录，如各种原料的使用、成品数量、烘烤温度、时间等。

② 掌握烤炉的使用方法。

三、实验原料及所用设备器具

原料：鸡蛋、低筋粉、砂糖、蛋糕油、饴糖、添加剂等。

设备器具：小型调粉机、台秤、蛋糕烤盘、小排笔、远红外食品烤箱、打蛋搅拌棒、小勺。

配方：低筋粉 300 g、砂糖 300 g、牛奶或者水 60 ~ 90 g（切块的少水，卷起的多水）、鸡蛋 600 g、植物油 60 g、香兰素 3 g、蛋糕油 30 ~ 35 g。

四、操作步骤

① 将蛋糕油加热融化备用（加入前融化，否则蛋糕油很容易再凝固）。

② 鸡蛋高速搅打 5 min 以上，改为中速，慢慢加入砂糖，搅打 2 ~ 3 min 后再改为高速搅打。

③ 将融化过的蛋糕油和牛奶倒入混合。

④ 当体积增加 1.5 ~ 2 倍后，色泽渐渐变白，变浓稠后，将筛好的面粉和香兰素加入（也可以加入其他添加剂以改变风味），此时改为中速搅打，当体积增加 3 ~ 4 倍或当泡沫黏稠得象搅打的鲜奶油，钢丝搅拌器划过留下一条明显痕迹，若停止搅拌该痕迹能保持数秒（也可勾

起泡沫,泡沫不会很快从手指上流下),此时表明搅打程度已很接近最适点。再搅打几分钟即可。

⑤ 慢慢加入植物油并慢速搅打几分钟。

⑥ 将调好的生料倒入模型中,模内垫纸,放进烤箱,上火 200℃,下火 180℃,需要 15～20 min。

⑦ 将蛋糕取出,切块并排放盘内即可。鉴定蛋糕是否成熟的简单方法是用一根细长的竹签或筷子轻插入蛋糕的中心,抽出后看竹签上是否粘有生的面糊。有则表示还没烘熟,应继续烘烤至熟(不粘筷),也可用手指轻压蛋糕表面,如能弹回则表示已烘熟。

五、思考题

① 海绵类蛋糕的打蛋过程与小圆蛋糕和戚风蛋糕的打蛋过程有什么差异?

② 比较海绵类蛋糕的组织结构与小圆蛋糕和戚风蛋糕不同。

实例 4　裱花蛋糕的制作和讲解实验

一、实验目的

了解裱花蛋糕装饰材料的调制原理、方法(鲜奶膏),学习用调制的鲜奶膏进行装饰。

二、实验要求

① 实验进行过程中对每一操作都应作详细记录,如各种原料的使用,成品数量,膏体的打擦,一般裱花的方法等。

② 掌握烤炉和转盘的使用方法。

三、实验原料及所用设备器具

1. 蛋糕胚的制备

原料:鸡蛋、低筋粉、砂糖、蛋糕油、饴糖、添加剂等。

设备器具:小型调粉机、台秤、蛋糕烤盘、小排笔、远红外食品烤箱、打蛋机、小勺。

配方:低筋粉 300 g、砂糖 300 g、牛奶或者水 60～90 g(切块的少水,卷起的多水)、鸡蛋 600 g、植物油 60 g、香兰素 3 g、蛋糕油 30～35 g。

2. 鲜奶膏的制备

原料:植物脂 2 盒。

设备器具:打蛋机、裱花袋、裱花嘴、刀等。

四、操作步骤

① 将蛋糕油加热融化备用(加入前融化,否则蛋糕油很容易再凝固)。

② 鸡蛋高速搅打 5min 以上,改为中速,慢慢加入砂糖,搅打 2～3min 后再改为高速搅打。

③ 将融化过的蛋糕油和牛奶倒入混合。

④ 当体积增加 1.5～2 倍后,色泽渐渐变白,变浓稠后,将筛好的面粉和香兰素加入(也可以加入其他添加剂以改变风味),此时改为中速搅打,当体积增加 3～4 倍或当泡沫黏稠得

像搅打的鲜奶油,钢丝搅拌器划过留下一条明显痕迹,若停止搅拌该痕迹能保持数秒(也可勾起泡沫,泡沫不会很快从手指上流下),此时表明搅打程度已很接近最适点。再搅打几分钟即可。

⑤ 慢慢加入植物油并慢速搅打几分钟。

⑥ 将调好的生料倒入模型中,模内垫纸,放进烤箱,上火200℃,下火180℃,需要15～20 min。

⑦ 将蛋糕取出,冷却透。

⑧ 将经过解冻的植物脂倒入打蛋机中用中速搅打,时间10～20 min。

⑨ 将冷却后的蛋糕,切成大块,放在裱花转盘上,把打好的适量鲜奶膏涂于蛋糕表层。

⑩ 在少量的膏体放入少量的红色色素,搅拌均匀,装入已放入裱花嘴的裱花袋中,进行图案裱花。

五、思考题

① 打鲜奶膏时有什么注意点?

② 裱花时有什么技巧?

第四章 月饼的生产工艺

第一节 概　述

　　月饼是我国及东南亚各国中秋时食用的传统食品,因其型如满月,寓意团圆而命名为月饼。月饼的历史悠久,其来源的说法各有不同,一说月饼的雏形是殷、周时期,江浙一带纪念太师闻仲的"太师饼",还有一说,月饼起源于唐代,汉代张骞出使西域,引进了芝麻、胡桃,后出现了以芝麻、胡桃仁为馅的圆形饼,名曰"胡饼",随后民间开始出现专门从事胡饼制作的饼师和卖胡饼的店铺。也有月饼是在清代起源之说,内夹纸条作为反清复明的传递信息之用。月饼起源到底何时我们已经无法考证,但在众多的文化作品中,我们可以寻到月饼的踪迹:北宋文学家苏东坡曾经提及:"小饼如嚼月,中有酥和饴",当中的"小饼"也即是月饼。《燕京岁时记·月饼》:"供月月饼,到处皆有,大者尺余,上绘月亮蟾兔之形。有祭毕而食者,有留至除夕而食者。"明代田汝成《西湖游览记》提及:"八月十五谓之中秋,民间以月饼相馈,取团圆之意。"清杨光辅形容月饼"月饼饱装桃肉馅,雪糕甜砌蔗糖霜"。随着时间的推移,月饼由中秋时的祭品异化成中秋节的食品和礼品,而且样式推陈出新呈现多元化的发展。

一、月饼简介

　　月饼最初多为圆形,如今月饼已经有方形、椭圆形等多种形状,外层多以小麦粉与糖或糖浆制成饼皮,其内裹以馅料,馅料多种多样形成了各具特色的月饼品种。如:冰皮月饼(香港)、广式月饼、苏式月饼、京式月饼、火腿月饼(云南)、椒葱月饼(江西)、薄酥月饼(湖南)、冬瓜月饼(四川)、水晶月饼(陕西)、三白月饼(黑龙江)、海味月饼(山东)、鸡丝月饼(清真式)、酥皮芋泥月饼(潮汕、福建)、蛋黄酥（台湾）等,其中冰皮月饼、广式月饼、苏式月饼、京式月饼。

二、月饼定义及术语

　　国标中将月饼定义为:使用面粉等谷物粉、油、糖或不加糖调制成饼皮,包裹各种馅料,经加工而成在中秋节食用为主的传统节日食品。

　　月饼中的一些术语如下:

- 塌斜(Side Tallness Low):月饼高低不平整,不周正的现象。
- 摊塌(Superficies Small Bottom Big):月饼面小底大的变形现象。
- 露酥(Outcrop Layer):月饼油酥外露、表面呈粗糙感的现象。
- 凹缩(Concave Astrin Ge):月饼饼面和侧面凹陷的现象。

- 跑糖（Sugar Pimple）：月饼馅心中糖融化渗透至饼皮，造成饼皮破损并形成糖疙瘩的现象。
- 青墙（Celadon Wall）：月饼未烤透而产生的腰部呈青色的现象。
- 拔腰（Protrude Peplum）：月饼烘烤过度而产生的腰部过分凸出的变形现象。

三、月饼分类

月饼按加工工艺、地方风味特色和馅料进行分类。

（一）按加工工艺分类

① 烘烤类月饼：以烘烤为最后熟制工序的月饼。

② 熟粉成型类月饼：将米粉或面粉等预先熟制，然后制皮、包馅、成型的月饼。

③ 其他类月饼：应用其他工艺制作的月饼。

（二）按地方风味特色分类

1. 广式月饼

以广东地区制作工艺和风味特色为代表的，使用小麦粉、转化糖浆、植物油、碱水等制成饼皮，经包馅、成形、刷蛋、烘烤等工艺加工而成的口感柔软的月饼。

2. 京式月饼

以北京地区制作工艺和风味特色为代表的，配料上重油、轻糖，使用提浆工艺制作糖浆皮面团，或糖、水、油、面粉制成松酥皮面团，经包馅、成形、烘烤等工艺加工而成的口味纯甜、纯咸，口感松酥或绵软，香味浓郁的月饼。

3. 苏式月饼

以苏州地区制作工艺和风味特色为代表的，使用小麦粉、饴糖、油、水等制皮，小麦粉、油制酥，经制酥皮、包馅、成形、烘烤等工艺加工而成的口感松酥的月饼。

4. 其他

以其他地区制作工艺和风味特色为代表的月饼。

（三）以馅料分类

1. 蓉沙类

1）莲蓉类

包裹以莲子为主要原料加工成馅的月饼。除油、糖外的馅料原料中，莲籽含量应不低于60%。

2）豆蓉（沙）类

包裹以各种豆类为主要原料加工成馅的月饼。

3）栗蓉类

包裹以板栗为主要原料加工成馅的月饼。除油、糖外的馅料原料中，板栗含量应不低于60%。

4）杂蓉类

包裹以其他含淀粉的原料加工成馅的月饼。

2. 果仁类

包裹以核桃仁、杏仁、橄榄仁、瓜子仁等果仁和糖等为主要原料加工成馅的月饼，几种馅料中果仁含量应不低于20%。

3. 果蔬类

1）枣蓉（泥）类

包裹以枣为主要原料加工成馅的月饼。

2）水果类

包裹以水果及其制品为主要原料加工成馅的月饼。馅料中水果及其制品的用量应不低于25%。

3）蔬菜类

包裹以蔬菜及其制品为主要原料加工成馅的月饼。

4. 肉与肉制品类

包裹馅料中添加了火腿、叉烧、香肠等肉与肉制品的月饼。

5. 水产制品类

包裹馅料中添加了虾米、鱼翅（水发）、鲍鱼等水产制品的月饼。

6. 蛋黄类

包裹馅料中添加了咸蛋黄的月饼。

7. 其他类

包裹馅料中添加了其他产品的月饼。

四、月饼特点

各式月饼的原料及制作工艺不同，因此分别具有不同的特点，下面以几种典型的月饼为例，介绍这些种类月饼的特点。

京、津、广、苏、潮，花色近似，但风味却迥然不同：

- 广式月饼：轻油而偏重于糖，内馅讲究，香甜、馅足，工艺精细、制作严谨、皮薄柔软，色泽金黄，图案花纹玲珑浮凸，造型美观，馅大油润，馅料多样，质量稳定，风味纯正，甘香可口，回味无穷。
- 苏式月饼：浓郁口味，油糖皆注重，酥软白净、香甜可口、松脆、香酥、层酥相叠。
- 京式月饼：以素见长，油与馅俱素，作法如同烧饼，外皮香脆可口外形精美，皮薄酥软，层次分明，风味诱人。
- 潮式月饼：饼身较扁，重油重糖，饼皮洁白，以酥糖为馅，口感柔软，入口香酥。
- 酥皮月饼组织层次分明，精巧玲珑，松酥软绵，滋润香甜，入口化渣。
- 浆糖皮月饼丰满油润，皮薄馅多，清香肥厚，腴而不腻，能很好地保持饼皮和馅心中的水溶性或油溶性物质，组织紧密，松软柔和，不易干燥、变味，便于贮存和运输。
- 油糖皮类月饼外感较硬，口感酥松，不易破碎，携带方便。

第二节　月饼常用原辅料及其要求

月饼因其种类不同，需用原辅料也有所不同，这里只简单介绍月饼生产中通用原辅料及其要求。

一、粉类

（一）小麦粉

月饼常用小麦粉为低筋粉，对蛋白质的量的要求并不高（蛋白质含量 9.5% ～10.0% ，湿面筋含量 22.0% ～25.0% ）。当筋力过低时，会造成饼坯表皮粘模、难成型、成品月饼易碎，出现裂纹；当筋力过高时，成品会发硬、变形、起泡。月饼生产对面筋的弹性、韧性、延伸性的要求都不高，但小麦粉的可塑性一定要好。

不同月饼生产对小麦粉的粒度（粗细度）要求不同，如甜月饼生产所需小麦粉要求过 150 μm 的面筛。若面粉颗粒大，面团吸水慢，面团调制时间长，糊化温度升高，做出月饼会有粘牙现象；若颗粒过小，月饼烘焙时，会向上膨起，影响月饼外观。

月饼生产所需小麦粉的灰分要求越来越严格：灰分高，证明小麦粉加工精度低，成品结构易粗糙、颜色深、口感差；灰分低则反之。

在月饼烘焙的初期，月饼表皮温度为 30 ～40℃ ，炉内蒸汽会冷凝在月饼的表面，影响月饼的光泽；在月饼表皮中含有一定量的淀粉，随着温度的增加，淀粉迅速膨胀糊化，形成月饼表面光泽的基础。

面粉中的部分酶类如 α - 淀粉酶热稳定性相对较强，在月饼烘焙的初期仍然进行水解作用，降落值是衡量小麦粉中 α - 淀粉酶含量高低的指标，发芽小麦中含有的 α - 淀粉酶量高，降落值低，会分解淀粉产生糊精和麦芽糖，影响月饼的结构和外形，烘焙时产生大量的美拉德反应和焦糖化反应，产生大量的褐色物质，月饼颜色加深，也更易破裂。

（二）米粉

在部分特殊类别的月饼生产中需要采用米粉作为主要原料，如冰皮月饼。采用米粉调制的面团往往称之为糕类粉团。糕类粉团可分为：松质粉团、黏质粉团和加工粉团三类。根据月饼种类的不同需求进行选择。

二、油脂类

（一）油脂类物质在月饼生产中的作用

油脂是月饼生产的主要原料之一，除了能提供给人体营养以外，还有以下作用：

① 油脂可以提供给月饼良好的风味和外观色泽。

② 限制面团的吸水率，控制面筋生成量。

③ 油脂可以增加面团中空气的包裹程度，提高月饼的酥松程度，而部分脂类具有两亲结构，是乳化剂，更有利于气体的包裹。

④ 油脂的存在和分布，能够形成油膜，利于脱辊和脱模，使得月饼花纹清晰；油脂包裹在蛋白质和淀粉的微粒表面，加热时易使水分蒸发，使得表皮结构酥松。

油脂量的多少对月饼的质量影响很大，油脂含量低，月饼质地变硬，产品严重变形，表面干燥无光泽，面筋形成多，增强了产品的抗裂能力和强度，但内部的酥松程度受到影响，油脂含量多，酥松性好，外观光亮，但是月饼定型难度加大。

（二）月饼中常用油脂及特性

1. 月饼生产中常用的植物油

月饼生产中常用的植物油有：棕榈油、橄榄油、椰子油、菜籽油、花生油、豆油等。

棕榈油常用在月饼表面喷涂,若用在生产中,则稠度和塑性较低需与精炼植物油搭配。

菜籽油、花生油、豆油等液态油用于月饼面团中,可以提高面团的润滑性,降低黏度,但易氧化,精炼后,香气增加,在油脂含量低时应控制用量,防止走油(产品静置时油脂析出的现象)现象的发生。

2. 猪油

猪油是月饼常用的油脂之一,熔点为 $36 \sim 42$ ℃,当温度逐渐升高的时候,猪油软化而不流动,达到熔点时变为液体,具有良好的塑性和稠度的猪油对月饼有优良的起酥性,以猪油制出的产品,品质细腻,口味肥美,但其容易氧化酸败,在月饼高温烘焙过程中,稳定性差,月饼难以长期保持,使用时往往需要添加抗氧化剂。

3. 起酥油

月饼采用起酥油的熔点范围随不同配方而定,通常采用熔点为 $36 \sim 38$ ℃ 的起酥油。因起酥油中还含有部分乳化剂,可包裹一些气体,面团可在月饼烘烤时受热膨胀,可用于油脂含量高、保存期适中的月饼产品中。

4. 月饼皮料专用油

月饼品质的好坏通常可以通过感官的方式很容易的辨别,如广式月饼皮薄馅大、油而不腻、味道多样可口,若在生产过程中选用的油脂出现问题,会造成产品品质的下降。采用月饼皮料专用油,可以避免采用部分油脂,如花生油使得饼皮过硬、面团易产生脆性、月饼皮延展性差,出现露馅、粘模的问题。月饼皮料专用油脂的特点是:采用新鲜植物油脂,无水、无盐、色泽好、稳定性好、保质期长、延展性好、易脱模。

5. 月饼馅料专用油

月饼馅料油脂选用以往多用猪油,目前多采用馅料专用油脂,是选用新鲜的植物油脂采用一定的工艺加工而成的,制成的产品有一定的天然奶油香味,且易操作,月饼馅口感柔软,不会粘牙,香糯。

(三)月饼生产中常用的糖类物质

月饼常采用的糖类有白砂糖、绵白糖、糖稀、转化糖浆等,尤其是浆皮类月饼的软皮中采用转化糖浆尤为多见。

糖类在月饼生产中使用可改善月饼的色、香、味、形,可延长产品的保存期。

(四)蛋类在月饼生产中的作用

1. 蛋类可以增加月饼皮的酥松度

由于鸡蛋中蛋白是一种胶体,可以包裹气体,提高面团含气能力,使得产品组织细腻、质地均匀、酥松可口。

2. 蛋类可以增加月饼的色香味

在月饼面团中添加蛋制品,或在月饼焙烤时在表面涂刷,这样可以赋予月饼以蛋香味,且增加月饼色泽的体现。

3. 蛋类可以提高月饼的营养价值

蛋品的营养很高,且与乳制品在营养上有一定的互补,因此加入月饼配方中,可以提高月饼的营养价值。

(五)月饼中疏松剂的应用

月饼中的众多种类(油酥皮月饼、蛋调皮月饼等)都需要获得皮部多孔疏松的结构和酥松的口感,这就需要在皮部面团中添加一定量的疏松剂。在月饼中常用的疏松剂多采用苏打、发粉等化学疏松剂。在烘焙时,化学疏松剂受热产气,而使月饼坯起发,在月饼内部形成多孔的组织。在我国月饼厂多采用小苏打和碳酸氢铵为混合使用,其用量为面粉量的 0.5% ~ 2.0%,可以根据产品的差异而应做相应的调整。

在月饼中采用碳酸氢钠作为疏松剂需注意添加量适度。若过量产生碱性,影响口味,且可和面粉中的黄酮醇色素反应,使得月饼内部的颜色变黄,影响月饼的口味,产气量过大会导致月饼坯塌陷,影响月饼的形态。使用时,应先过筛或粉碎,用冷水溶解,防止大颗粒混入面团胀发不均,使得烘烤时局部 CO_2 集中,导致内部空洞和表面的黑斑。加入苏打粉时则需注意选择干酸性配料,混合后应尽快进行烘焙。

（六）果料在月饼中的应用

月饼在生产过程中往往会应用到各种果料,可以增加营养、增添风味,经常采用的果料有子仁类、干果类、饯脯类、泥酱类及新鲜水果或罐头水果等。应用子仁类进行加工时需要注意去除杂质,有皮者需去皮烘焙,色泽不易过深;果干类可洁净后直接放入面团或馅料中使用;饯脯类和泥酱类多用于月饼的馅料。

第三节　月饼生产的基本工艺及操作要点

月饼种类众多,生产工艺各有特色,很难一一的进行讲述,现以月饼生产中一般工艺进行讲解。

一、月饼生产的一般工艺流程

月饼生产的一般工艺流程如图 2 - 4 - 1 所示。

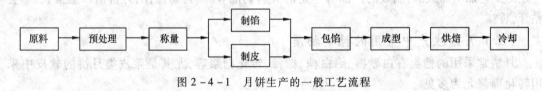

图 2 - 4 - 1　月饼生产的一般工艺流程

二、月饼生产工艺的操作要点

1. 和面——制皮工艺

先将过滤后的蔗糖糖浆、饴糖及已溶化的碳酸氢铵投入调粉机中,再启动调粉机,充分搅拌,使其乳化成为乳浊液。然后加入面粉,继续搅拌,调制成软硬适中的面团。停机以后,将面团放入月饼成形机的面料斗中待用。将调制好的软硬适宜的面团搓成长条圆形,并根据产品规格大小要求,将其分摘成小剂,用擀棍或用手捏成面皮即可。

2. 调馅——制馅工艺

馅料俗称馅心,是用各种不同原料,经过精细加工而成。馅料的制作是月饼生产中重要的工艺过程之一。先将糖粉、油及各种辅料投入调粉机中,待搅拌均匀后,再加入熟制面粉继续搅拌均匀,即成为软硬适中的馅料,放入月饼机的馅料斗中待用。

3. 成型

可以采用手动成型和机械成型两种方式。手动成型是将皮料分成小剂,馅料搓成圆团,用皮料包裹馅料后,将收口面向模具底部(模具花纹处撒薄粉),摁入模中,后轻轻倒磕出模;自动成型需开动月饼成形机,输面制皮机构、输馅定量机构与印花机构相互配合即可制出月饼生坯。应注意的是:包馅时,皮要厚薄均匀,不露馅。成型时,面皮收口在饼底。

4. 烘焙、冷却、包装

月饼烘焙的温度控制与面包蛋糕的烘焙有所不同,通常采用先高上火后高下火的方式进行。炉温最终控制在240 ℃左右,时间9 ~ 10 min。成形后的生坯经手工或成形机摆盘以后,送入烤炉内进行烘焙,烘烤时间要严格控制,烘烤过熟,则饼皮破裂,露馅;烘烤时间不够,则饼皮不膨胀,带有青色或乳白色,饼皮出现收缩和"离壳"现象,且不易保存。

刚出炉的月饼很软,不能挤压,否则会破坏月饼的造型美观,烘烤成熟后,应完全冷却后再进行包装。

第四节　广式月饼的制作工艺

广式月饼是近年来发展最为迅速,被人们广泛接受的一类月饼,因其选料精良和制作技艺精巧,皮薄松软、色泽金黄、造型美观、图案精致、花纹清晰、不易破碎、包装讲究、携带方便而闻名于世。

广式月饼按照口味分有咸、甜两大类。

● 按照月饼月饼馅分有:莲蓉月饼、豆沙月饼、水果月饼等。近年来馅料的选择更加广博,如采用咸蛋黄、叉烧、烧鹅、冰肉、糖、凤梨、榴莲、香蕉、肉等为馅料。

● 从饼皮上划分,广式月饼可分为糖浆皮、酥皮和冰皮等三大类型。其中,以糖浆皮月饼为主体,因糖浆月饼历史悠久,源远流长,广为传播,加之饼皮柔软滋润,色泽金黄,可塑性大,能制成风味各异的月饼,如蓉口类的甜饼,海味类的咸饼和甜咸兼备的果仁类月饼,这是糖浆皮月饼的一大特点。酥皮月饼和冰皮月饼只有数十年历史。其中,酥皮月饼的饼皮色泽金黄,它是吸收西式点心皮类的制法,结合广式月饼的特色创制而成,主要生产蓉口类的甜饼为主,其特色为热吃松化甘香,冷吃则酥脆可口。冰皮月饼源自香蕉糕的做法,故其皮色如玉石般晶莹剔透,且质地柔软、嫩滑,可制成蓉口馅和水果馅等月饼。由于冰皮月饼制成后,必须放在2 ~ 5 ℃上下的恒温箱内保存,所以较少厂家大量生产。

广式月饼的主要特点是重油,皮薄、馅多。在工艺上,制皮、制馅均有独到之处,外皮棕红有光,并有清晰、凹凸的图案;馅心重在味道和质地。在风味上,善于利用各种呈味物质的互相作用构成特有风味,如用糖互减甜咸、用辛香料去肉类腥味,利用各种辅料所具有的不同分子结构而产生不同的色、香、味,形成蓉沙类馅细腻润滑、肉禽类和水产制品类口味甜中带咸的特点。

一、广式月饼生产工艺

广式月饼生产的一般工艺可以表示如图2－4－2所示。

图2－4－2　广式月饼生产的一般工艺流程

二、广式月饼生产的关键工艺、配方及原理

饼皮制作：

1. 糖浆制作的方法及关键技术

1）糖浆制作的配方

砂糖 10 kg、清水 4 kg、冰糖 0.5 kg、柠檬酸 8 g。

2）糖浆制作的过程

先将清水注入锅中，加入白砂糖搅拌加热至溶解，然后将柠檬酸溶解液加入其中，煮沸后改用慢火（期间要把浮面上的泡沫杂物去掉，保持糖浆的色清透明），再煮 30 min 左右，起锅，储放 15～20 天后使用。

3）糖浆制作的关键技术

煮糖浆要选用粗白砂糖，因为粗白砂糖是用甘蔗提取炼制的一种双糖，白色，晶体粒均匀，松散，甜度高，无杂味，易溶于水，它在有机酸、加温作用下可变为葡萄糖和果糖的混合物，所以又称为转化糖。它是制作广式月饼的最佳原料。其他如黄糖、赤糖、白糖粉等，因为杂质多，或色泽不佳，都不如粗白砂糖好。溶糖时先加糖后加水，火力过猛、时间过长或在溶化中铲动少，都会将糖煮焦。加入柠檬酸煮糖可使饼皮回油快，且色泽金黄，柔软闪亮；但放多了口感不好，味太酸，放少了则饼皮生硬而色黯无光。糖浆浓度过稀，则面粉的受糖量减少，搓皮时水分大，筋度增加，月饼易离皮，且不易上色；若糖浆浓度过稠，则会使成品熟后泻脚，离壳和焦黑等。煮糖浆要先猛火后慢火，这样可使糖浆中的水分不至过快挥发；如煮糖时由始到终都用旺火，则锅边糖浆易起焦，出现结晶，冷却后糖浆会回生；反之，则稀稠难控且浪费时间，另应根据天气干燥情况控制浆浓度。糖浆中的泥沙杂质如不清除或清除不干净，则制成的月饼饼皮出现麻点，外观大打折扣。糖浆用糖度折光仪检测糖度折光需达到 80°～82°之间。

2. 饼皮制作的工艺要点

1）配料

面粉 1 000 g，糖浆 750 g，生油 180 g，枧水 2 ml。

2）拌粉

拌粉前将枧水倒入生油中，边倒边搅拌，当液面微呈乳白色并变得黏稠时，再加入糖浆一起搅拌，直至看不到表面的油花时，拌入面粉，调制成面团。最后在其表面加盖一块微湿干净的白布，静置 30 min。

3）分块

将面团搓成条状，用刀切分成 25 g/个的小块，馅料也分成 165 g/个，搓圆。分摘好的皮料要在 1h 内用完。

4）包馅、成型

用手掌把皮压平，将馅料放在中央、饼皮紧贴馅料，不能留有空隙，否则内存空气会胀破饼皮；将饼模焙小许面粉，把包好的月饼放进饼模中用手压实，再拿起饼模在案边上左右各敲一下，轻力将饼拍出，排列在烤盘中。

3. 部分馅料的制作

以莲蓉馅为例，用料砂糖 70 kg、莲子 50 kg、花生油 40 kg、脱衣剂 1 kg、改良剂 1 kg、漂白

剂 100 g。

过程：莲子脱衣 → 煮制 → 磨浆 → 铲蓉 。

4. 焙烤的工艺要点

1）炉温和焙烤时间的控制

面火 200 ℃，底火 180 ℃，先烤 12 min 待饼坯面微黄时，用蛋液刷表面，刷完后转盘再烤 15 min 后（要视品种而定）出炉。炉温是决定焙烤质量的主要因素，如炉温高，时间短，易造成焦煳结壳，外熟里生。如炉温低时间长，则淀粉糊化前水分受长时间烘烤而散失，组织粗糙，色泽暗淡，油分外摊，体形萎缩或跑糖露馅。

焙烤过程也可分为初烤和复烤两个阶段。

① 初烤阶段：月饼生胚用喷壶进行喷洒水，主要是去除月饼表面的干粉，调节炉温、进炉、出炉、刷蛋。第一次烘烤炉温控制上火 235 ℃ ± 5 ℃，下火 190 ℃ ± 5 ℃，时间为 10 ~ 11 min。蛋液为蛋黄与全蛋个数比为 4∶1，加入少量食盐，用 80 目筛子过滤，将蛋液表面泡沫清理干净。用毛刷顶部接触月饼表面来回刷透，不得有糊化现象发生。

② 复烤阶段：调节炉温、进炉、烘烤、出炉、测中心温度。月饼四周微鼓，呈腰鼓状，饼面无凹缩现象；花纹清晰，饼皮颜色呈金黄色、光亮，不生不焦，底部无焦斑。温度控制上火 235 ℃ ± 5 ℃，下火 190 ℃ ± 5 ℃，时间为 10 min ± 1 min，月饼中心温度 85 ~ 90 ℃。

2）焙烤中炉内湿度的调整

烤制时水分蒸发形成的炉内湿度与产品品质的关系是：湿度大，制品上色有光泽；反之则色差且粗糙。炉内湿度与炉温炉门封闭情况、季节和车间门窗开关等均有关系。

3）饼坯的摆放规则

间距大或饼坯摆放过于稀疏易造成炉内湿度小，火力集中，制品表面粗糙，甚至焦煳。正确的摆法是：靠盘边摆得密些，当中的疏些。

5. 冷却与包装

在凉冻间用电风扇强制吹风冷却，冷却后用薄膜封口机进行包装。如未冷透就封口则会使热气、潮气封闭在包装袋中，易导致月饼表面长霉。月饼包装做到不漏气、不漏放脱氧剂、脱氧剂拆包使用时间不得超过 30 min。

月饼内包装材料需进行臭氧消毒 120 min 后使用。选用相应的包装卷膜、选用适当的脱氧剂、确定封口温度、检查是否漏气（抽检用包装密封监测仪检测是否漏气）及生产日期的完整、检查吸氧剂是否起作用。装箱需按标准摆放整齐、将封口封好入库。

三、生产广式月饼的注意事项

生产广式月饼的注意事项如下：

① 包馅时要压得平整，合口处密合均匀。

② 面皮内少用面粉。如焙粉过多则易致皮馅分离且有发白现象。

③ 饼坯放入饼模时，收口处朝外，要压得均衡使饼形四周分明及边缘光滑，花纹玲珑清晰，脱落及放饼时也要注意饼形平整，拿饼时不要捏住饼腰。

④ 饼坯放进烤盘时距离要适当，方形月饼要角对角放置，这样可使月饼受火上色均匀，饼形要烘至腰成鼓形，色呈金黄，成品成熟。

四、广式月饼的质量要求

（一）色泽
蛋浆薄而均匀，没有麻点和气泡，没有焦黑，表面呈金黄色，周边应呈黄色。如颜色过浅，则说明饼料水分含量过高，易产生脱壳和霉变。

（二）形状
表面及侧面微外凸，纹印清晰，不皱缩，没有泻边、露馅等现象。

（三）饼皮
柔软不酥脆，没有韧缩现象。

（四）馅料
馅靓味厚，无脱壳和空心，果料粗细适当，橘饼、鱼翅、金腿肉均须碎后使用。

（五）滋味
应有正常的与各相应品种、花色对应的风味。

（六）水分、理化、卫生指标
符合 GB 19855—2005 及相关国标的规定。

第五节　苏式月饼的制作工艺

苏式月饼是我国的传统食品，闻名国内外，更受到江南地区人民的喜爱。苏州是苏式月饼的发源之地。苏式月饼用小麦粉、饴糖、食用植物油或猪油、水等制皮，小麦粉、食用植物油或猪油制酥，经制酥皮、包馅、成型、焙烤工艺加工而成。外形丰满如扁鼓，面掌金黄，四周乳白，酥皮层次可达 6~10 层以上，层薄均匀，入口即化。

一、主要原料
苏式月饼主要以面粉、油脂、砂糖为主，配以各种果料、蜜饯、赤豆等制成。

二、生产流程
苏式月饼制作过程中较有特色的是其包酥工艺，制作工艺流程如图 2-4-3 所示。

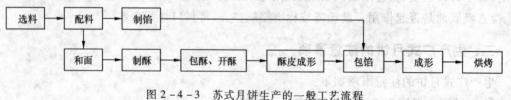

图 2-4-3　苏式月饼生产的一般工艺流程

三、苏式月饼的工艺要点

（一）和面
1）和面的方法

苏式月饼的饼皮是由水、油、面粉调制而成，将面粉置于操作台上，围成一圈，中间置入植物油脂或动物油脂等、饴糖和温度在 80 ℃左右的水。先把水、油和饴糖充分搅拌均匀,然后拌面粉,搅拌均匀,揉透,直至不粘手,团成面团,备用。

2) 和面的注意事项

① 用水量要根据气候情况和面粉的质量进行适当的调整,水温也应随时调整。

② 油、水、饴糖,一定要拌透,揉透,若面粉吸水过多,则面团易成筋或涨油。

③ 水温不易过高或过低,过低面粉糊化易成筋;过高面团失去黏度,而成泡熟面粉。

④ 皮料面团软硬要适中,太软不分层,月饼外观不美观,面掌粗糙不光洁;太硬易冒顶、吊空、露馅、裂腰。

（二）制酥

制酥也叫擦酥,是将面粉和起酥油拌和在一起,不断摩擦,让油脂包裹在面粉颗粒表面的过程,要擦酥至面团可以用油的黏性拢在一起。根据产品需要确定搓酥时间和程度,用油来润滑面团时,应时间略长,软硬程度与皮料面团的差不多。

（三）制馅

把配用的各种馅料应事先打细,制成粗细均匀的颗粒,若是各种果料不易打制过碎,影响馅料的风味。先将砂糖和水混合搅拌溶解,再倒入蒸熟的面粉和片粉,加入加工好的果料和油脂,拌和均匀。要掌握馅心的软硬程度,馅心配料中的水分通常占馅心料质量的 4% ~5%。

（四）包酥、开酥

包酥和开酥是决定苏式月饼质量的重要工艺,包酥和开酥的好坏决定了月饼酥皮的层次和质量。

1. 包酥

苏式月饼包酥通常分大包酥和小包酥,工艺有所不同,小包酥多用于人工小型生产,大包酥适合大批量生产。

1) 大包酥

把水油面团按成中间稍厚,边缘稍薄的圆片,把干油酥团放在中心,包住,擀成长方形薄片,卷成筒形,揪成许多面剂,这种方法称为大包酥。

苏式月饼大包酥是将酥料包入皮料后,用大桶杆擀成面积较大的片状,使得酥料均匀分布,通常以 5 kg 成品为一团,杆成长 70 cm、宽 60 cm 的长方形,要求擀得开,卷的拢,切开两头能够见到酥,卷成长条备用。

2) 小包酥

将水油面团与干油酥面团分别揪成若干小剂,用水油面团将干油酥面团包住,擀成薄片,叠成小三角形,这种方法称为小包酥。

苏式月饼小包酥的要求是:一皮一酥,三分酥七分皮,将酥均匀地包裹于皮面中。

2. 开酥

开酥是用水油面团和包油酥面团制成酥皮的过程,将包酥后的面团擀成长条,用手卷拢,转过 90 °再擀成长条,再卷拢,要求擀的面积大,卷的整齐,开酥决定了苏式月饼的酥皮层次,擀的次数少,层次就少,擀的次数多,层次就多,但是擀的太多,酥皮就会不分层。

（五）擀酥皮、包馅、成型和空考

1. 擀酥皮

要擀得平整均匀,擀成圆形,中间厚、四周薄,像饺子皮一样,使得包馅后不漏馅,分层起发好,酥皮大小根据馅料大小确定。

2. 包馅(包虎口)

将馅料揉成圆形,包裹到擀好的酥皮里,一块馅料一块酥皮,收口时要从四周缓慢收捏,不能一下捏在一起,使得皮料缓慢均匀覆盖在馅料表面,不在收口聚集过多的皮料,导致收口处烘焙后出现硬块或开裂,导致露馅爆腰,影响产品质量。

3. 成型和烘烤

用手将包馅的面团压成扁鼓型,要求饼坯薄厚均匀、表面光滑平整,放入烤盘后将收口一面放在下方,面掌向上,在正中间盖上印章,采用食用色素作为印液,印章干后,收口面向上,印章面朝下,整齐排列于烤盘上,饼间距离以 1 ~ 2 cm 为适当,之后在收口处放置一片小方纸,可以保护虎口,使成品不焦、不漏、不跑糖。

烘烤时,上火230 ~ 240 ℃、下火180 ~ 190 ℃,时间为17 ~ 19 min。月饼中心温度90 ℃以上。出炉月饼为中黄色,不焦不裂。

四、苏式月饼的注意事项及质量要求

苏式月饼的注意事项和质量要求如下:

① 水油皮面团最适宜的是中筋粉。

② 酥油面团则用普通面粉即可。

③ 水油面团的用油量要根据面粉的面筋含量来决定。

④ 水温一般为 50 ~ 60 ℃,冬季高些,夏季可低些。

⑤ 烘烤的炉温和时间应视饼胚大小而定,一般较大的月饼用低温长时间,较小的可用高温短时间。

苏式月饼的质量应符合国标 GB 19855—2005 的要求。

第六节　京式月饼制作工艺

京式月饼是我国月饼中别具特色的一种,是北方月饼的代表品种,花样众多。起源于京津及周边地区,主要特点是甜度及皮馅比适中,一般皮馅比为 4:6,重用麻油,口味清甜,口感脆松。一类京式月饼具有宫廷风格,做工考究,制作程序复杂,以老北京京式月饼的选料中枣料为例,必须选用指定月份的密云小枣,其核小、肉甜、汁蜜,然后经筛选挑出规格一致的小枣,再经去核,去皮,去渣,粗制、精制、定级、分选等工序方可使用。还有一类京式月饼具有满蒙族风格,尤其是清代中后期,京式月饼中的奶味和奶香的特色尤为突出。关于京式月饼中自来白和自来红月饼也有这样的传说:古时候北京闹了一场严重的瘟疫,广寒宫中嫦娥仙子命专门为她捣仙药的玉兔下凡,救治疾苦百姓,玉兔用红、白两种药治好全城百姓后返回月宫,这两色药便演化成自来白、自来红月饼。

一、京式月饼的主要分类及原料

(一)提浆月饼类

提浆月饼的皮面是冷却后的清糖浆调制面团制成的浆皮。以小麦粉、食用植物油、小苏打、糖浆制皮,经包馅、磕模成型、焙烤等工艺制成的饼面图案美观,口感酥而不硬,香味浓郁

的月饼。所谓提浆,是因为过去在熬制饼皮糖浆时,需用蛋白液提取糖浆中的杂质,提浆月饼由此得名。

（二）自来白月饼类

自来白月饼类指以小麦粉、绵白糖、猪油或食用植物油等制皮,冰糖、桃仁、瓜仁、桂花、青梅或山楂糕、青红丝等制馅,经包馅、成形、打戳、焙烤等工艺制成的皮松酥,馅绵软的月饼。

（三）自来红月饼类

自来红月饼类指以精制小麦粉、食用植物油、绵白糖、饴糖、小苏打等制皮,熟小麦粉、麻油、瓜仁、桃仁、冰糖、桂花、青红丝等制馅,经包馅、成形、打戳、焙烤等工艺制成的皮松酥,馅绵软的月饼。

（四）京式大酥皮月饼类（翻毛月饼）

京式大酥皮月饼类指以精制小麦粉、食用植物油等制成松酥绵软的酥皮,经包馅、成形、打戳、焙烤等工艺制成的皮层次分明、松酥、馅利口不粘的月饼。

二、几类典型京式月饼的生产工艺简介

（一）自来白月饼的制作工艺简介

1. 主要原料

自来白月饼是一种别具特色的月饼,其属于油酥皮月饼系列,通常用到的原料如下:

皮料:小麦粉(中高筋)、白砂糖、大油、臭粉等。

馅料:花生油、熟面粉、绵白糖、猪油、糖桂花、冰糖、果仁、青梅等。

2. 自来红月饼生产的一般工艺

自来红月饼生产的一般工艺如图 2 - 4 - 4 所示。

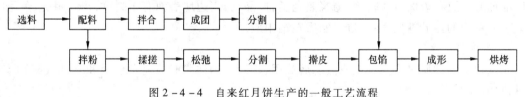

图 2 - 4 - 4　自来红月饼生产的一般工艺流程

3. 自来白月饼的工艺要点

1）皮料面团制作

将称好面粉过筛,放在案台做成粉墙,依次倒入白糖、大油、臭粉、水,揉和均匀,边拌边揉搓,至面团光滑,把揉好的面团用擀面杖擀成长方形面片,将两边向中间折过来,静置松弛30 min。

2）馅料制作

将所有材料混合均匀揉搓成团。

3）分割

将馅和皮按 6:4 的大小比例进行分割,放置。

4）擀皮

将分好的饼皮压平,擀开,同苏式月饼。

5）包馅成型

擀好饼皮包入馅料,收口要紧,饼皮均匀不漏馅,压成扁圆鼓状放入烤盘(同苏式月饼),在饼面上,用木质印章盖上印花。

6）烘烤工艺

用牙签在饼面上扎几个小孔,起到放气作用,防止饼皮胀气破裂,上火 230 ℃,下火 170 ℃,烘烤约 8 min,表面乳白底部金黄可出炉,冷却后包装。

(二) 京式提浆月饼的一般工艺简介

提浆月饼是月饼中较为有名的一种,根据地域不同,分别命名为广式提浆月饼、京式提浆月饼等,其中最为有特色的就是京式提浆月饼,下面进行简单的工艺介绍。

1. 提浆月饼的原料

皮料面团:白砂糖、小麦粉(中筋粉)、大油(部分地区也用植物油)、碳酸氢钠、碳酸氢铵、柠檬酸、水等。

馅料:熟面粉、植物油、糖浆、果仁等(根据品种进行选择)。

表面刷液:全蛋液即可。

1）小麦粉

小麦粉选择筋力过强,月饼皮不酥,且表层受热收缩严重,花纹不清,边墙起肚,产品变形;面筋含量过低,成品表面粗糙,有小裂纹,组织较粗,易吸潮破碎。

在馅料中使用的小麦粉应经过蒸(炒)熟,过筛使用。

2）白砂糖

皮料中的白砂糖使用:将白砂糖熬制成糖浆后使用,白砂糖、水、柠檬酸按照 10∶4∶0.03 的比例进行熬制。水和糖在一起熬制,不断搅拌,沸腾后加入柠檬酸,当温度上升至 104 ℃,停止加温,凉后使用。夏季熬制糖浆时间可略短,冬季略长。糖浆熬嫩了,成品会出现青墙,底部抽底,蹋顶,表面色泽较暗;糖浆熬老了,成品粘盘,边墙表面有小裂纹,花纹粗糙,色重。

馅料中的白砂糖使用:经过粉制后在馅中应用。

3）油脂

采用动物油脂时应先融化成液态后使用,选用植物油脂时应避免色泽和其他气味物质对月饼的影响。

4）疏松剂

通常采用碳酸氢钠和碳酸氢铵 4∶6 的比例进行混合,注意用量严格按照要求。

2. 提浆月饼的一般工艺

提浆月饼的一般工艺如图 2－4－5 所示。

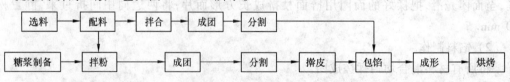

图 2－4－5　提浆月饼生产的一般工艺流程

3. 提浆月饼生产的工艺要点

1）和面

首先将冷却的糖浆和起子(冷水融化)搅拌,加入油脂搅拌乳化,后缓慢投入小麦粉,留出少量小麦粉用于调整软硬度,搅拌至面团不易断裂,用刀切开无气眼,质地细腻即为搅拌完成。

2) 制馅

将糖粉、熟面和馅料搅拌均匀后加入油脂搅拌均匀,注意控制搅拌时间,不宜过长。馅料配制应以糖粉和熟面为主,以油和突出特色风味的料为辅,一般熟面的量等于或低于糖的量,大于油的量。

3) 成型

皮料要制成中间厚四周薄的圆形,包馅要实,剂口要小而严,在入模前需在模内撒一薄层粉,将剂口朝上塪入模内,轻磕出模,等距离摆放,在烤盘内饼面中间扎一气孔,便于气体排放,可在此时刷蛋液。

4) 烘烤

提浆月饼的烘烤温度应控制在上火 220 ℃,下火 170 ℃,时间 15～20 min,需根据饼的大小、皮料馅料的比例进行适当的调整。

第七节　月饼生产中质量控制

月饼生产工艺较为成熟,但因其品种繁多,工艺不同,生产条件有所差异,生产中还会出现各式的问题。

一、月饼质量的感官鉴别方法

月饼的质量好坏可通过感官检测的方法进行初步的辨别,也就是通过看、触、嗅、尝的方法。

（一）看

月饼的看,一是要观察外形、表面、腰部、底部,二是要看其馅料,三是看其断面。

好的月饼表面颜色应较为均一,底部色泽均一,平滑略带砂眼,表皮油润致密,不漏馅、不变形、不开裂、厚薄均匀;文字花纹凸凹清晰,馅料新鲜、细腻、致密、无杂质,应具有月饼种类的特点,如分层明晰、松酥可口,皮薄如纸等。

（二）嗅

各种月饼在嗅时不应具有异味,油脂的酸败味道或和品种不相符的味道等,如莲子月饼应带有淡淡的莲子的香气等。

（三）尝

月饼品尝时应注重其感官是否与品种相适应,入口爽滑的品种是否爽滑;松酥的品种是否松酥,馅料的香味是否符合。

（四）触

月饼成品触摸时应表面较为光滑,不大量跑油,不粘手、不掉渣,软硬适宜。

二、部分月饼生产中可能出现的问题及解决方法

月饼生产中会遇到开裂、涨鼓、塌陷、脱皮等各种问题,应及时加以分析解决,下面简单介

绍几种常出现的问题及其解决方法如表 2-4-1 所示。

表 2-4-1　月饼制作常见问题及可能原因

出现的问题	可 能 的 原 因
饼身收缩	(1)未熟透(2)馅料中糖油量过低
饼身开裂	(1)烘烤过度(2)皮料过干、过硬(3)顶火过急、过猛
饼身塌陷	(1)糖量过高(2)烘烤时间过长(3)馅料水分过多(4)馅料过软(5)皮馅软硬差距过大
月饼大脚	(1)底火大(2)顶火小(3)炉温低、皮过软
花纹模糊	(1)面粉筋性过高(2)饼皮油含量过高(3)顶火炉温过低
饼皮脱离	(1)饼皮糖浆或油的含量过低(2)操作时撒粉过多
表面发白	(1)烘烤时间过短(2)饼皮配方不当
饼皮裂纹	(1)配方不当(2)烘烤时间过长(3)炉温过高

还有很多问题不能一一细述,需在实际生产中进行实地分析。

第八节　月饼生产的典型实例

实例1　广式月饼的制作

一、目的与要求

掌握广式月饼制作的一般工艺及关键步骤。

二、原料及用具

原料:精粉、油、砂糖、大起子、化学稀等。
用具:模具、烤炉等。

三、内容及步骤

(一)配方

精粉 1 000 g、砂糖 350 g、葡萄糖浆 90 g、花生油 250 g、碱水 15 g、小苏打 5 g、熬糖浆用水 150 ml。成品刷面用鸡蛋 2 个、豆沙 1 000 g。

(二)生产流程

配料 → 熬浆、制馅 → 和面 → 包馅 → 成型 → 烤制 → 冷却 → 包装 。

(三)操作要点

1. 熬浆

应提前一两天把和皮面的浆熬好。和面时所用糖浆应在 42 ℃ 左右,以防成品出现崩顶等现象。

2. 调制面团

将冷却的糖浆和油放入和面机搅拌,至均匀。和好的糖浆半小时后应"油不上浮,浆不沉淀"。再加入面粉搅拌均匀,即成浆皮面团。一般面团和制时间应在 30 min 内完成,以防面团"走油"上劲。

3. 制馅

将糖、油及面粉、饴糖等放入和面机内擦制至匀,再加入各种果料搅匀即可。馅过硬时可用油或饴糖调节,不宜用水,以防成品馅芯硬化。

4. 包馅、磕制

包馅时将面团制成小面剂,将馅切块,揉成圆柱形,甩手包制,再将生坯放入模子内磕制成形。包馅时面团温度宜在 22 ~ 28 ℃,面团应随用随调。

5. 烤制、冷却

将生坯按一定间距码入烤盘,入炉烘烤,炉温为 220 ℃左右,经 8 ~ 10 min,即可出炉,再经 20 ~ 30 min 自然冷却,便可包装。

四、成品检验

形态:扁圆形,花纹清细,不崩项,不拔腰,不凹底。
色泽:表面光润,呈深麦黄色,墙呈乳黄色,火色均匀。
组织:细密松软,不偏皮,不空腔,无杂质。
口味:绵酥可口,具有各种果料香味,无异味。

实例 2 苏式月饼制作

一、目的与要求

掌握苏式月饼的面皮制作工艺与一般操作步骤。

二、原料与用具

特制粉、饴糖、熟猪油等;模具、擀面棍、烤炉等。

三、内容及步骤

（一）配方
皮料:精粉 16 kg、熟猪油 5 kg、饴糖 2 kg、开水 4 kg。
油酥:精粉 8.2 kg、熟猪油 3.75 kg。
馅料:根据品种不同,可以制成枣泥、豆沙、五仁、百果等多种馅料。
（二）生产流程
苏式月饼的生产工艺流程如图 2 - 4 - 6 所示。
（三）操作要点

1. 水油面团调剂

先将熟猪油、饴糖混合,中热水,水温 70 ~ 80 ℃之间。经过充分搅拌,以均匀为限,不宜多拌,计量分块,静置待用。

2. 油酥面团调制

将熟猪油和特制粉一起混合充分搅拌。配用油脂量根据气温略有增减。油酥面团的软、

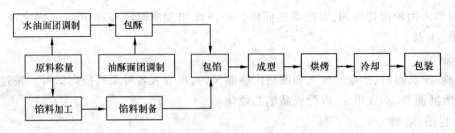

图 2 - 4 - 6　苏式月饼生产的工艺流程

硬要与水油面团的软、硬一致。

3. 酥皮包制

将水油面团搓细,按规格重量分成小块,同时将油酥面团擦匀,放在专用小糕板上压平,切成小方块,然后包酥,用双手掌二次搭卷皮酥,并用拇指和小指挤压成青蛙嘴型,排列整齐备用。

4. 成型

先将皮面等分若干小块,揿扁包馅,由下而上逐步收口,要求皮面四周均匀,收口紧密,剖面观察馅料到边。

5. 排盘

交叉排放,成品字形,间隙适中。

6. 烘烤

炉温控制在 200 ℃左右,视制品表面呈金黄色,圆周白色,无回生感,制品中心温度达到80 ℃以上即出炉。

7. 冷却

酥皮甜月饼,含油脂和糖较高,要充分冷却。

四、成品检验

形态:外形圆整,呈鼓墩式,面、底平正,收口紧,无裂缝不跑糖,不漏馅。

色泽:金黄色,边缘乳黄色。

组织:皮馅适中,包馅到边,酥层清晰,果仁、果料分布均匀,无糖粒,无大空隙。无黑点,无油污,无杂质。

口味:酥松爽口,滋味纯正,具有该制品应有的口味。

第五章 饼干的生产工艺

第一节 概 述

饼干是一种古老的焙烤食品,甚至有人认为饼干的生产较面包更为悠久,据考证,在公元前4 000年以前,古埃及就有饼干雏形的产品出现,饼干的最简单产品形态是单纯的用面粉和水混合的形态。真正较为成型的饼干,则要追溯到公元七世纪的波斯,当时制糖技术刚刚开发出来,并因为饼干而被广泛使用。一直到了公元十世纪左右,饼干传到了欧洲,并在各个国家之间流传。到了公元十四世纪,饼干已经成了欧洲人最喜欢的焙烤食品之一。19世纪,英国的航海技术及其发达,饼干产业也随之发展,并带到了世界各地,饼干因其水分含量低、保存时间长作为航海食品的主要品种应用在长期的航海中。

饼干英文为Biscuit,被认为是法语的bis(再来一次)和cuit(烤)而来,长期应用于旅行、登山、航海,甚至是太空食品。在战争中,饼干作为紧急备用食品也广泛的应用。从最初的手工作坊式的生产,到目前工业化自动化的生产,饼干产业发展迅速,为人们所喜爱。

一、饼干的定义

饼干以小麦粉(可添加糯米粉、淀粉等)为主要原料,加入(或不加入)糖、油脂及其他原料,经调粉(或调浆)、成型、烘烤(或煎烤)等工艺制成的口感酥松或松脆的食品。

二、饼干的分类

饼干分类方法较多,根据口味不同可分为甜饼干、咸饼干和风味饼干(如椒盐饼干、怪味饼干等)。根据配方不同可分为奶油饼干、蛋黄饼干、蔬菜饼干等。根据工艺特点可按原料特点进行分类,分为粗饼干、韧性饼干、甜酥性饼干、发酵饼干等。按产品构造和造型可分为冲印饼干、辊印饼干、辊切饼干、挤压饼干、挤浆、挤花饼干等。

（一）饼干分类（国标）

按照我国关于饼干的国家标准,饼干被分为如下类别:

1. 酥性饼干(Short Biscuit)

酥性饼干以小麦粉、糖、油脂为主要原料,加入膨松剂和其他辅料,经冷粉工艺调粉、辊压或不辊压、成型、烘烤制成的表面花纹多为凸花,断面结构呈多孔状组织,口感酥松或松脆的饼干。

2. 韧性饼干(Semi-Hardbiscuit)

韧性饼干以小麦粉、糖(或无糖)、油脂为主要原料,加入膨松剂、改良剂及其他辅料,经热粉工艺调粉、辊压、成型、烘烤制成的表面花纹多为凹花,外观光滑,表面平整,一般有针眼,断面有层次,口感松脆的饼干。

3. 发酵饼干(Fermented Biscuit)

发酵饼干以小麦粉、油脂为主要原料,酵母为膨松剂,加入各种辅料,经调粉、发酵、辊压、叠层、成型、烘烤制成的酥松或松脆,具有发酵制品特有香味的饼干。

4. 压缩饼干(Compressed Biscuit)

压缩饼干以小麦粉、糖、油脂、乳制品为主要原料,加入其他辅料,经冷粉工艺调粉、辊印、烘烤成饼坯后,再经粉碎、添加油脂、糖、营养强化剂或再加入其他干果、肉松、乳制品等,拌和、压缩制成的饼干。

5. 曲奇饼干(Cookie)

曲奇饼干以小麦粉、糖、糖浆、油脂、乳制品为主要原料,加入膨松剂及其他辅料,经冷粉工艺调粉、采用挤注或挤条、钢丝切割或辊印方法中的一种形式成型、烘烤制成的具有立体花纹或表面有规则波纹的饼干。

6. 夹心(或注心)饼干[Sandwich (or Filled) Biscuit]

夹心饼干是指在饼干单片之间(或饼干空心部分)添加糖、油脂、乳制品、巧克力酱、各种复合调味酱或果酱等夹心料而制成的饼干。

7. 威化饼干(Wafer)

威化饼干以小麦粉(或糯米粉)、淀粉为主要原料,加入乳化剂、膨松剂等辅料,经调浆、浇注、烘烤制成多孔状片子,通常在片子之间添加糖、油脂等夹心料的两层或多层的饼干。

8. 蛋圆饼干(Macaroon)

蛋圆饼干以小麦粉、糖、鸡蛋为主要原料,加入膨松剂、香精等辅料,经搅打、调浆、挤注、烘烤制成的饼干。

9. 蛋卷(Egg Roll)

蛋卷以小麦粉、糖、鸡蛋为主要原料,添加或不添加油脂,加入膨松剂、改良剂及其他辅料,经调浆、浇注或挂浆、烘烤卷制而成的蛋卷。

10. 煎饼(Crisp Film)

煎饼以小麦粉(可添加糯米粉、淀粉等)、糖、鸡蛋为主要原料,添加或不添加油脂,加入膨松剂、改良剂及其他辅料,经调浆或调粉、浇注或挂浆、煎烤制成的饼干。

11. 装饰饼干(Decoration Biscuit)

装饰饼干是指在饼干表面涂布巧克力酱、果酱等辅料或喷撒调味料或裱粘糖花而制成的表面有涂层、线条或图案的饼干。

12. 水泡饼干(Sponge Biscuit)

水泡饼干以小麦粉、糖、鸡蛋为主要原料,加入膨松剂,经调粉、多次辊压、成型、热水烫漂、冷水浸泡、烘烤制成的具有浓郁蛋香味的疏松、轻质的饼干。

(二) 饼干分类

国标中按加工工艺分类如下:

① 酥性饼干。

② 韧性饼干:分为普通型、冲泡型(易溶水膨胀的韧性饼干)和可可型(添加可可粉原料

的韧性饼干)三种类型。

③ 发酵饼干。

④ 压缩饼干。

⑤ 曲奇饼干:分为普通型、花色型(在面团中加入椰丝、果仁、巧克力碎粒或不同谷物、葡萄干等糖渍果脯的曲奇饼干)、可可型(添加可可粉原料的曲奇饼干)和软型(添加糖浆原料、口感松软的曲奇饼干)四种类型。

⑥ 夹心(或注心)饼干:分为油脂型(以油脂类原料为夹心料的夹心饼干)和果酱型(以水分含量较高的果酱或调味酱原料为夹心料的夹心饼干)两种类型。

⑦ 威化饼干:分为普通型和可可型(添加可可粉原料的威化饼干)两种类型。

⑧ 蛋圆饼干。

⑨ 蛋卷。

⑩ 煎饼。

⑪ 装饰饼干:分为涂层型(饼干表面有涂层、线条、图案或喷撒调味料的饼干)和粘花型(饼干表面裱粘糖花的饼干)两种类型。

⑫ 水泡饼干。

⑬ 其他饼干。

第二节　饼干的原辅料

饼干的原辅料的种类与其他焙烤制品的原辅料基本相同,但需根据饼干的类别和特性进行适当的选择。

一、小麦粉

小麦粉的选择和质量是关系到饼干烘焙成败的关键,饼干对小麦粉中湿面筋的数量和质量要求很高,必须与饼干的种类相对应。

韧性饼干原料中的小麦粉,应选用中筋粉,或偏高筋的小麦粉,但要求制成的面团弹性中等,具有良好的延伸性,湿面筋含量21%～28%。酥性饼干面团的要求是延伸性大、弹性小,所以应选择面筋含量较低的小麦粉,湿面筋含量20%～24%较好。苏打饼干属发酵类食品,要求小麦粉的湿面筋含量较高或中等,面筋弹性强或适中,湿面筋含量28%～35%较好。半发酵饼干既有发酵饼干的性质,又有韧性饼干的脆性特点。所以,要求选用饼干专用小麦粉或优质精制小麦粉,湿面筋含量24%～30%。弹性中等,延伸性在25～28 cm为宜;如果面筋筋力过强,易造成饼干僵硬,易变形。面筋筋力过小,面团发酵时持气能力较差,成型时易断片,产品易破碎,在选择小麦粉时应当谨慎,产品与小麦粉的规格相符。

二、油脂

饼干用油根据饼干的种类有所差异,部分饼干制作中需要高油脂含量,部分饼干只需要少量油脂即可,须根据饼干的性质进行选择,除油脂的量以外,不同饼干需要的油脂类型也不同,但都应具有较好的风味和氧化稳定性。

（一）韧性饼干用油

韧性饼干要求面筋能够较为充分的形成，要避免高油脂引起的筋力不够，因此一般油脂用量较低，通常占小麦粉总质量的 20% 以内，普通的韧性饼干只需要 6%～8% 即可，中高档的韧性饼干应使用油脂的量较多，在 14%～20%。无论是高档饼干还是低档饼干都要求油脂的品质纯净，风味醇厚，高档的饼干还应添加具有愉悦风味的油脂，如奶油、人造奶油和猪油等，油脂的风味会影响饼干的风味和入口后的感觉。

（二）酥性饼干用油

酥性饼干因其品质酥松的要求，需利用油脂对面筋形成的阻隔作用和加热时给予的蓬松作用，因此添加量较多，多为小麦粉质量的 14%～30%。甜酥性的饼干尤其是曲奇饼干类，要求的油脂含量更高，甚至可以达到 50%。酥性饼干面团的调制时间短，导致油脂容易溢出，发生"走油"，所以要求采用的油脂具有良好的乳化性和起酥性。若油脂未能与面团很好的结合，则会使饼干品质变劣，操作困难，通常多采用优质人造奶油，有时也用部分猪板油。甜酥性的曲奇饼干应选用风味好的优质黄油。

（三）苏打饼干用油

苏打饼干具有一定的层次结构，且较为酥松，因此其用油要求起酥性和稳定性均较好的油脂，起酥性相比起来更为重要，通常采用猪油或植物性的起酥油。猪油可以使得苏打饼干更具有层次性，且组织细腻，口感松脆；植物性起酥油对饼干的层次性有较好的作用，但松酥性略差，常用植物油与大油混合使用，性质互补，制成品质优良的产品。

（四）半发酵饼干用油

半发酵饼干特点是松脆、表面油润，表面经常要求喷油，经常采用棕榈油或精炼植物油，氧化性能好的特点是松脆，表面油润。对于半发酵饼干的面团加工，因其产品要求片子薄而脆，因此要求油脂具有很好的起酥性，可采用人造奶油或者大油和精炼植物油混合使用。

三、糖

糖在饼干中用量较多，是饼干生产的重要原料之一，通常糖在部分甜饼干中的用量是每100 kg 成品中添加 15 kg 以上，若糖的添加量过低，则品质会受到很大的影响。

（一）糖在饼干中的作用

1. 反水化作用

糖在饼干中添加，不但可提供甜味，而且对成型后的饼干坯的花纹有一定的保护能力，且可以使得饼干坯最大限度的不收缩变形，这需要控制面团的胀润度，除了原料小麦粉中面筋含量的控制外，就需要通过糖的添加量来改善面团的吸水率和工艺性能。这主要是因为糖可以使得面筋和淀粉粒中水分含量降低，使得其胀润性能减弱，面团变软，这个作用往往被称之为反水化作用，面筋的含量随着糖的增加而降低。

2. 焦糖化作用

饼干配方中的糖用量越多，越有利于饼干表面的上色。苏打饼干因其糖的用量少而较难上色，饼干表面的焦糖化作用的程度，除了配方的糖含量外，还同面团的温度与 pH 值等多种因素有关。pH 值大于 7 时，上色较为容易。

3. 美拉德反应

焙烤过程中由于温度的逐渐升高,导致羰氨反应的发生,在饼干烘焙的后期,更易于美拉德反应的发生。

（二）饼干配方中糖的常规用量

不同饼干种类的糖的用量各不相同如表 2 - 5 - 1 所示。

表 2 - 5 - 1　几种饼干中糖的用量

项目	饼 干 类 型			
	苏打饼干	韧性饼干	酥性饼干	半发酵饼干
糖含量/%	24 ~ 26	约 2	30 ~ 38	12 ~ 22

四、蛋奶制品在饼干中的应用

（一）蛋与蛋制品在饼干中的应用

与面包生产一样,在饼干中常用的蛋品有鲜蛋、冰蛋、蛋粉三种。蛋具有良好的起泡性,能赋予饼干酥松的口感,且可使饼干的色香味形都得到很好的改善。

鸡蛋在饼干不但可以提高饼干的营养价值,而且可以增加饼干的酥松度,还能能改善饼干的色、香、味和成品的贮藏。

（二）乳与乳制品

饼干最长使用的乳是牛乳及其制品,可赋予饼干良好的风味,促进饼干色泽的形成,改善饼干面团的性能和工艺特性,增加成品的营养。但应当注意的是:乳的添加要适量,添加过多会导致面团的吸水能力增强,黏度增大,对生产造成不良的影响,如粘模、粘印辊等。

五、其他改善风味的辅料

（一）食盐

盐在不同的饼干中作用也不尽相同,在咸饼干中,食盐是饼干风味的主要来源;在甜饼干中添加食盐,可以起到柔和口感衬托风味的作用;在椒盐饼干上撒食盐,可以使得产品风味更加独特;在苏打饼干中加入食盐,可以加强发酵面团面筋,且可将油脂和盐与面粉拌成油酥,使得产品成为别具风味的夹油苏打饼干。

（二）香精与香料

香精香料在饼干的配方中添加的种类越来越多,不但可以降低成本,减少风味物料的增加,而且可以赋予成品特别的风味。例如:添加香草香精,饼干中就有浓郁的香草香味,添加奶油鸡蛋香精,饼干中就有奶油鸡蛋的香味。

饼干的香精香料要求有:

① 热稳定性好,耐贮藏。

在饼干烘焙的加工中,高温使得香精香料容易挥发,因此在选择时,尽量选择香精香料热稳定性好的品种,高温后仍能保持适量的香味。

② 较少的添加量,较好的增香效果。

采用更少的添加量,能够得到更好的效果,且不会出现异味和异感。

③ 易于分散于物料中,无聚集沉淀产生。

④ 要选用安全性高,毒性符合国家食品添加剂卫生规定的香精,香料。

六、常用添加剂

在饼干中往往要添加多种添加剂,满足产品的需求,主要有膨松剂、改良剂、乳化剂、抗氧化剂等。大多在前文中有所叙述。

(一) 疏松剂

饼干中的化学疏松剂主要适用于韧性饼干、酥性饼干,生物疏松剂则仅用于发酵性苏打饼干与半发酵性型饼干。

1. 化学疏松剂

化学疏松剂的种类、疏松剂的膨胀力对饼干胀发质量的影响很大。化学疏松剂又可分为碱性疏松剂与酸性疏松剂两类,但酸性疏松剂不能单独起作用。在饼干生产中利用碳酸氢钠的分解特性,将其混合在饼干面团内后,在焙烤过程中受热分解释放出大量的二氧化碳,使饼干制品形成多孔状疏松体,食用时酥松可口,但因碳酸氢钠具有强碱性,如含量过多,将会使饼干内部色泽变黄,影响口味。如在使用碳酸氢钠的同时,添加酸性疏松剂,可使碳酸钠中和,进一步分解产生二氧化碳,达到降低碱度,产品更加疏松,改善口味的目的。碳酸氢铵习惯上与碳酸氢钠配合使用于饼干生产,这样既有利控制疏松程度,又不至于使饼干内残留过多碱性残留物。生产过程中,化学疏松剂受热分解产生的气体是饼干胀发力的主要来源。具体使用时应根据原料性质、品种确定碳酸氢钠和碳酸氢铵的使用总量,以小麦粉计为0.5%~1.2%,饼干形态大小、操作工艺不同,二者之间的配合比例和用量也不一样。部分新型疏松剂也被使用,如葡萄糖内酯、焦磷酸钠等。

2. 生物疏松剂

生物疏松剂往往指的就是酵母,各种酵母在发酵过程中产生大量的气体,一定的风味物质赋予饼干以特殊的口味,所以苏打饼干往往具有其他饼干不具备的酸味,又有发酵的特殊香气。传统的饼干生产工艺中,酵母只用于苏打饼干作疏松剂。现在,半发酵混合工艺制作饼干利用化学疏松剂与生物疏松剂的特征,把两者综合起来使用,第一轮用酵母对面团进行发酵,然后在第二轮采用化学疏松剂起发方法,使饼干品质大大提高,从口感、商品性、产品规格、破碎率、操作稳定性方面均比单一的传统方法先进。

(二) 饼干面团改良剂

韧性面团改良剂多为酸式焦亚硫酸钠和亚硫酸氢钠的混合物,国标对使用的残留物质有严格的规定。酥性面团的改良剂多以大豆磷脂和卵磷脂为主,可以降低面团的黏性、增加面团的疏松度,改善饼干的色泽。大豆磷脂的添加量为面粉质量的0.5%~1%,卵磷脂的添加量为面粉质量的1%,过多会影响产品的口味。梳打饼干面团需要具有面包面团的工艺特性,因此其使用的改良剂与面包使用的改良剂基本相同。半发酵饼干面团改良剂普遍应用木瓜蛋白酶和焦亚硫酸钠,用酶制剂和还原剂双重功能,从横向和纵向两个方面来切断面筋蛋白质结构中的结合键,包括二硫键和肽键,以达到削弱面筋强度的目的。一方面是保持饼干形态,使之不易变形;另一方面则降低烘烤时的抗张力,使产品酥松度提高。

第三节　饼干生产的一般工艺流程

饼干的种类繁多,工艺流程也不固定,但根据分类,我们可以得到一些种类饼干的基本工艺。

一、韧性饼干的生产工艺流程

韧性饼干的生产工艺流程如图2-5-1所示。

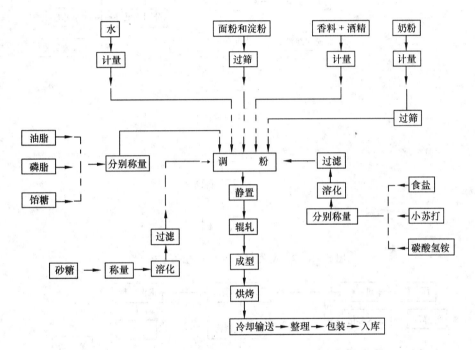

图2-5-1　韧性饼干生产工艺的一般流程

二、酥性饼干的生产工艺流程

酥性饼干生产工艺的流程如图2-5-2所示。

三、发酵饼干的生产工艺流程

发酵饼干的生产工艺流程如图2-5-3所示。

四、威化饼干的生产工艺流程

威化饼干的生产工艺流程如图2-5-4所示。

五、蛋卷的生产工艺流程

蛋卷的生产工艺流程如图2-5-5所示。

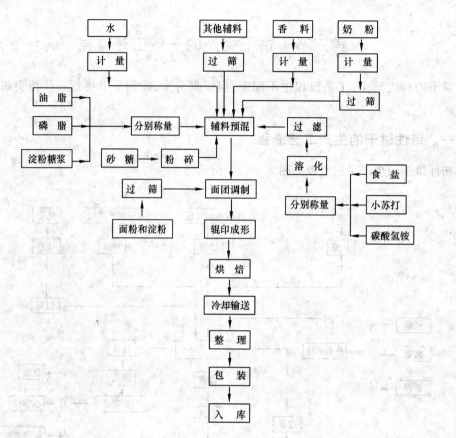

图 2 - 5 - 2　酥性饼干生产工艺的一般流程

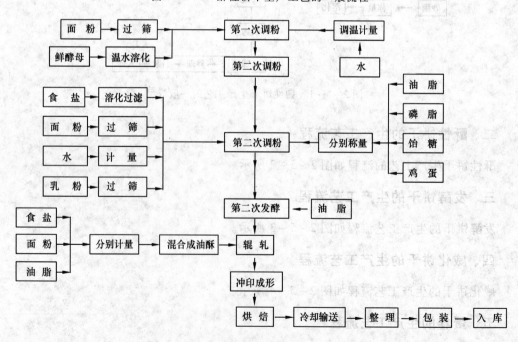

图 2 - 5 - 3　发酵饼干生产工艺的一般流程

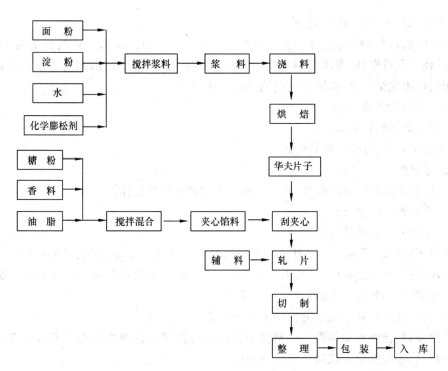

图 2 - 5 - 4　威化饼干生产工艺的一般流程

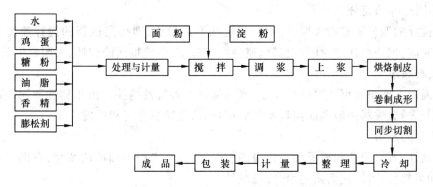

图 2 - 5 - 5　蛋卷生产工艺的一般流程

　　以上仅是几种典型饼干生产的一般工艺,从中对比我们可以看出,饼干的制作工艺往往包括:原料的称量与选择、原料的配比与混合、面团(面糊、面浆)的形成、发酵(或不发酵)、整形、成型、烘焙、整理、冷却、包装。

第四节　饼干的一般生产工艺

一、面团(面糊、面浆)的调制

　　面团(面糊、面浆)的调制是饼干制作工艺的基础,调制质量的好坏直接决定了成品的质量,是饼干工艺中最为关键的工艺。它决定了成品的风味、口感、形状、色泽和气候的工艺的进行。

（一）韧性饼干面团的调制

韧性面团俗称"热粉"，是用来生产韧性饼干的面团。面团要求具有较强的延伸性和韧性、适度的弹性和可塑性、面团柔软光润。与酥性面团相比，韧性面团的面筋形成比较充分，但面筋蛋白仍未完全水合，面团硬度仍明显大于面包面团。

1. 韧性饼干面团的特点

韧性饼干面团的特点如下：

① 糖油含量低，调粉时易形成面筋。

② 含有糖盐量少，口味清淡，口感松脆，结构为片层状。

③ 工艺中有多次压延的步骤，通常以冲印成型进行成型操作。

④ 面团面筋形成较为充分，但强度弹性不能过大。

2. 韧性饼干面团调制的方法

韧性饼干面团的调制方法与面包面团的调制方法有相似之处，在搅拌的过程中，使得面筋逐渐形成，在搅拌的过程中，主要有小麦粉的水化、拌和及面筋的扩展三个过程，要想得到理想的韧性面团，调粉时要控制好以下两个阶段：

第一阶段，使面粉在适宜水分条件下充分润胀。

第二阶段，使已经形成的面筋在机桨的搅拌下逐渐超越其弹性限度而使弹性降低，面筋水分部分析出，面团变得柔软有一定的可塑性。

影响韧性饼干面团调制的主要因素有如下几点：

1）面团搅拌的充分

面团搅拌的充分需要加大搅拌强度，促进面筋的形成，即提高机器的搅拌速度或延长搅拌的操作时间，但需要注意时间的控制，避免搅拌过度，而使得面筋破坏，面团丧失筋性发散。

2）投料顺序

韧性面团在调粉时可一次性将面粉、水和辅料投入机器搅拌。由于韧性面团调制温度较高，疏松剂、香精、香料一般在面团调制的后期加入，以减少分解和挥发。

3）淀粉的添加

调制韧性面团，通常均需添加一定量的淀粉，降低小麦粉中面筋的浓度，有助于缩短调粉时间，增加可塑性，可以使面团光滑，降低黏性。

4）加水量的掌握

韧性面团通常要求面团比较柔软，加水量要根据辅料及面粉的量和性质来适当确定，一般加水量为小麦粉的22% ~28% 。

5）面团温度的控制

面团温度直接影响面团的流变学性质，韧性面团温度一般在38 ~40 ℃。面团的温度常用加入的水或糖浆的温度来调整，可采用面包制作工艺中面团温度的调整公式进行计算。

6）面团调制时间和成熟度的判断

韧性饼干面团的调制要使面粉和各种辅料充分混匀，形成一定数量的面筋，降低面团黏性，增加面团的抗拉强度，有利于压片操作。还要通过过度搅拌，将一部分面筋在搅拌桨剪切作用下不断撕裂，使面筋逐渐处于松弛状态，增强面团的可塑性，使冲印成型的饼干坯有利于保持形状。

判断韧性饼干面团调制完成的方法是：韧性面团调制到一定程度后，取出一小块面团搓捏成粗条,用手感觉面团柔软适中,表面干燥,当用手拉断粗面条时,感觉有较强的延伸力,拉断面团两断头有明显的回缩现象,此时面团调制已达到了最佳状态。

7）面团静置

为了得到理想的面团,韧性面团调制好后,一般需静置 10 min 以上（10～30 min）,用来松弛形成的面筋,降低面团的黏弹性,适当增加其可塑性。另外,静置期间各种酶的作用也可使面筋柔软。

（二）酥性饼干面团的调制

酥性饼干面团俗称冷粉,要求具有较大程度的可塑性和有限的黏弹性,使操作中的面片有结合力,不粘辊筒和印模,成型后的饼干坯应具有保持花纹能力,形态不收缩变形,烘烤后具有一定的胀发率,使饼干内部孔洞性好,口感酥松。

1. 酥性饼干面团的特点

① 酥性饼干具有可塑性和一定的黏弹性。

② 利用糖的反水化作用和油脂对蛋白颗粒的包裹作用,控制面筋的形成。

2. 酥性饼干面团调制方法

1）配料的顺序及原因

酥性面团的投料顺序是先将糖、油脂及水进行混合,利用糖的强吸水性,能够起到反水化作用,因为糖能很快吸收水分而形成一定浓度的糖浆,具有一定的渗透压力。这种有一定渗透压力的糖浆分布在面筋性蛋白质胶粒表面,使胶粒内部水分产生反渗透作用,影响面团内面筋的生成能力。

油脂与小麦粉一起混合时,油脂被吸附在面粉颗粒表面,形成一层油膜阻碍水分子向蛋白质胶粒内部渗透;所以,面筋得不到充分胀润,并且由于表面层油膜会使蛋白质胶粒之间结合力下降,使面团较软而弹性降低,黏性减弱,达到酥性饼干面团的要求。

2）面团调制过程中的技术问题

酥性面团在调制过程中很容易起筋使制品品质变劣,要正确判断调粉的成熟度,掌握好调粉的温度和加水量问题。

（1）加水量的影响

加水量与面团的软度有关,与湿面筋的形成量有密切关系,面团水分含量以 16%～18% 为最佳。较软的面团易起筋,调粉的时间应短些;较硬的面团要稍增加搅拌时间,否则,会形成散砂状。油脂和糖的添加量较少的面团加水量宜少些,使面团略硬些。用控制加水量来达到限制面粉的胀润度,是防止面团弹性增大变形的一种有效措施。

（2）水温的影响

调制面团时的水温决定着面团的温度,一般酥性饼干面团的温度应控制在 26～30 ℃。需注意的是,油脂含量少的面团如果温度过低,会使面团产生较大的黏性,影响操作。反之,如果面团温度过高,又会使面团起筋,造成收缩变形成次品。所以,对油脂含量少的面团,温度控制在 30 ℃ 以下;油脂含量高的面团,温度可控制在 20～26 ℃ 之间,油脂含量高,降低了面团的粘性和面皮的结合力,如果温度过高,会引起走油,对操作和产品产生影响。

（3）调粉时间的影响

调粉时间的控制对酥性面团的调制十分重要,时间过短,面团过于松散,不能形成连续的面片,面片也不能均匀;时间过长,面团起筋,造成产品硬脆而不疏松。调制酥性面团的控制时间,一般为小麦粉倒入后搅拌 6 ~ 12 min 为宜。夏季因气温较高,搅拌时间可以缩短 2 ~ 3 min。

（4）面团的成熟度判断

在调制面团过程中,要不断用手感来鉴别面团的成熟度。从搅拌缸中取出一小块面团,观察有无水分及油脂外露。如果用手搓捏面团不粘手,软硬适度,面团上有清晰的手纹痕迹,当用手拉断面团时感觉稍有联结力和延伸力,不应有缩短的弹性现象,这证明面团的可塑性良好,已达到最佳程度。

（三）发酵及半发酵饼干面团的调制及发酵

发酵饼干面团通常指的就是苏打饼干面团,其发酵方式通常为二次发酵法,先将一部分面粉、水、酵母和其他辅料,调制成面团,形成中种面团,发酵一段时间后再加入剩余的面粉和辅料,搅拌后再进行发酵,这种方法也被称之为中种发酵法。在静止发酵过程中,酵母得以充分的繁殖,增加了发酵的耐力,利用发酵产生气体促使面团体积膨胀,使得面筋性质发生变化,使面团的弹性降低到一定程度。

1. 中种面团的调制与发酵

使用 60% 左右的小麦粉、少量起酥油、酵母添加剂、25% 的水和 1.5% 左右的酵母混合均匀,搅拌 4 ~ 5 min,面团温度在 28 ℃ 左右,送入发酵室内发酵,发酵室温度为 27 ℃,相对湿度为 75%,发酵 6 ~ 10 h,发酵时间长短根据产品所需的性质及原料的添加类别和比例进行调整。

2. 主面团的调制与二次发酵

将剩余的所有原材料(除发粉)与中种面团混合,应尽量逃选筋力弱的面粉,这样可使苏打饼干的口味酥松,形态美观。开始搅拌,逐渐撒入发粉,使面团 pH 值中性偏碱,要求调制后的面团柔软、不粘辊,调制时间大约 5 min,不需要面筋完全形成,用手较易拉断。发酵时,只需要保证温度、湿度恒定,静置 2 ~ 4 h 即可。

3. 发酵的影响因素及其控制

1）面团的温度

面团的温度不宜过高,超过 28 ℃,利于产酸菌的繁殖和生长,但在温度控制时需要考虑环境的因素,夏天要防止面团过热,有时原料需用冰水降温;冬天需要防止温度过低,需用温水调制面团。

2）油脂的添加

油脂的添加需要考虑其对酵母细胞的包裹作用,要防止过多的油脂抑制发酵过程,阻碍酵母的发酵,可选用起酥油或猪油等膏状的固态油脂,利用夹层包埋的方法加入。

3）控制水的添加量

因发酵和半发酵面团需要产生一定量的面筋,因此加水量应比酥性饼干越多,但不能过多,防止面团变湿、变黏,调粉后过软。

除以上几点外,发酵过程还受原料的性质和用量的限制,如糖、盐的添加量等,需根据实际的情况进行具体的分析。

4. 半发酵饼干的工艺特点

半发酵饼干是发酵饼干、酥性饼干与韧性饼干制作技术的结合,是发酵饼干工艺简化的产物,采用生物疏松剂与化学疏松剂相结合,用苏打饼干的第一轮发酵,用韧性饼干进行第二轮操作的半发酵混合工艺,使体积膨松的同时,口感也酥松。由于面团中的面筋充分形成和淀粉充分胀润、局部糊化的有利条件,即使饼干较薄也相对不易破裂。半发酵饼干往往采用表面喷油、撒糖等方式,进行表面的装饰,简化了苏打饼干的生产工艺流程,缩短了生产的周期,且内部结构优于传统的韧性饼干,层次分明、无大孔洞、口感松脆爽口,还有发酵饼干的酵香味。其与酥性饼干比较,油糖量添加减少,易于操作,成型简单。

5. 半发酵饼干面团的调制与发酵

1) 半发酵饼干生产工艺要求

半发酵法饼干生产工艺要求面团中面筋量形成适度、面筋块较小、略有弹性,有较好的压延性和可塑性,只有这样才能保证面团上机压制面片时,不粘辊筒、不破裂、无回缩现象,同时制得的饼干组织细腻,口感酥松。

2) 半发酵饼干发酵的目的

半发酵型饼干生产工艺中面团发酵的目的,其一是在酵母作用下产生大量气体,这些气体被面筋所包覆不能逸出,从而使面团不断受到来自不同方向气体压力的作用,就好象受到机械搅拌力一样,当经过过度发酵后,面筋由于长时间受到气体膨胀压的作用而断裂形成小块面筋。最终使面团弹性降低,可塑性提高。其二是在长时间发酵过程中面团中的酵母分泌酶系统和面粉自身的酶系统使部分面筋蛋白质被分解,同时部分破损淀粉也被水解成较低分子的糊精和低聚糖。

3) 半发酵饼干面团的调制与发酵

先将即发活性干酵母(发酵力 > 1 000 ml)与小麦粉全量的 50% 搅拌均匀,加入少量砂糖与食盐及适量温水进行搅拌 4 ~ 5 min,调制面团一般 2 ~ 4 h(有的工艺在 2 h 以下),待面团体积膨胀到最大限度,面筋网络结构处于紧张状态,面团中继续产生的二氧化碳气体,使面团的膨胀力超过其抗胀能力而塌陷,俗称"回醒"。再加上一部分面筋的水解和变性等一系列物理化学变化,面团弹性降低,说明发酵已经成熟,即可以进入二次调面工序。半发酵饼干在第二轮调粉工序则采用韧性饼干的工艺,面团温度控制为夏季 24 ~ 28 ℃,冬季 26 ~ 32 ℃。面团调制成熟后即移入酵缸中进行发酵,注意保温以利酵母菌繁殖发酵。

发酵开始阶段,在面团中的氧气和养分供应充足条件下,酵母菌的生命旺盛,呼吸作用强烈,通过酵母的有氧呼吸作用,面团中所生成的单糖分解成二氧化碳和水,并产生一部分热量。发酵的中期阶段,酵母的呼吸作用所产生的二氧化碳积聚在面团内。随着酵母呼吸作用继续进行,二氧化碳气体越积越多,面团体积逐渐膨大,面团中的氧气逐渐减少,于是,酵母呼吸方式发生变化,开始由有氧呼吸转变为缺氧呼吸即酒精发酵,这一作用生成酒精和二氧化碳,并产生一小部分热量。酒精发酵是面团发酵中的主要生化过程,这种变化在面团发酵后期尤为旺盛。

6. 半发酵饼干面团和制的影响因素

1) 加水量对调粉时间的影响

调粉时的加水量可以根据调粉时间及配方中的油糖含量酌情掌握。加水量大,蛋白质易吸水膨胀,形成的湿面筋多,所以调粉时间要相应缩短,否则,会形成过量面筋,影响可塑性。如果加水量少,蛋白质很难吸水膨胀,面粉不易调和,所以要适当延长调粉时间,以促进面筋进一步形成。否则,由于调粉时间不够,面团粗硬,易成散砂状,影响下一步饼坯成型。

2）发酵时间和发酵温度

半发酵法饼干生产工艺发酵时间较短,一般为 4～6 h,生产中一般掌握发酵面团的温度在 28～34 ℃,有利于酵母的繁殖,相应增加面团中酸、酸、醛、酮、酯等多种有机化合物的积累,增加发酵制品的香味。发酵最佳温度是 28～32 ℃（面团）通常发酵后的面团温度比初期提高约 5 ℃,如果面团温度升高到 34～36 ℃时,会使乳酸含量迅速增加,结果发酵过度而使饼干僵硬,有明显酸臭味。反之,温度也不宜太低,温度过低会使发酵速率缓慢,发酵时间延长,面团发酵得不透同样会产生饼干僵硬而影响品质。

7. 半发酵饼干生产工艺的优点

半发酵法饼干生产工艺与一次发酵法生产工艺相比,在发酵过程中,避免了酵母与油、糖、盐、膨松剂直接接触的弊病,使酵母能够在面团内得到充分繁殖。酵母呼吸和发酵作用时产生的二氧化碳使面团体积膨松,弹性降低到理想程度。通过第二次调粉,使油、糖、蛋、奶含量达到理想要求,同时加入化学膨松剂或复合膨松剂,使产品松脆与二次、三次发酵法生产工艺相比,大大缩短了生产周期。

（四）面浆的调制

1. 面浆调制原理

威化饼干和杏元饼干等类型的饼干,调制的不是面团,而是面浆,面浆的调制是将配方中的小麦粉、淀粉、膨松剂、蛋、奶、水等置于搅拌缸中,经过充分搅拌混合,使得浆料中均匀混入空气,在烘焙时,得到结构蓬松的制品。杏元饼干与威化饼干调浆方法的区别在于,杏元饼干的多孔状组织是由蛋浆在打擦过程中,将空气分散在液相中形成的,以水为分散介质,以空气为分散相,具有表面活性的蛋白质为起泡剂,逐渐形成一个均匀的体系,空气被液相包围,形成高厚的泡沫。

2. 面浆调制注意事项

1）投料的顺序

应根据产品的特性确定投料的顺序,威化饼干先加水,开动搅拌机后再加入小麦粉、淀粉、小苏打、臭碱、明矾、油脂等原辅料。杏元饼干,则先混合大部分原辅料,在蛋浆打制成稳定性好的泡沫后,加入小麦粉。

2）控制搅拌的速度与搅拌的设备

搅拌应采用鼠笼式搅拌桨,先快后慢,打入空气。

3）搅拌要均匀、

搅拌要均匀,防止起疙瘩,因拌粉不均和冻蛋不溶,引起的大的面块,导致成品的品质下降。

4）控制面浆的温度

面浆的温度多以 22～25 ℃为宜,但对于杏元饼干的蛋浆温度则应控制的高些,有利于气泡的起发,通常控制的蛋浆温度为 20～30 ℃。

5）控制调浆时间

调浆时间不宜过长,防止浆料起筋。

6）小麦粉的选择

使用小麦粉面筋不得过高，防止形成面筋，若小麦粉筋性过强，则可加入淀粉冲淡面筋。

二、面团的辊压与面团（面浆）成型

（一）面团的辊压

辊压是将调粉后，面团杂乱的结构，经过反复的挤压，形成层状的均衡组织，并使面团在接近饼干坯厚度时，消除内应力，是成型前的准备工序，而且可以防止成型后，饼干收缩变形。辊压工序常用于韧性饼干和苏打饼干，甜酥性饼干、酥性饼干可不需要经过辊压工序，采用辊印等方式直接成型。

1. 辊压的目的

1）改善面团的性质

在辊压过程中，面筋进一步形成，黏性降低、塑性增加，弹性减弱，采用反复多向的辊压使得面团消除了内部张力分布的不平衡。

2）逐步形成饼坯

辊压使得面团组织有规律的层状均匀分布，反复压延和折叠、翻转使得面团形成层状组织，有利于焙烤饼干的胀发，形成松脆的口感。

3）改良产品的组织

对于苏打饼干而言，辊压可以排出多余的二氧化碳，使得面带内气泡分布均匀细致，改良产品的组织结构。

4）改善产品成型后的外观

辊压后的饼干坯，使得冲印操作易于进行，会使产品表面有光泽，形态完整，花纹保持能力增强，颜色附着均匀。

2. 辊压的操作要点

1）面带调转

为使辊压后的面带个方向应力相同，形成形状规则而不走形，防止辊压后成品单方向收缩。因此，在辊压工艺中应经常在一个方向辊压后需调转90°角后再次辊压。

2）成型后头子处理方式

辊压后采用切割或冲印成型都要产生"头子"，头子在下次辊压过程中掺入，需要注意问题如下：

① 要注意头子是经过辊压后产生的余料，其与新鲜面片的性质差异很大。掺和后，会导致面带组织不均匀，机械操作困难，发生粘筒、断裂、不宜脱模等问题，在高温的夏季和寒冷的冬季，头子和面带的温度差较大，更易产生此类问题，因此要控制头子的温度和新鲜面带的温度相差小于6 ℃。若头子走油或韧缩，不要在辊压时加入，而应重新和入面团。

② 要控制头子添加的比例，头子不宜投入过多，防止因头子筋性增大，水分减少，弹性韧性增加导致的面带品质的下降，通常控制在总质量的1/4以下。因此，既要减少头子的产生量，又要控制头子的添加量，这就给工艺提出了很高的要求。

③ 掺入头子时应该破碎均匀加入，将头子铺在新鲜面带的下面防止粘轧布。头子若分布不均匀，会造成粘辊、粘模、粘布的问题，也会使得产品的品质下降，色泽变劣、形态不一，入口不够酥松。

3. 辊压的注意事项

1）韧性饼干辊压的注意事项

韧性饼干面团筋性较苏打饼干和半发酵饼干大，应用油脂含量低，糖的添加量略多，易粘辊，在辊压时要均匀撒粉，防止粘连，但注意撒粉不宜过多，造成面带软硬不均，烘焙起泡，产品不够酥松。韧性饼干辊压过程如图 2-5-6 所示。

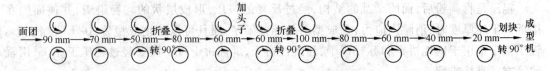

图 2-5-6 韧性饼干辊压过程图示

2）酥性面团滚压的注意事项

苏打饼干辊压操作时，面团需经多次的辊压折叠，再辊压再折叠的过程，使得面团的面筋组织规律化，头子能很均匀的掺入面团，油酥在面带组织中层状分布，需要注意的是在未加入油酥之前压延比应低于 1:3，例如原来面带厚度为 90 mm，压延后不能低于 30 mm；但压延比也不宜过小，过小不仅影响工作效率而且使得产品出现花斑，是因为掺入头子的掺和不均导致的。当油酥被夹入后，压延比应在 1:2 至 1:2.5 之间，压延比过大，会导致漏酥，影响饼干组织的层次，胀发率降低。酥性饼干辊压过程如图 2-5-7 所示。

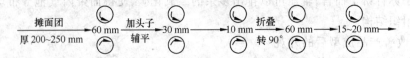

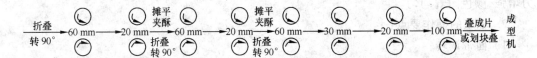

图 2-5-7 酥性饼干辊压过程图示

（二）面团的成型

1. 冲印成型

1）冲印成型概述

冲印成型是一种广泛使用的成型方法，当面团辊压成为连续面带后，用印模将面带冲切成为小块，并印上纹理的方法，在韧性饼干、发酵饼干和部分塑性饼干中都有应用，且在小型的手工作坊中也较易实现。以往的冲印成型是断续的，需要面带在帆布上断续行进，完成冲印周期，生产连续性不好，速度慢。目前多采用摆动冲印成型机，使得帆布上的面带得以连续的匀速运动。

2）冲印成型要点

冲印成型对面带的要求很高，要求面带在冲印过程中不粘辊、不粘布、冲印后不收缩、不变形、头子分离顺利，落饼不卷曲，印花清晰。冲印成型在冲印前通常要用三次辊压的方式进行处理，对于韧性和苏打饼干而言，往往采用带针柱的凹花印模。原因是因为苏打饼干和韧性饼干面团的筋性强，面团持气能力强，当烘烤时，由于局部受热不均易导致起鼓变形，表面花纹不能保持,扎过针孔后的面片易放气,不出现变形。酥性饼干常用凸花印模,不带针柱。

2. 辊印成型

辊印成型只适用于油脂含量高的产品如桃酥等酥性饼干,对韧性大的饼干无法生产,其对面团要求是面团硬、弹性小,还可以适用于面团中加入果仁、砂糖、椰丝等辅料的面团。图2-5-8为辊印成型的基本示意图。

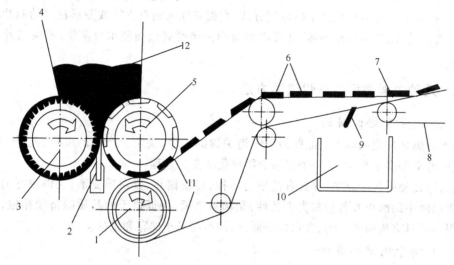

图2-5-8 辊印成型工艺图示

1—橡胶脱模辊;2—分离刮刀;3—喂料槽辊;4—料斗;5—印模辊;6—饼干生坯;
7—帆布带镊铁;8—生坯输送带;9—帆布带刮刀;10 面屑斗;11—帆布脱模带;12—面料

3. 辊切成型

辊切成型是冲印成型的改进,具有占地面积小,效率高的特点,适用于韧性饼干、苏打饼干、酥性饼干和甜酥性饼干等多个品种,辊切成型设备的示意图如图2-5-9所示。

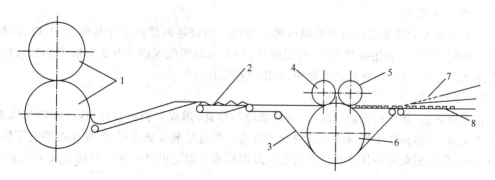

图2-5-9 辊切成形工艺图示

1—定量辊;2—波纹状面带;3—帆布脱模带;
4—印花辊;5—切块辊;6—脱模辊;7—余料;8—饼干生坯

(三)面浆的成型

1. 挤条成型

挤条成型多可以用于处于面浆与面团间膏状面料的成型,也有部分面团进行挤出的。例如,曲奇饼干采用裱花带的挤出在机械化生产中即可采用挤条成型的方式。

2. 挤浆成型

面浆具有一定的流动性,可以采用泵将面浆简短挤出,使得面浆均匀的落在烤盘或传送带上,挤浆的方法不同,得到的成品不同。例如,杏元饼干的制作,即可采用挤浆成型的方式。

3. 注入挤压成型

注入挤压成型专指威化饼干的成型方式,当面浆注入刻有方格或菱形花纹的制片机的烤模中时,盖上盖板,挤压迅速加热,使其在短时间内经受高温而使水分蒸发,面浆成片并充分膨胀。

三、几种主要类型饼干烘焙的方法

(一) 饼干烘焙的目的

饼干的烘焙是完成饼干成品前最后一道关键的工序,决定了产品的风味、色泽、组织、体积、口感、外形等多个性质,是一个复杂的物理化学变化过程。

烘焙可以使得饼干熟制,并具有蓬松的结构,淀粉糊化、蛋白质变形,获得较好的色、香、味,使得面团中的酵母及各种酶失去活性,杂菌被杀灭,保证饼干的品质的持续稳定,水分蒸发,使得饼干具有松脆的结构,含水量降低,而使产品易于储存和携带。

(二) 饼干烘焙的方法

1. 韧性饼干的烘焙

饼干坯出成型机后,要进入烤炉烘焙成饼干,通常采用的设备是传动式的平炉往往被称之为隧道炉,平炉分为 $180 \sim 200 \,℃$、$220 \sim 250 \,℃$ 和 $120 \sim 150 \,℃$ 几个温区,在几个温区中饼干坯的变化不同,过程为膨胀、定型、脱水和上色。饼干坯在入炉瞬间,低温面坯遇到高热的水蒸气,水蒸气冷凝与面坯的表面,饼干坯水分含量增加,当温度上升至 $100 \,℃$ 后,饼干坯逐渐失水,这个过程可使饼干坯表面的淀粉糊化,赋予饼干表面的光泽,部分生产工艺在炉膛的前部加喷蒸汽即是为此。这个过程也被称之为冷凝过程,之后就开始了饼干烘焙的加热过程。

1) 饼干的胀发

饼干的胀发力主要是疏松剂受热分解产生的。当饼坯内部温度升高到 $35 \,℃$ 时,碳酸氢铵开始分解,产生二氧化碳和氨气;当温度升到 $65 \,℃$ 时碳酸氢钠也开始分解产生二氧化碳,随着温度的升高,饼坯的体积迅速膨胀,厚度急剧增加。

2) 饼干的定型

在温度升高、体积胀发的同时,饼坯内部淀粉糊化,形成黏稠的胶体,待冷却后可以形成结实的凝胶体,蛋白质变性凝固形成饼干的骨架。当疏松剂分解完毕,饼坯厚度略有下降,此时,淀粉糊化形成的凝胶体及蛋白质的变性凝固形成了固定的饼干体。至此完成了从胀发到定型的全过程。

3) 饼干的脱水

韧性饼干饼坯的含水量在 $20\% \sim 24\%$,烘烤结束出炉时饼干水分一般在 8% 左右,冷却后饼干含水一般在 $3\% \sim 4\%$。

(4) 饼干上色

在烘烤过程中当饼坯表面水分降至 13% 左右,温度上升到 $140 \,℃$ 时,饼干坯的表面逐渐变为浅金黄色。饼干的上色主要是焦糖化和美拉德反应的结果。

2. 酥性饼干的烘焙

酥性饼干的配料使用广泛、块形多样、厚薄各异，很难形成统一的烘焙方法。酥性饼干由于面团中糖、油脂等物质存在，面团内的结合物较少，故面团内的水分容易蒸发。烘烤时间比韧性饼干短。

需注意的是：酥性饼干通常入炉温度要高，使其快速定型；烘烤开始阶段温度过高，会造成在饼坯表面焦化，而且饼坯内的温度尚未升高，水分未排出，出现"外焦里不熟"的问题。

以一般酥性饼干为例。目前，大多数工厂的烘烤时间掌握在 4～5 min。不同的烘烤阶段，其时间选择大致如下：表面层升温达到 100 ℃，1～1.5 min。表面达到 120 ℃，中心层达到 100 ℃，需要 1.5～2.5 min。大量脱水阶段：0.5～1 min。表面上色阶段：0.5 min 左右。

酥性饼干的配方较为复杂，糖、油脂及蛋、奶制品用量较多，不同品种的用量相差很大，烘烤温度要按具体不同品种而定。一般来说，糖、油脂、蛋、奶制品用量较多的酥性饼干在烘烤开始阶段，一入炉就需加大面火和底火，使其底部迅速凝固，避免由于油脂多而出现"油摊"现象。在烘烤的后几个阶段温度可以逐步降低。由于此类饼干的含油量较多，即使其胀发力小，饼干也不会僵硬，所以，烘烤的后几个阶段选择较低的温度是适宜的。对糖、油脂用料一般的酥性饼干，需要依靠烘烤来胀发体积，因此，前半部要有较低的底火和面火，使其能在体积胀发的同时不致在表面迅速形成坚实的硬壳。但是，面火要有一个渐渐升高的过程，同时，因为调粉时加水量较多，辅料少，参与焦糖反应和美拉德反应的原料也少，所以上色较慢，通常表面温度始终要较高些，一直到上色为止。烘烤酥性饼干使用钢带炉的较多，钢带宜采用表面光洁的冷轧低碳合金钢带。这种钢带的延伸性小。钢带厚度一般为 0.5～1.5 mm。用钢带烘烤出来的酥性饼干底部有均匀的"沙状底"。

3. 发酵饼干的烘焙

发酵饼干主要指的是苏打饼干，在烘焙时中心温度并非迅速上升，而是逐渐升高，酵母的呼吸作用逐渐旺盛，产生大量的 CO_2，饼坯迅速胀发，形成疏松的海绵结构，面粉本身的淀粉酶作用随着温度的升高而增大，使得糊精和麦芽糖的含量增高，当中心温度上升至 80 ℃时，各种酶变性，酵母死亡，蛋白质失去其胶体的性质，一般，在炉中，1 min 左右中心温度即可达到 80 ℃；当中心温度升高，饼坯脱去大量的水分，开始发生美拉德反应和焦糖化反应，形成成品。

通常发酵饼干将烤制区分为前、中、后三个区域，烤炉的前区：

底火 250～300 ℃，面火 200～250 ℃，可以使饼干坯的表面尽量保持二氧化碳气体急剧增加，在短时间即将饼坯胀发起来，如果炉温过低，特别是底火不足，即使发酵良好的饼坯，也将由于胀发缓慢而变成僵片。反之，发酵不理想的饼坯，如烘烤处理得当，亦可使质量得到极大的改善。

中间区：底火渐减少至 250～200 ℃，面火逐升高至 250～280 ℃，水分仍在蒸发，但重要的是将已胀发到最大限度的体积固定下来。如果这阶段面火温度不够高，会使表面迟迟不能凝固定型，造成胀发起来的饼坯重新塌陷，最终使饼干僵硬不酥松；烘烤的最后阶段是上色阶段：炉温通常低于前面各区域，底面火在 200～180 ℃为宜，以防止炉温过高而使饼干色泽过深或焦化。

烘烤时间掌握：一般梳打饼干以 4.5～5.5 min 为宜，但由于饼干品种很多，块形大小，厚薄不同，原辅料配比，发酵程度也有差异，故在具体温度与烘烤时间上要按不同情况不同对待。

四、饼干的冷却

（一）冷却的目的

1. 冷却过程饼干进一步失水

刚出炉的饼干温度高，因炉内湿度较大水分并未完全蒸发，中心层的水分含量依旧很高，仍然从内层向外层扩散，冷却时，水分蒸发，可以防止包装后的结露和返潮，影响储存期和产品的品质。

2. 防止成分因退热慢而发生化学变化

刚出炉的饼干温度较高，若立即包装，易导致其中的热敏性成分，因长时间无法散热，而发生化学变化，影响饼干的品质，如油脂在长时的高温不退的情况下，易氧化酸败。

3. 防止饼干的变形

过早的包装，会使未经冷却的饼干发生变形、弯曲，在冷却时也要防止因堆积和冲击而导致的饼干的破碎和变形。

通常饼干冷却到 38～40 ℃时才能包装。

（二）冷却的方法

冷却中必须保证产品的质量不受损害，除了温度还要考虑温度的变化速度和冷却空间的湿度。

1. 冷却中温度的变化

刚出炉的饼干温度很高，水分继续散失，通常采用自然冷却的方法，使得水分蒸发到最低限度，避免饼干骤冷，导致饼干皮芯冷却速度不均，而导致碎裂。通常需要根据饼干的品种，吸湿的曲线，确定冷却温度变化条件及冷却的时间，通常冷却时间应达到焙烤时间的 1.5 倍时，才能使饼干的温度逐步降低，在自然冷却下达到温度和水分的要求。

2. 冷却与碎裂

饼干出炉后，温度急剧降低，湿度为 50%～60% 时，饼干脱离了热的载体，饼坯表面会因高温导致相对湿度急剧下降，引起水分迅速挥发，饼干内部水分梯度加大，产生内应力，会产生残余变形现象，当变形的应力大于组织强度时，就导致了饼干的碎裂。

通常可以采取如下方法避免饼干的碎裂：

① 增加输送带周围的温湿度等措施，抑制水分过快蒸发，避免碎裂，如苏打饼干，堆放冷却。

② 在生产中控制饼干坯的烘焙速度，调整各烘焙区的温度，降低饼干破裂率。

③ 控制饼干配方中糖油的含量，避免因糖油量的无限增加导致饼干的碎裂。

五、饼干产品的问题及分析

在饼干的生产中会遇到各种各样的问题，如表面起泡、粗糙不平、凹底或凸面、破裂、变形、口感硬、色泽不好，外焦内生等。这些问题的产生原因多种多样，通常需要从原辅料的选取、配方的配比、工艺过程、参数的确定等方面分析研究。

（一）原辅料的影响

1. 小麦粉选择对饼干品质的影响

不同品种的饼干对小麦粉的需求不同，韧性饼干通常选择中筋粉，要求面团弹性中等、延伸性好、面筋含量适中;酥性饼干多选择低筋粉,要求形成面团延伸性大、弹性韧性较低;苏打饼干要求采用中筋粉或高筋粉,要求面筋的弹性和持气能力好;半发酵饼干,要采用中高筋粉,要求面筋尽力较强,弹性好。面筋筋性过强,会导致饼干僵硬、易变形;筋力过弱,持气能力差、易断片、破碎。

2. 加水量对饼干品质的影响

水赋予了面团或面浆各种流变学的特性,弹性、韧性、可塑性、延伸性、黏合性、软硬度等,在面团的形成过程中,可以通过不同的水的加入量,控制面筋的形成和其他面团的性能,使得面团的工艺特性各异:酥性面团加水量要少一些,防止面团中面筋的过度形成,保证成品的形态和花纹。加水量过多会使得面团变软,容易粘辊、粘布、粘模;加水量过少,面团变硬,压延后易断面片、断面头,烘焙时起发困难,表面光泽、质地和疏松度受到影响。韧性饼干面团形成需要水较酥性饼干面团多,在韧性饼干面团中,应在充分形成面筋状态后,不断拉伸和翻揉面团,破坏面筋,增强延伸性,使得表面光洁,内部细腻,要求水的含量在 20% ~ 24%。

3. 甜味剂对饼干品质的影响

甜味剂在考虑其提供给制品甜味的同时还要考虑其赋予饼干色泽的作用,而且甜味剂尤其是糖的反水化作用,可以影响面筋的形成,对饼干的色、香、味、形都会产生很大的作用,因此要根据饼干的品种确定甜味剂的种类和用量。砂糖在甜饼干类中用量为 25% ~ 32% 之间,在咸饼干类中用量为 3% ~ 10%。

4. 油脂对饼干品质的影响

油脂的多少对饼干的质量影响很大,不同的油脂,不同的用量效果也有所差异。通常油脂用量少时,会造成产品严重变形,口感变硬,表面干燥无光泽,面筋形成多,饼干的抗裂能力增强,强度增大;油脂添加量多时,能使饼干结构疏松,更易起发,外观平滑光亮,口感柔滑;需要根据饼干的类型选择油脂的种类和用量,油脂使用不当,会导致面团发散、部分韧性饼干抗裂能力变差,面团黏弹性减弱。油脂在饼干的原料中对饼干的影响极其严重,一定要注意在加工过程中的添加量及种类。

5. 淀粉对饼干品质的影响

淀粉在饼干的制作过程中往往为人们所忽视,其在饼干面团中主要起稳定剂和填充剂的作用,直接参与调节面粉的面筋度,增加面团的可塑性,降低弹性,防止饼干收缩变形。由于淀粉受热糊化,影响成品上色的好坏,因此添加淀粉多少对饼干成品的外观形态、口感、起发性和饼干的层次、色泽、破碎率等各个方面都有很大的影响,一般淀粉的添加要与饼干的类型相关联,通常使用量为小麦粉质量的 4% ~ 10%。

(二)几种饼干典型的问题及原因分析

1. 饼干粘底

产生的原因可能有:

① 饼干过于疏松,内部结合力差,应减少膨胀剂用量。

② 饼干在烤炉后区降温时间太长,饼干坯变硬,应注意烤炉后区与中区温差不应太大,后区降温时间不能太长。

2. 饼干凹底

产生的原因可能有:

① 饼干胀发程度不够,可增加膨松剂,尤其是小苏打用量。

② 饼干上针孔太少,应在饼干模具上加入更多的针。

③ 面团弹性太大,此时可适当增加面团改良剂用量或增加调粉时间,并添加适量淀粉(小麦粉的 5% ~10%)来稀释面筋量。

3. 饼干收缩变形

产生的原因可能有:

① 在面带压延和运送过程中面带绷得太紧,应调整面带,在经第二和第三对轧辊时要有一定下垂度,帆布带在运送面带时应保持面带呈松弛状态。

② 面团弹性过大,可适当增加面团改良剂用量或增加调粉时间,并添加适量淀粉(面粉的 5% ~10%)来稀释面筋量。

③ 面带始终沿同一方向压延,引起面带张力不匀,此时应将面带在辊轧折叠时不断转换 90°方向。

4. 饼干起泡

产生的原因可能有:

① 烤炉前区温度太高,尤其面火温度太高,应控制烤炉温度不可一开始就很高,面火温度应逐渐增高。

② 面团弹性太大,烘烤时面筋挡住气体通道不易散出,使表面起泡,应降低面团弹性,并用有较多针的模具。

③ 膨松剂结块未被打开,应注意对结块的膨松剂粉碎后再用。

④ 辊轧时面带上撒面粉太多,应尽量避免撒粉或少撒粉。

5. 饼干不上色

产生的原因可能是配方中含糖量太少,需增加转化糖浆或饴糖用量。

6. 饼干冷却后仍发软、不松脆

产生的原因可能有:

① 饼干厚而炉温太高,烘烤时间短,造成皮焦里生,内部残留水分太多,应控制饼干厚度,适当调低炉温,增加烘烤时间,使成品饼干含水量低于 6% 。

② 烤炉中后段排烟管堵塞,排气不畅,造成炉内温度太大,此时应保持排汽畅通,排烟管保温,使出口温度不低于 100 ℃ ,以免冷凝水倒流入炉内。

7. 饼干易碎

产生的原因可能有:

① 饼干胀发过度,过于疏松,应减少膨松剂用量。

② 配料中淀粉和饼干屑用量太多,应适当减少其用量。

8. 饼干产生裂缝

产生的原因可能有:

① 饼干出炉后由于冷却过快,强烈的热交换和水分挥发,使饼干内部产生附加应力而发生裂缝,一般情况下,冬天温度低,且干燥,饼干易发生裂缝,尤其是含糖量低的饼干更为多见,应避免冷却过快,必要时在冷却输送带上加罩,有条件可采用调温调湿设备。

② 与面筋形成量、加水量、配方中某些原辅料的比例、烘烤温度、饼干造型、花纹走向、粗细、曲线的交叉和图案的布局等有关,针对发生裂缝的具体原因,采取改进配方,选择炉温、设计饼干模具等措施。

9. 饼干无光泽、表面粗糙

产生的原因可能有：

① 饼干喷油量太小，或喷油温度太低以致产生油雾困难，喷不匀，油不易进入饼干表面，影响饼干光泽，可增大喷油量。油温控制在 85 ~ 90 ℃，并在油中加入适量增光剂和辣椒红。

② 配方中没有淀粉或淀粉量太少，可加入适量淀粉，必要时在炉内前部附设蒸汽设备，加大炉内湿度使饼干坯表面能吸收更多的水分来促进淀粉糊化，以增加表面光泽。

③ 调粉时间不足或过头，应注意掌握好调粉时间。

④ 面带表面撒粉太多，应尽量不撒或少撒面粉。

10. 饼干口感粗糙

产生的原因可能有：

① 调粉时间不足或过头，应正确及时判断调粉成熟度。

② 配方中膨松剂用量太少或太多，应调整适量加入膨松剂。

③ 配方中油、糖用量偏少，应适当增加油、糖用量并加入适量磷脂。

第五节　饼干制作的典型实例

实例 1　酥性(曲奇)饼干制作

一、实验目的

① 掌握中式糕点中酥类糕点制作的原理和一般过程。

② 了解酥类糕点制作的要点与工艺关键。

二、实验原料

糕点粉 908 g、糖 454 g、黄油 454 g、盐 7 g、鸡蛋 227 g、香料适量。

三、实验设备及仪器

不锈钢容器、模具、烤炉等。

四、工艺流程

糖、黄油、盐、香料 混合 → 乳化 → 加蛋液搅拌 → 加面粉 → 擀成面皮 → 切割成型 → 涂油装饰 → 烘烤 → 出炉 → 冷却 → 包装 。

五、操作要点

① 先把白糖、黄油、盐、香料放在搅拌器中搅拌混合乳化，乳化后加入鸡蛋，搅拌均匀后投入面粉，拌匀。

② 把调好的面团放在冰箱中冷却 30 min，擀成 0.3 cm 厚的面皮，用曲奇切割器切成各种造型，表面涂上油。

③ 烘烤:190 ℃,15 min

品质要求:色泽金黄鲜艳,大小均匀,外形完整,面有裂纹,入口甘香松酥。

六、思考题

酥性糕点加工中应注意哪些问题? 为什么不能用高筋面粉?

实例 2　韧性饼干制作

一、实验目的

掌握韧性饼干的调粉原理,熟悉其生产工艺和操作方法。加深面团改良剂对韧性饼干生产之功用。

二、实验原料

面粉 564 g;淀粉 36 g;奶油 72 g;白砂糖 195 g;食盐 3 g;亚硫酸氢钠 0.03 g;碳酸氢钠 4.8 g;碳酸氢铵 3 g;饴糖 24 g。

三、实验设备及仪器

电子天平,煤气灶,温度计,烧杯,量筒,汤匙,药匙,调面机,压面机,印模,烤炉等。

四、工艺流程及操作要点

(一)工艺流程

韧性饼干制作工艺流程如图 2 - 5 - 10 所示。

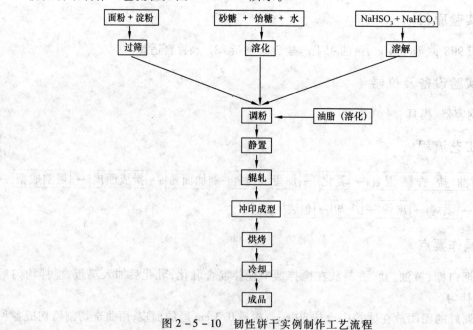

图 2 - 5 - 10　韧性饼干实例制作工艺流程

（二）操作要点

1. 原料预处理

① 白砂糖加水溶化至沸,加入饴糖,搅匀,备用。

② 油脂溶化(隔水),备用。

③ 将碳酸氢钠,碳酸氢铵,盐用少量水溶解,备用。

④ 面粉、淀粉分别用筛子过筛,备用。

2. 面团的调制(总用水 120 ml 左右)

① 将盐水,碳酸氢钠,碳酸氢铵,油脂,亚硫酸氢钠,淀粉,面粉依次加入调面缸。

② 将温度为 85～95 ℃的热糖浆倒入调面缸内,开启搅拌 25～30 min,制成软硬适中的面团,面团温度一般为 38～40 ℃。

③ 面团的静置:调制好的面团静置 10～20 min。

3. 辊轧成型

将调制好的面团分成小块,通过压面机将其压成面片,旋转 90°折叠再压成面块,如此 9～13 次,用冲模冲成一定形状的饼干胚。

4. 焙烤冷却

① 将装有饼胚的烤盘送入烤炉,在上火 160 ℃左右,下火 150 ℃左右的温度下烘烤。

② 冷却至室温,包装。

第六章 方 便 面

第一节 概 述

方便面也被称为速煮面、快熟面,在日本称作即席面,是目前在世界上食用范围最广的方便食品,方便面是以谷物粉类为主要原料,用常法制成面条后,经蒸煮、油炸或干燥等工艺制成,并添加或附带调味料,作为商品性的食品进行出售的产品。方便面继承了挂面的优点,而且具有食用方便,快速的特点。

一、方便面的分类

方便面亦称"速煮面"和"快熟面",日本称为"即席面",欧美等国称为"快速面"(INSTANT NOODLE),或叫"预煮面"(PRECOOKLD NOODLE)。其主要分类方法有两种,一种是按生产方法进行分类、另一种是按照风味进行分类。

(一)按生产方法分类

可分为为五种:

1. 附带汤料的油炸面

面条煮熟以后,用油炸方法脱去水分,使产品定型,包装时加入汤料,食用时将汤料和面条一起在沸腾水中煮熟。

2. 附带汤料的干燥面

面条前期加工与油炸面相同,以热风干燥的方式进行脱水定型,在包装时附加小包汤料和油包。

3. 调味油炸面

在面条蒸煮以后,油炸之前在面块表面喷淋液体及粉末状调味料,再油炸,包装成产品。这种面条一般在包装时不再附加汤料,食用时无需添加其他调味料。

4. 杯状干燥面

将挂面成型后进行蒸煮处理、后烘干,包装前加入调料,供家庭煮食。

5. 调味软面

按常法制成面条后,经喷水蒸煮,趁热加调味料及副食料,用塑料袋减压密封,再经过杀菌而成。食用时只需连袋在沸水中加热,或取出重新在沸水中煮热后即可。

(二)按风味分类

按风味进行分类可分为:中华面(中国风味)、和风面(日本风味)、欧风面(欧洲风味)。

二、方便面的原料选择

(一) 小麦粉

小麦粉相关的性质已经在前面主要原材料部分详述,生产方便面的小麦粉要求主要是对小麦粉的筋力要求较高,调味油炸方便面的面粉要求最低,灰分可高达 0.52%,等级要求也略低,这种小麦粉制作的面条颜色灰暗,但因为有其他调味料的喷淋,所以掩盖了面条的颜色,但对小麦粉的强度和筋性的要求依旧很高,避免灰分增高引起面条筋力降低的现象。

(二) 油脂

方便面油脂的要求也很高,主要关系到方便面色泽、风味、面条含油量和贮藏稳定性等方面多项重要的质量指标。

1. 对油炸用油的要求

1) 油脂的稳定性要求

油炸用油,油脂的稳定性是第一位的,其次才是油脂的风味和色泽。油脂制品的工艺特点决定面条是否容易酸败变质,在油炸锅中油脂一直处于高温状态,连续使用周期长,面条中含有水分和油炸锅中的金属离子等都会影响油脂的状态,甚至会迅速达到恶化的状态。油炸用油长期在高温下与空气接触,容易发生氧化变质。

2) 油脂的风味和色泽要求

方便面面条的色泽,在油炸后,应为淡黄色,部分油炸用油虽然稳定性很好,但是风味色泽达不到面条的要求,也不能使用,如棉籽油和茶油,即使脱色后去除了深褐色的物质,但在高温油炸时人会发生变色,而不能使用。

3) 油脂新鲜程度要求

油脂储存中会受到温度、阳光、水分、微生物和部分金属离子的影响,会对方便面品质产生不可逆的影响,虽然油脂即使品质发生变化,在成品生产的初期,或在油脂使用前,无法通过感官的方法察觉出来,必须通过化学检测的方法进行检测后才能使用。

2. 常用的油炸用油

1) 棕榈油(Palm Oil)

马来西亚产棕榈油是方便面产业中最常采用的油炸用油之一,脂肪酸由 16 个碳原子的棕榈酸为主,油酸次之,亚油酸含量较低,具有稳定性好的特点,棕榈油精炼后颜色也较好,但风味一般。

棕榈油的检测标准主要有酸价、过氧化值、AOM 值(Active Oxygen Method)、碘价和亚油酸含量等重要指标,相较其他油脂而言,棕榈油的稳定性是其最大的优势,也可添加抗氧化能力较强的 BHT,能够保证棕榈油的稳定性。

2) 精炼硬化油

精炼硬化油是一种掺和性的氢化油,往往是利用新鲜的花生油,经碱炼后氢化,获得熔点为 38 ~ 44 ℃的低度硬化油以后,再掺和 1/3 ~ 2/5 的椰子油,掺和后按照要求降低酸价、脱色、脱臭。

该油脂的稳定性也很好,色泽也符合油炸用油的要求,但是风味略差。

3) 椰子油

椰子油是植物油中稳定性比较好的一种油脂,饱和程度比较高、亚油酸含量较低,具有一定的香气,但并不适合方便面的风味,需在使用前精炼,精炼后的椰子油色泽和味道很好,可以作为油炸油使用,椰子油不能与其他油脂搭配使用,若掺和使用会出现油炸时泡沫增加,阻碍了水分的散发,且易产生回复味,很少用来做方便面的用油。

4)猪板油

猪板油在方便面生产中也有部分使用,但需注意的是,猪油的稳定性差,虽然其风味优良,色泽较好,但容易氧化变质,且注意油脂获得的部位,其中板油的质量最好。经长期储藏的猪油,不能再使用。

5)芝麻油

芝麻油是方便面生产中的辅助油炸用油。通常在油炸用油中的比例为 5% ~ 10%,可以改善面条的风味,且可以抗氧化,使得油脂的储藏稳定性增强。

三、鸡蛋

鸡蛋是方便面生产中必须的原料之一,可以从多个方面改善和提高面条的质量,没有任何替代品可以完全取代方便面中的鸡蛋,在方便面中的主要功能有:

(一)提高营养价值,改善色泽、增加风味

方便面的配方中,鸡蛋的含量很低,但可以赋予方便面一定的风味,但其改善风味的作用有限,如果鸡蛋量过多的话,会出现腥味,让人难以接受;蛋黄中含有脂溶性胡萝卜素、叶黄素及水溶性的核黄素,可以使得面条的色泽得到改善。蛋白蒸煮油炸后成为凝固态,成凝胶态,使产品表面有光泽,因鸡蛋近似于完全蛋白质,因此,可以提高方便面的营养价值。

(二)改善面条的蓬松结构

蛋白可以增加面团中的蛋白质含量,作为胶体性物质,可以增大黏度,促进空气的包裹分隔,可以使得面团和制过程中的气体含量增加,在油炸或热风干燥后形成蓬松的结构。

(三)延缓面条中淀粉的老化

鸡蛋的加入,增加了面团的乳化性能,阻碍了淀粉胶束的再次融合,防止面条的迅速老化,延长产品的保存期,阻碍了淀粉的老化。

四、水

方便面的水质要求很高,对面团的物理性质和面条淀粉的 α 化、老化稳定性、储存期中颜色的改变都有一定的影响。

通常焙烤食品选择的水质的硬度为中等硬度,但是方便面中则应当使用软水,硬度高的水可以使得面条的黏弹性增强,但也会促使蛋白质凝固变形,阻碍调粉时面团在后期变为延伸性和可塑性的演化过程,为压片工序带来影响。

水质不符合要求时,如因管道锈蚀导致铁离子的增加,会导致面条中淀粉表面吸附铁离子,在油炸或热风干燥的高温下,迅速氧化,导致颜色加深变暗,铁离子的增加还会使得美拉德反应严重。

五、添加剂

(一)抗氧化剂

抗氧化剂通常应用在油炸用油中,多采用 BHA 和 BHT,利用柠檬酸或酒石酸作为增效

剂。油炸方便面油炸后含油量大概为 20% 左右,主要是油炸吸入油脂的风味,加入抗氧化剂可以抑制或延缓脂肪的氧化酸败;部分国家禁止使用 BHA,则采用维生素 E 作为抗氧化剂,但其对油脂的作用选择性很强,对植物性油脂的效果劣于动物性油脂的效果,低温时的效果优于高温时的效果。

(二)复合磷酸盐

复合磷酸盐的组成成分复杂,种类很多,其对方便面的面条质量有很大的影响:

1. 加速淀粉的 α 化

磷酸盐可以增加淀粉的吸水能力,增加面团的持水性,促使淀粉 α 化速度增加。

2. 增强面条的弹性

磷酸盐可以促使淀粉链交联增加,使得面条复水后能保持淀粉胶体的黏弹性,更劲滑。

3. 提高表面光洁度

使用复合磷酸盐的面团、面片压延时,面片更加光洁,色白,结构细腻。

(三)乳化剂

方便面添加的乳化剂最多的是硬脂酸单甘酯,也可使用蔗糖酯和山梨醇酯,其作用有:

1. 降低面条面块的黏性,避免粘连

面条的粘连对面条品质的影响很大,粘连在一起的面条在油炸时,水分不能蒸发完全、面块中心容易结块,产生次品,添加乳化剂,可以降低面条间的黏性。

2. 增强油水在面条的分布均匀性

乳化剂的两亲性质可以使得油水均匀分散在面团之中,使得面团的持水性增加,面团的吸水能力增强,可加快面条的成熟度。

3. 改善成品的外观和口味

乳化剂使得面条的持油能力增加,在复水时不会大量的失油,改善产品的外观,口味也变得香嫩。

4. 防止面条的老化

乳化剂在焙烤食品中的最基本功能之一就是防止成品的老化回生,方便面的水分含量较低,发生老化回生的几率不是很高,但是方便面吸潮后就会容易老化,在方便面中添加乳化剂是一个很好的防止面条老化的手段。

(四)胶质

胶质在方便面中的添加,主要作用是增强面条的黏弹性和抗老化性能。最常采用在方便面中的胶体为瓜尔豆胶,主要可以稳定乳油体系、加大面条的黏弹性、抗老化。

(五)碳酸钾或纯碱

在方便面面团中添加适量的碱,可以促进淀粉的胀润、降低淀粉的凝胶点、使得淀粉易于 α 化、增强面团的可塑性、改善面条的色泽、改进面条的口味。但是碱的添加量必须要控制在一定程度,适量的碱可以使得面筋的弹性下降、延伸性和可塑性增强,有利于面片的压延及成型操作的顺利进行;过量的碱会与小麦粉中的黄酮醇发生发色反应,造成碱发色,也容易产生令人厌恶的碱味,且与油炸用油易产生皂化反应,使得风味变差,油脂易于蛤败。

第二节 方便面生产的一般工艺流程

图 2-6-1 所示为方便面生产的一般工艺流程：

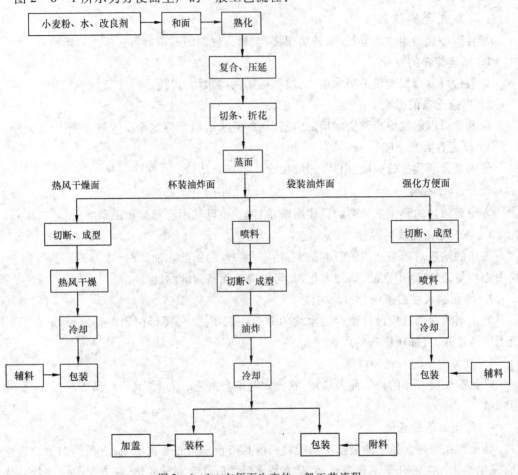

图 2-6-1 方便面生产的一般工艺流程

第三节 方便面的制作工艺

一、面团调制

方便面的面团调制与其他焙烤产品的面团调制过程基本相同,但其对小麦粉以外的各种原材料的预处理要求很高,通常应分别溶解或溶化后,一次性送入调粉机,乳化剂往往需要热水溶解后加入。此外,方便面面团调制时加水量很少,面团坚硬松散,不能形成团块,配料很难均匀分布。

（一）原料的预处理

1. 稳定剂的处理

明胶、CMC 等稳定剂,应准确称量后置入搅拌桶中,在混合时逐步加入冷热水,慢速搅拌,形成团块后,逐渐增加水量,形成糊状浆体,再快速搅拌片刻,此时可能在浆体里存在不溶性物质,静置过夜后会消失。

2. 物料溶液的制备

鸡蛋(或冰蛋融化后)、盐、色素、调味剂等置入能够保持基本恒温的预混槽中,加入部分清水后搅拌,料液温度冬天应保持 35 ~ 40 ℃,夏天需使用冰块或冰水添加,使料液保持在15 ~ 20 ℃。

添加剂中清水可溶的用清水溶解、复合磷酸盐单独溶解,乳化剂用少量热水融化,打制成泡沫状乳浊液备用。抗氧化剂根据不同品种进行不同处理,如 BHA 采用 10 倍 95% 酒精溶解,但维生素 E 则不必采用酒精溶解。

（二）面团的调制方法和目的

1. 调制方法

方便面的面团调制是关系到后面操作是否顺利进行及品质优劣的关键性工序。面团调制时先将小麦粉输送至位于调粉机顶部的带计量的储存斗中备用,然后分别将原料小麦粉、辅料浆、添加剂溶液从储存槽中定量送入调粉机,小麦粉在投入之前应先过筛,防止杂物的掺入,开动搅拌桨调面,在翻动条件下加抗氧化剂、乳化剂泡沫液、糊状物等物料。

2. 影响面团调制的因素

面团调制时应当控制的工艺参数有:加水量、面团温度、辅料类别和数量、调粉机的型号等,这些工艺因素对面团的形成和产品质量是否均匀密切相关。

1）加水量对面团调制的影响

在方便面面团调制时,加水量需要严格控制,应根据实际情况进行随时的调节,如小麦粉的品质(小麦粉自身的含水量、面粉颗粒的大小、面筋含量的高低等因素)、操作的情况、温度的情况等,不能一成不变,加水量通常为面粉重量的 28% ~ 30% ,而面团实际水分可达33% ~ 34% 。从提高面条 α 化程度的要求来衡量,水应尽可能多加,但过多的水分会导致面团过软,过软的面团会对后面的工序造成困难,导致波纹成型时的粘连、蒸煮时成熟度不够、油炸时脱水不完全、面条品质不均等问题,也会妨碍油炸时准确入模。水量添加过低,会导致面团松散,不能形成团块结构,压片困难,面带经过辊压后表面粗糙,易断裂,煮食时会导致软硬不均,成品复水速度慢,黏弹性差。

2）调粉时间

调粉时间也不是固定的,一般与加水量、面粉性能、搅拌桨形式及速度、辅料性质等因素有关,通常方便面的面团调制可分为四个阶段:

① 松散混合阶段:在调粉开始时,各种固态和液态的原料混合均匀,同时使面粉与水进行有限的表面接触和黏合此时面团(面粒)结构松散,呈粉状或小颗粒状,这一阶段经历 3 ~ 5 min。

② 成团阶段:调粉继续进行时,水分从湿润的面粉颗粒的表面渗透到内部,使得面团局部形成面筋,面团中即出现较大的团状物,该阶段的调制事件需 5 ~ 6 min。

③ 成熟阶段:面团初步成型,面筋并未完全扩展,内聚力较为松散,表面粗糙,进行压延易断裂,不易成片,需继续调制,使面筋继续扩展,面团成熟,需 6 ~ 7 min。此阶段,内聚力逐渐增强,面筋弹性更加强韧,水分子不断向蛋白质内部身体,面团黏性下降,表面变光滑。

④ 塑性增强阶段:面团在经历第三阶段后具有一定的黏弹性,但延伸性和可塑性不够理

想,如果此时直接压片,会因面片局部收缩而产生微小的孔洞,表面不够光滑,应继续低速调粉。应注意防止因长时间的调制,升高面团的温度,导致调粉过度,弹性减弱,这一阶段通常是在成熟阶段后继续调制 1~2 min 即可。

和面的总体时间在 15~20 min。

3)面团的温度

面团温度对于面团成熟及硬度有很大关系。以面团成团时间来对比,30~40 ℃之间几乎无多大差别,但 30 ℃以下则明显减缓,20 ℃以下则不能在实际生产中使用。硬度随温度的变化似乎比对成团时间的影响更为敏感,30 ℃与 40 ℃的硬度相差近 50%,随着温度下降,变硬的趋势明显。但过高的温度很难在实际操作中保持,因此面团温度一般选择在 25~30 ℃之间。过高的温度在硬度一致的情况下,将表现出较低的吸水率,面团水分低对面条在蒸煮阶段的淀粉糊化不利,要得到标准的硬度,加水量达 33% 时,面团温度在 30 ℃左右。

3. 面团调制工艺要求

面团调制要求定量、定水、定温、定速。即要求小麦粉的流量要保持适当,不可时多时少。若加入量过多,会使电动机超载而闷车停机;若过少,则机内空隙大,料与料之间碰撞机会少而使面团不易和匀打熟;要根据小麦粉的含水量、面筋质含量、气候和和面时水分蒸发等因素综合考虑来确定和面加水量;和面用水的温度要与季节相适应,一般春、夏、秋季可用常温水,而冬季用 30~40 ℃的温水;应控制和面时间在一定范围内;搅拌速度应与季节相适应,冬季可以快些,夏季可以慢些,其他季节的搅拌速度可介于冬季与夏季之间。

二、静置熟化

从和面机排放出来的颗粒状面团,需要静置一段时间,使面团的工艺性能得到进一步改善,这个过程就是熟化。面团在静置时消除张力,使处于紧张状态的面筋网络结构松弛些,并进一步使各自分散的小球状团粒结构在重压下彼此粘连,熟化后的面团网络结构显得更完整,蛋白质和淀粉继续吸收游离水,使湿面筋形成量增加,弹性降低。静置熟化有利于面筋的进一步形成,有利于面筋性能的改善,使面团的质量趋于稳定。

静置熟化时间尽可能在 30~45 min,过短则不能达到目的,熟化温度一般不能超过25 ℃,而且宜低不宜高。生产中一般采用敞口式圆盘熟化机。熟化机的转速不宜太高,多为 5~8 r/min。这种慢速搅拌可防止面料结块,满足喂料要求,也不致因搅拌过快而破坏面筋的网络组织。

三、复合压延(压片)

1. 复合压延过程(见图 2-6-2)

熟化后的面团先通过轧辊压成两条面带,在通过复合机合并为一条面带,这个过程被称之为复合压延,经过复合压延后的面带成型,使得面片中的面筋网络应力均一。面团从供给机进入预压机压成厚片后进入复合压片机辊轧成面带。再经 5~6 组直径逐渐缩小、转速逐渐增加的压延辊轧进行连续压延。面片经过辊轧,厚度逐渐减小,面筋组织逐步分布均匀,强度逐渐提高,最后压为厚度 0.8~1.0 mm 的面片。

2. 复合压延的作用(见图 2-6-2)

复合压延的作用主要有两点,一是使面团中的面筋网络结构分布均匀,二是使面团成型。

熟化后的面筋网络仍然疏松,且分布不均,淀粉颗粒吸水后也是分散的,这样的面团可塑性、黏弹性和延伸都达不到工艺要求。只有对面团施加压力,通过多组辊轧,才能在外力作用下,把颗粒状面团轧成面片,把分散在面团中的面筋和淀粉粒子集结起来,再通过逐渐缩小的多组轧辊,把疏松的面筋压成细密的网络组织并在面片中均匀分布,把淀粉颗粒包围起来。这样,面团的可塑性、黏弹性和延伸性才能充分体现,为切条工序做好准备。

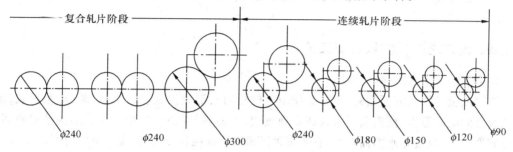

图 2 - 6 - 2　复合压延工艺示意图

3. 复合压延后面片的厚度

复合压延后面片的厚度不但对后续工段的工艺参数有很大影响,对面条的复水性和面块的耐压强度也有较大影响。各种方便面复合压延后面片厚度表如表 2 - 6 - 1 所示。不同品种的方便面应根据其特点控制不同的厚度,较厚的面片切成的面条直径较粗,蒸煮时它的中心部位较难成熟,在相同的蒸煮时间及蒸汽压力条件下,面条的糊化程度较低,因此油炸时间就要相应延长,油脂吸收率高,复水时间长,但较厚的面片亦会使单位时间内的产量较高。

表 2 - 6 - 1　各种方便面复合压延后面片厚度表

项目	杯面	煮食油炸面	软面	炒面
面片的厚度/mm	0.3	1~2	1.2 以上	1.2 以上

4. 压片的影响因素

1)辊筒对数

辊筒对数少,则压延比大;辊筒对数多,则压延比小。根据实验结果,比较理想的辊筒对数为 7 道,其中复合压延阶段为 2 道,压延阶段为 5 道。

2)压延倍数

压延倍数越大,面片被轧薄的程度就越大,其紧密度和强度越好。但面片过于紧密,又不利于蒸面时中心部位的淀粉 α 化,也妨碍油炸时面条的体积膨松,对形成多孔结构不利。

3)压延比

压延比有两种计算方法,一是压片前面片的厚度与压片后的比例;另一是压片后的厚度比压片前减薄的百分比。在压延过程中,加压强弱与面筋网络组织的细密化有一定关系。在加压达到极限之前,压力越大,越能促使面筋网络组织受到机械破坏,当复合阶段两块面片合并成一块时,其压延比为 50%,而在压延阶段的压延比逐渐减小,一般方便面生产所需压延比为 40%,29%,24%,15%,9% 等。

4)压延道数

为了保证合理的压延比并实现大的压延倍数,压轧道数应多于 5 道,最好是 6~7 道。

5）压辊直径

压辊直径的配备对压片效果有明显的影响。在压距一定的情况下，压辊直径越大，面团或面片通过压辊时受到的挤压作用也越大，形成的面片较为紧密。复合压延时，两条面片重叠后被轧成一条面片，需要较大的挤压力，因此复合辊直径要求最大。随着面片的遂道减薄，面片的线速度逐渐增高，面片的减薄幅度越来越小，所需的挤压力也遂道减小，轧辊的直径也应随之减少。

四、波纹成型（切条、折花工艺）

1. 波纹成型的目的和意义

波纹成型又叫做方便面的折花，其作用是使得面条形成波纹状，彼此紧靠，形状美观；条状波纹之间的空隙大，使面条脱水及成熟速度快，不易黏结，油炸固化后面块结构结实稳固，不易碎裂，复水时接触水的面积大，且水可以迅速渗透到面块的内部，提高复水速度。

2. 波纹成型原理

压延后的面片出最后一道压延辊后，经面刀切成面条，面刀也叫切条辊。由两个相互交错的带梯形沟槽组成，当两辊啮合在一起的时候，将面片挤入齿轮辊的槽中，将面片切成面条。在面切条辊的下方，有一个波浪成型导箱，切条后的面条进入导箱后，与导箱的前后壁发生摩擦形成运动阻力。另外，箱下部的成型传送带的线速度慢于面条的线速度，形成了阻力面，使面条在导箱的导向作用下弯曲折叠成细小的波浪形花纹，连续移动阻力面（形成传送带），就连续形成花纹。波纹成型工艺示意图如图 2-6-3 所示。

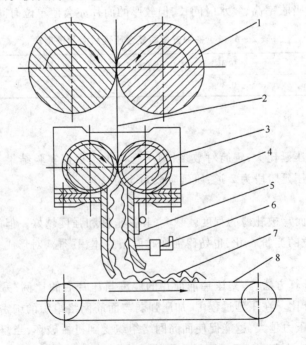

图 2-6-3 波纹成型工艺示意图

1—末道轧辊；2—面带；3—面刀；4—钢梳；5—成型导箱；6—调整压力的重锤；
7—已成波纹的面块；8—可调速的不锈钢丝成型网带

3. 影响切条的因素

1) 面刀的规格

面刀有不同的规格,其中24#面刀使用的较为广泛,效果最好。

2) 面片的软硬程度

面片软硬不同,可切成面条的粗细不同,同样条件下,软性面片切出的面条更细。

3) 面片的厚度

面片的厚度会影响面条的厚度,一般面片的最终厚度是0.8~1 mm。

4. 影响波纹密度的因素

波纹密度对产品的影响很大,密集波纹的面条,不易蒸煮,不易油炸;稀疏的波纹有利于面条的成熟,但达不到面块重量的标准。若要重量符合要求,就需要将切块的长度放长,而会增加油炸时面块入模就位的困难,面块形态也不够理想。因此,生产中应视面块长度、厚薄、重量规格等情况控制好面条波纹大小和疏密程度。

影响花纹大小和疏密程度的因素有以下两个方面:

① 阻隔面条顺利前进的压力,压力大,面条的摩擦力大,形成波纹紧密,反之稀疏。

② 面条线速度与成型输送带线速度速比大时,波纹紧密;速比小,波纹稀疏。一般速比应掌握在7:1到10:1。

五、蒸煮

蒸煮也被称之为蒸面工序,是制造方便面的重要工序。在这道工序,成型的生面开始糊化,面条基本成型,且部分成熟,蒸煮中糊化的程度对产品的质量,尤其是复水性有明显的影响。

（一）蒸煮的原理

蒸面工艺是使前道工序形成的波纹面层在一定温度下加热,使得面条中的淀粉部分糊化,蛋白质产生热变性,蒸面后面条外观出现很大的变化,体积膨胀了120%左右,颜色变深,成微黄色,表面产生光泽,黏性弹性增强,面条由生变半熟,有利于面条的后期熟化。

（二）蒸面的作用和要求

1. 淀粉的糊化

蒸面的主要目的之一就是使面条中的淀粉在蒸煮的过程中吸收一定量水分,在高温下促使淀粉 α 化。淀粉在蒸面后 α 化程度的高低直接关系到成品的复水性和食用口感,通常而言,面条中淀粉 α 化程度越高,面条的黏弹性越佳,复水快、含油率低、面条色泽及透明度较好,易被人体消化吸收。在生产中应选择最佳条件来提高面条中淀粉的 α 化程度。油炸方便面 α 化程度必须达到85%以上,热风干燥方便面 α 化程度必须达到80%以上。

2. 蛋白质变性

方便面在蒸煮过程中,其中的蛋白质发生可逆变性,主要因为虽然蒸煮温度较高,最终阶段可达90~95 ℃,但其持续的时间较短,而无法使得蛋白质完全变性,此时的可逆变性促使面条开始硬结,而失去部分黏性,便于后续的切块和折叠等工序的进行。

3. 面条外观变化

蒸面促进了面条外观的改变,如前面提到的体积膨胀、颜色变深,表面产生光泽、黏弹性增强,而使得面条向成品的品质更加接近。

（三）影响蒸面效果的因素及技术参数

蒸面的主要目的是使面条中淀粉达到一定 α 化程度,淀粉的糊化程度与蒸面时的温度、时间及面条含水率等因素有关。

1. 温度

蒸面的温度往往控制在小麦淀粉糊化温度之上,促进淀粉的 α 化,小麦淀粉的糊化温度为 65~67.5 ℃,方便面压延成型后,面块由多层面条扭曲折叠而成,有一定的厚度和密度,要使这些面块在短时间内大部分成熟,需要有较高的温度。蒸面的蒸汽喷出减压后,在蒸面机隧道内出口端温度可达 98 ℃以上,方可保证面条短时间内 α 化的需求。

2. 蒸面时间

不同方便面的生产工艺对蒸面时间的要求不同,蒸面时间的长短与淀粉 α 化程度成正比。油炸面的 α 化程度应在 85% 以上,蒸面时间最短为 55 s。在实际生产中,经常延长至 60~90 s,避免面条蒸不透影响后续工艺,但是蒸面的时间也不宜过长,过长的时间会增加能耗,造成蒸面过度,破坏面条的韧性及食用口感。

3. 面团的含水量

不同面团的含水量对蒸面也有较大的影响,因为在相同的蒸面温度和蒸面时间下,面条的含水量越高,淀粉糊化程度也越高。为了保证面条的 α 化程度高,就要在不影响压片的前提下,尽可能多加些水。适当延长蒸面时间和水蒸气的湿度,使面条尽量多吸些水,以促进淀粉的 α 化。

（四）蒸面的后续操作

面条经过蒸面工艺后,需在面带表面和底部强制冷却,多采用风冷的方式,这个过程中,水分挥发、温度下降、表面硬结、有利切块,容易从网带上脱离,而后可以定量切断。

六、定量切断与分排输出

（一）定量切断

定量切断有以下作用:

① 从蒸面机输出的面条经定量切断后便于包装。

② 切断对产品的质量标准有重要的意义,多以面条或面层的长度来定量。

③ 采用定量切断,可以简化设备,使得面块折叠形成。

定量切断阶段通常可按照产品要求调整切断面条的长度,叠成双层的面块,再经分路装置送入油炸机。

（二）定量切断的设备

定量切断折叠的设备如图 2-6-4 所示,不再细述。

（三）影响定量切断效果的主要因素

定量切断效果的好坏会影响产品质量的整齐划一、影响后期落盒的准确性、影响包装的顺利进行,影响定量切断效果的因素包括:

1) 面条自身的性质

因方便面的定量是按照切割的长度来确定的,若其他条件不变,面条自身的性质发生改变,会影响定量的准确性,如面团含水量的增加、面片厚度的变化、花纹的疏密程度发生变化,都会引起面块质量的变化,对后期油炸或热风干燥工艺都会造成很大的影响。

2) 各单元机械的配合

如切断间隔与面条下落速度、折叠导辊的摆臂速度与面条切断后下落的速度,传送网带的运行速度等都会影响定量切断的效果。

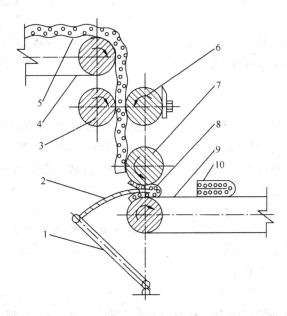

图 2 - 6 - 4　定量切断折叠工艺示意图

1—连杆；2—折叠板；3—切刀托辊；4—进给输送带；5—已蒸熟的面带；6—切刀；

7—折叠导辊；8—正在折叠中的面块；9—分排输送网带；10—已折叠成型的面块

七、干燥工序

（一）干燥的作用和原理

干燥的目的是去除水分，固定面条的组织和形状，便于保存。干燥的首要作用就是快速脱水，固定 α 化淀粉结构，防止面条回生，有利于提高成品的复水率，若干燥工序水分脱离不彻底，则在冷却时，面条易回生，复水能力减弱。

方便面的主要特性就是方便、复水率好，这需要面条易事先熟制，方便面的干燥时间短，这就要求方便面的干燥温度高。

（二）油炸干燥

油炸干燥是把定量切断的面块放入自动油炸机的面盒中，连续浸入含有高温油脂的油槽，面块被高温的油包围起来，温度迅速上升，水分迅速气化，面条形成多孔性的结构，进一步增加了面条中淀粉的糊化率，在糊化之后迅速定型，固定面块的形状，降低面条老化的速度，使得方便面储存时间长、复水率好。

1. 油炸工艺的要求

面块要求完全浸入高温油脂、油炸均匀、色泽一致、含油量低、不焦不生、复水性好。

2. 油炸的主要影响因素

1）油炸的温度及时间

油炸的温度与时间的长短是相互关联的，油炸温度高，时间缩短，通常采用的油炸温度为 140 ~ 150 ℃，油炸时间为 70 ~ 80 s。要控制油温不能过高，油温上升过快，影响淀粉 α 化的程度，促使蛋白质和淀粉等变化过速，对较粗面条更加不适合，易导致时间短，油炸不透;油温也不能过低,当油温低于 140 ℃ 时,迫使油炸时间延长,导致蓬松后的面条收缩,蓬松程度下降。

整体而言,油温过高、时间过长,均会加深蛋白质的不可逆变性,发生面条颜色变暗、透明度降低、面块易碎、复水能力降低、存在硬块等问题,而在复水后,面条膨胀能力差,时间略长就会失去黏弹性,形成烂面。

2)用油质量

油炸方便面用油质量会影响整体的质量,因为在高温油炸时,油脂易变恶,影响面条在保存期的稳定性,若不及时采取措施,会导致油炸用油的整体恶变,黏度上升、色泽加深、出现苦味,容易发烟冒泡,对人体的健康也会造成一定的影响,若油脂恶变必须全部更换新油,通常衡量用油质量的指标有酸价、过氧化值、色度、黏度等。

3)油炸油的量与新油的补充

油炸用油部分进入到面条中,油脂的量会不断减少,且在连续油炸过程中,油炸用油并非一次投入,而是随着消耗,不断添加,有效地防止油脂的恶化,添加新油的量和时间要根据油炸油的性质和失油的速度来确定。

4)油炸油的种类和配比

大多数国家方便面的油炸油为棕榈油,但因棕榈油的风味一般,很多工厂以猪油和棕榈油的混合物作为油炸油,多在气温较低的季节使用。

3. 控制方便面含油量的方法

1)正确选择小麦粉

湿面筋含量较高的面粉,制出的方便面有咬劲,有助于降低方便面的含油量。小麦粉中的灰分含量对方便面的含油量影响较大,灰分含量越高,油脂的消耗越大,方便面含油量越高,小麦粉灰分含量一般控制在 0.6% 以下。

2)选择适当的添加剂

添加瓜尔豆胶、海藻酸钠和 CMC 等稳定剂或乳化剂,都可不同程度的降低方便面的含油量,可在面条表面形成一层膜,从而防止油过多地渗入。

3)面团含水量及和面时间的选择

调粉时尽量多加水,适当延长和面时间,使面条表面光滑、组织紧密。适当延长蒸煮时间和提高蒸煮温度,都有助于降低油脂的含量。

4)降低油炸前面条的含水量

油炸的过程,可近似看做是以油置换面块中水的过程。因此在油炸前,最好增加风机吹面块(如果是喷淋的,最好能增加热风机吹面块),以降低面块含水量。

(三)热风干燥

热风干燥是生产非油炸方便面的方法,采用热风干燥的方式,使得产品达到标准规定水分以下,在热风干燥过程中,干燥速度尽量提高,能较快的固定面条 α 化,防止面条的老化,保证其复水率,通常经热风干燥后成品含水量低于 12%。

热风干燥的影响因素有:

① 温度:热风的温度越高、干燥速度越快。

② 相对湿度:热风的相对湿度越低,面条水分蒸发的速度越快。

③ 风速及循环方式:热风风速的高低及循环方式对热风干燥有很大的影响,通常风速快

蒸发快,风压大蒸发快。

④ 面块的结构与性质:主要取决于面块的大小、粗细、花纹的大小、水分含量的多少等因素。

八、冷却

(一) 冷却的基本原理和工艺要求

油炸方便面经过油炸后有较高的温度,必须进行冷却,否则直接包装会导致面块品质的下降,吸湿发霉的可能性会增大。多采用强制冷却的方法进行冷却,冷却传送带上方装有多只风扇(也可吹入低于室温的冷风,在常温下进行强制冷却),冷却时间为 3 min。冷却后产品温度为室温加 10 ℃或接近室温。

(二) 影响冷却效果的因素

1) 冷却的时间

当其他参数固定,冷却时间越长,冷却效果越好,通常冷却时间为 3 ~ 5 min,无限制的延长冷却时间会使得冷却设备庞大,生产能力下降;延长冷却时间的方法有两种,一是降低传送速度,二是延长冷却隧道的长度。

2) 冷却的风量和风速

风量大,单位面积的固体接触冷却气体的温度差恒定,易于冷却传热;风量大,气体热交换量大,对冷却有益。

3) 面块的性质

面块的温度是影响冷却效果的主要因素,若是热风干燥面,本身温度低,冷却容易;若是油炸方便面,本身温度高,冷却难度大,此外,面条的直径大小、面块花纹的紧密程度、面块的堆积情况都会影响散热效果。

九、检验与包装

产品在包装以前必须通过检测器进行金属检查和质量检查。方便面的包装分袋装和杯(碗)装两种。包装的工艺要求是包装整齐、密封不透、两端切口平直、汤料数量恒定不漏放。满足这些要求最好的方式就是采用机械自动化包装的方式。

影响自动包装效果的因素:方便面面块的整齐情况、包装材料的品质和印刷的质量、包装塑封的温度、密封压纹的致密程度和压纹温度、切刀的质量。

第四节　方便面汤料的生产

汤料是方便面风味的关键性材料,是方便面重要的组成,对方便面的营养、口味、风味具有决定性的影响。

一、汤料的分类

方便面的调料种类很多,提供了丰富的风味。它的种类主要有粉状、酱状、液状、颗粒状四种;按风味可分为中式、日式和欧美式几种,而这其中还有酸、辣等多种风味。这些类型的汤料往往不单一使用。因此,多袋汤料混合放入的方式,已经成为大多数方便面的选择。一一般方便面中都附有多包汤料如汤粉包、脱水蔬菜包、调味油包、调味酱包及嗜好性调味包等。使用时可根据不同品种及口味要求分别选用其中的数种。

二、各种汤料介绍

1. 粉末状汤料

粉末状汤料是几乎所有附带汤料的方便面中均添加的基本调味料,尽管根据不同品种其调味料各不相同,但因粉末状汤料是集各种基础调味物质于一体的混合物,所以必须添加。

粉末汤料中通常包含咸味料、甜味料、酸味料、鲜味料、香辛料、着色料及油脂等。

2. 粉末与固形物混合汤料

粉末与固形物混合汤料是将粉末汤料与某些固形物混合包装而成的配合调味料。方便面中的低档产品常使用粉末与固形物混合汤料,一般在每份包装料中只有 1 包这种汤料,最多再加 1 包液状汤料。其组成包括粉末汤料、经冻干工艺生产的虾仁、火腿丁、蘑菇片、牛肉丁、榨菜丁、胡萝卜丁等。

3. 调味油包和调味酱包

调味油包和调味酱包是一种纯粹的油脂内容物的塑料复合薄膜小包装,还有一种是各种液体调味料混合后用复合薄膜或铝塑复合薄膜包装。这种汤料一般用在中高档产品,使调味更加讲究。

调味酱包的配方以酱油为主,配以食醋、辣椒油或胡椒、辣椒、肉桂、肉豆蔻、大蒜、葱、洋葱、芹菜等物的浸出汁,再辅以酒、味精等调料。

三、方便面汤料的主要原料

方便面汤料的原料很多,根据不同的风味进行搭配和添加,主要原料有:主体原料(赋型物质)、鲜味料、食盐、香味料、填充剂、着色剂、甜味剂、酸味剂、抗氧化剂、油脂、抗结剂。

(一)主体原料

主体原料是汤料的主要营养和风味的来源,根据不同的品种可选择各种物质,如肉类、水产品、脱水蔬菜、甚至是腌制蔬菜。

(二)鲜味剂

鲜味剂包括如下:

① L-谷氨酸钠:也称之为味精,能缓解酸味、苦味和咸味,增加鲜味。

② 5'-肌酐酸钠和 5'-鸟苷酸钠:都是强力的增鲜剂。

③ 水解植物蛋白(HVP)、水解动物蛋白(HAP):由蛋白质经过酸水解而得,有丰富的氨基酸和显味核苷酸。

(三)食盐

食盐主要应用于汤料,用量大小既要考虑咸味和其他味道的协调,也要考虑其对汤料保质期的影响。

(四)香辛料

香辛料包括花椒、大料、桂皮、丁香、葱、姜、蒜、胡椒、咖喱等,根据方便面的风味进行选择。

（五）填充剂

填充剂多采用淀粉、糊精等物质,热水冲调后可以速溶。

（六）着色剂

着色剂主要有焦糖色、姜黄等天然色素,应用的都很多。

（七）甜味剂及酸味剂

甜味剂主要用的有蔗糖、葡萄糖、乳糖、甜蜜素等;酸味剂的作用是调整和改善汤料的风味,常用的有柠檬酸、醋酸、酒石酸等。

（八）抗氧化剂

在汤料中加入抗氧化剂防止汤料的氧化变质,常使用的是 BHA、BHT、PG 等,部分适当添加少量增效剂。

（九）油脂

主要选用的油脂有动物油脂,如:猪油、牛油、鸡油等;植物油脂有:豆油、花生油等。

（十）抗结剂

为防止固体汤料在包装后结块,可以在汤料中加入磷酸三钙、二氧化硅等。

四、方便面的调味方式

（一）底料加味

和面时加入调料的方法。

（二）表面着味

蒸面后,油炸前喷淋调味水,可直接干食。

（三）成品调味

采用配料包:粉包、酱包、油包、菜包的方式进行调味。

五、汤料生产的基本工艺流程

（一）粉末汤料的生产工艺

粉末状汤料的基本工艺为:

原料 → 混合 → 干燥 → 粉碎 → 二次混合（香辛料、色素等） → 过筛 → 包装 。

将粉状和糊状的配料与食盐、味精一起放入干燥机中干燥,粉碎后过筛、然后与香辛料、色素等配料二次混合,温度应在 30 ℃ 以下,时间 10 ~ 30 min,再次过筛,密封。

（二）液体调味料的生产工艺

液体调味料的基本工艺为:

原辅料 → 融化 → 过滤 → 加热杀菌 → 包装 。

原料以液体为主,多为酱油做主料,用水将粉末料溶解成液体状,混合均匀后过筛,经过加热灭菌后冷却包装。

（三）颗粒调味料的生产工艺

颗粒调味料的基本工艺为:

原料预处理 → 预混合 → 混合 → 造粒 → 干燥 → 整粒 → 包装 。

混合前处理与粉末状汤料基本工艺一致,后经混合、造粒、干燥。

第三篇　焙烤食品相关知识

第一章　焙烤常用名词及术语

一、粉类

粉类常用的名词如表 3-1-1 所示。

表 3-1-1　常用粉类名词

名　称	基　本　释　义
高筋粉	小麦面粉蛋白质含量在 12.5% 以上的。是制作面包的主要原料之一
中筋粉	小麦面粉蛋白质含量在 9% ~12% 之间,多数用于中式点心的馒头、包子、水饺以及部分西饼中,如蛋塔皮和派皮等
低筋粉	小麦面粉蛋白质含量在 7% ~9% 之间,为制作蛋糕的主要原料之一。在混酥类西饼中也是主要原料之一
蛋糕专用粉	低筋面粉经过氯气处理,使原来低筋面粉之酸价降低,利于蛋糕之组织和结构
全麦粉	小麦粉中包含其外层的麸皮,使其内胚乳和麸皮的比例与原料小麦成分相同,用来制作全麦面包和小西饼等使用
胚芽粉	小麦在磨粉过程中将胚芽部分与本体分离,磨制成粉,用作胚芽面包制作
麸皮粉	小麦最外层的表皮,多数当作饲料使用,但也可掺在高筋白面粉中制作高纤维麸皮面包
裸麦粉	裸麦磨制而成,因其蛋白质成分与小麦不同,不含有面筋,多数与高筋小麦粉混合使用
澄粉	澄粉又称澄面、汀粉、无筋小麦淀粉,可用来制作各种点心如虾饺、粉果、肠粉等
谷朊粉	小麦蛋白粉,又称"活性面筋粉",用来增加面粉里筋度,是一种筋性改良剂,可用作增大面包体积和改善烘焙性质
玉米粉	黄色的玉米粉是玉米直接研磨而成,有非常细的粉末的称为玉米面粉,颜色淡黄。粉末状的黄色玉米粉在饼干类的使用上比例要高些,粗粒,细颗粒状的玉米粉大多用来作杂粮口味的面包或糕点,也常用来洒在烤盘上,用做面团防沾
莲藕粉	藕粉,可以做成果冻布丁等
麦片	指燕麦片,烘焙产品中用于制作杂粮面包和小西饼等

续表

名　　称	基　本　释　义
玉米面	呈小细粒状,由玉蜀黍磨研而成,在烘焙产品中用作做玉米粉面包和杂粮面包,如在大规模制作法式面包时也可将其撒在粉盘上作为整形后面团防黏之用
玉米淀粉	玉米淀粉又叫玉米粉、粟米淀粉、粟粉、生粉,包括玉米淀粉在内的淀粉类,在调制糕点面糊时,有时需要在面粉中掺入一定量的玉米淀粉。玉米淀粉所具有的凝胶作用,在做派馅也会用到,如克林姆酱。另外玉米淀粉按比例与中筋粉相混合是蛋糕面粉的最佳替代品,用以降低面粉筋度,增加蛋糕松软口感
太白粉	生的马铃薯淀粉,加水遇热会凝结成透明的黏稠状,常用于西式面包或蛋糕中,可增加产品的湿润感
番薯粉	番薯粉也叫地瓜粉,由番薯淀粉等所制成的粉末,地瓜粉应用于中式点心制作较多。地瓜粉同样也可以用于油炸
葛粉	葛粉是用一种多年生植物的地下结茎做成的,和玉米淀粉粉及太白粉的作用类似,葛粉则在较低的温度作用,可用于含蛋的美式布丁
木薯粉	木薯粉又称菱粉、泰国生粉,加水遇热煮熟后会呈透明状
西米	用木薯粉、麦淀粉、玉米粉加工而成圆珠形粉粒
水晶粉	水晶粉主要成分为玉米粉、菱粉及其他淀粉
粘米粉	又叫在来米粉,是制作许多中式小吃如肉圆、萝卜糕、碗粿的主要材料
糯米粉	用糯米磨制成的粉,常用做汤圆
凤片粉	长糯米加热至熟,再磨成粉。是米白色粉状的,吸水性较强,黏度高。冰皮月饼皮料中可用凤片粉
糕仔粉	在来米粉炒熟,再磨成粉,可用做老婆饼馅料使用

二、油类

常用的油类名词如表 3-1-2 所示。

表 3-1-2　常用油类名词

名　　称	基　本　释　义
白油	白油俗称化学猪油或氢化油,是油脂加工脱臭、脱色后,再给予不同程度的氢化,使之成为固体白色的油脂,可用于面包制作或代替猪油使用。另有与白油类似的雪白油,打发性佳,油质洁白细腻,可用于重奶油蛋糕、奶油霜饰之用,多数用于酥饼的制作或代替猪油使用
白奶油	分含水和不含水,为精炼后的白油,油质白洁细腻,用于制作裱花蛋糕,而不含水则多用于奶油蛋糕、奶油霜饰和其他高级西点之用
乳化油	白油或雪白奶油添加不同的乳化剂,在蛋糕制作时可使水和油混合均匀而不分离,主要用于制作高成分奶油蛋糕和奶油霜饰
奶油	有含水和不含水的两种。从牛奶中提炼出来,是做高级蛋糕、西点的主要原料
酥油	酥油也被称之为起酥油,利用氢化白油添加黄色素和奶油香料而制成,其颜色和香味近似真正奶油
玛琪琳	含水在 15%~20%,含盐在 3%,熔点较高,是奶油的代替品,多数用在蛋糕和西点中
起酥玛琪琳	油脂内含有熔点较高的动物性牛油,用作西点、起酥面包和膨胀多层次的产品中,一般含水以不超过 20% 为佳
猪油	由猪脂肪提炼,在烘焙产品中也可用于面包、派以及各种中西式点心中
液体油	油在室内温度(26℃)呈流质状态的都列为液体油,最常使用的液体油有沙拉油、菜子油和花生油等。花生油最适用于广式月饼中,而色拉油则广泛应用于戚风蛋糕、海绵蛋糕中
动物性黄油	烘焙中要用到的是无盐黄油,常用在一些重油蛋糕或饼干中,主要是通过打发黄油使蛋糕膨胀
人造黄油	可代替动物性黄油使用,价格也较低,但味道不如动物性黄油好

三、糖类

常用的糖类名词如表 3 - 1 - 3 所示。

表 3 - 1 - 3　常用糖类名词

名　称	基　本　释　义
粗砂糖	颗粒较粗的蔗糖,可用在面包和西饼类的制作或撒在饼干表面之用
细砂糖	蔗糖,适用大部分焙烤食品
糖粉	一般用于糖霜或奶油霜饰和产品含水较少的品种中使用
红糖	多用在颜色较深或香味较浓的产品中
蜂蜜	蜂蜜用于蛋糕或小西饼中增加产品的风味和色泽
转化糖浆	砂糖经加水和加酸煮至一定的时间和合适温度冷却后即成。此糖浆可长时间保存而不结晶,多数用在中式月饼皮内、萨其马和各种代替砂糖的产品中
葡萄糖浆	淀粉水解后的产品,含有少量麦芽糖和糊精,可用在某些西饼中
麦芽糖浆	淀粉水解后的产品,内含麦芽糖和少部分糊精及葡萄糖
焦糖	焦糖用于香味或代替色素使用
翻糖	由转化糖浆再予以搅拌使之凝结成块状,用于蛋糕和西点的表面装饰

四、乳类

常用的乳类名词如表 3 - 1 - 4 所示。

表 3 - 1 - 4　常用乳类名词

名　称	基　本　释　义
牛奶	鲜奶,脂肪 3.5% 左右,水分 88% 左右多用于西点中塔类产品
炼奶(炼乳)	牛奶加糖、加热、蒸发浓缩成加糖浓缩奶制品,即为炼乳,其乳脂肪含量不可低于 0.5%,乳固形物含量不低于 24%,可直接涂在烤好或者蒸好的点心上
全脂奶粉	为新鲜奶水脱水后之产物,含脂肪 26% ~28%
脱脂奶粉	为脱脂的奶粉,在烘焙产品制作中最常用。可取代奶水,使用时通常以十分之一的脱脂奶粉加十分之九的清水混合
乳酪	芝士是由牛奶中酪蛋白凝缩而成,用于西点和制作芝士蛋糕之用
吉士粉	奶酪磨成的粉末,是一种预拌粉,使用水或牛奶搅拌,为浓稠的卡士达酱
淡奶	花奶、奶水、蒸发奶。牛奶蒸发浓缩,不加糖,装罐杀菌后即为淡奶。它的乳糖含量较一般牛奶为高,奶香味也较浓,可以给予西点特殊的风味
鲜奶油	白色液体,乳脂含量高,具有发泡特性,搅打后,可成乳白状的细沫状的发泡鲜奶油
人造鲜奶油	主要成分为棕榈油、玉米糖浆及其他氢化物,易打发,适合裱花
酸奶(优格)	发酵奶,常在焙烤食品中采用原味酸奶
酸奶油	牛奶中添加乳酸菌培养或发酵后而制成的,含 18% 乳脂肪,质地浓稠,味道较酸,在西点烘焙中可以用酸奶来代替
马苏里拉奶酪	淡味奶酪,成品色泽淡黄,含乳脂 50%,经过高温烘焙后奶酪会溶化拉丝,所以是制作披萨的重要材料
奶油奶酪	最常用到的奶酪,是鲜奶经过细菌分解所产生的奶酪及凝乳处理所制成的,是乳酪蛋糕中不可缺少重要材料

名　　称	基　本　释　义
马士卡彭奶酪	是一种将新鲜牛奶发酵凝结、继而去除部分水分后所形成的"新鲜乳酪",其固形物中乳酪脂肪成分80%,软硬程度介于鲜奶油与奶油乳酪之间,带有轻微的甜味及浓郁的口感。马士卡彭奶酪是制作提拉米苏的主要材料
全脂奶粉	新鲜奶脱水后之产物,含脂肪26%~28%
脱脂奶粉	脱脂后的奶粉,可取代鲜奶在烘焙中使用

五、酥松剂及起泡类

常用酥松剂及起泡类名词如表3-1-5所示。

表3-1-5　常用酥松剂及起泡类名词

名　　称	基　本　释　义
鲜酵母	生物疏松剂的一种,在面包生产工艺一章有详细的介绍
干酵母	生物疏松剂的一种,在面包生产工艺一章有详细的介绍
即发干酵母	使用方便,易储藏性的颗粒状生物疏松剂,在面包生产工艺一章有详细的介绍
小苏打	学名碳酸氢钠,化学膨大剂的其中一种,碱性。常用于酸性较重蛋糕配方中和西饼配方内
泡打粉	发酵粉,化学膨大剂的其中一种,能广泛使用在各式蛋糕、西饼的配方中
臭粉	碳酸氢氨,化学膨大剂的其中一种,用在需膨松较大的西饼之中。面包蛋糕中几乎不用
塔塔粉	酸性的白色粉末,帮助蛋白打发以及中和蛋白的碱性,酸性物质,用来降低蛋白碱性和煮转化糖浆之用,例如在制作戚风蛋糕打蛋白时添加

六、其他部分填料

其他部分填料名词如表3-1-6所示。

表3-1-6　其他部分填料名词

名　　称	基　本　释　义
柠檬酸	酸类的一种,可用于蛋白的打法和转化糖浆的制备
蛋粉	为蛋的脱水粉状固体,有蛋白粉、蛋黄粉和全蛋粉等三种
可可粉	高脂、中脂、低脂,和有经碱处理、未经碱处理等数种,是制作巧克力蛋糕等品种的常用原料
巧克力	有甜巧克力、苦巧克力,硬质巧克力和软质巧克力之分,常用于烘焙产品的装饰
椰子粉	长条状,细丝状,粉状等,常用于装饰
蛋糕油	广泛用于制作海绵类蛋糕,各种西式酥饼中,起到乳化的作用
琼脂	由海藻中提制,黄白色透明的薄片或是粉末,可在一定温度下溶于水,形成胶体
吉利丁	明胶或鱼胶,胶体一种,用于装饰和稳定等
吉利	果冻粉,混合类的加工胶质,室温下凝结

第二节　部分常用焙烤加工技法及术语

一、部分加工技法

部分加工技法名词如表 3 - 1 - 7 所示。

表 3 - 1 - 7　部分加工技法名词

名　　称	基　本　释　义
打发	是指蛋液或黄油经搅打体积增大的方法
清打法	又称分蛋法。是指蛋清与蛋黄分别抽打，待打发后，再合为一体的方法
混打法	又称全蛋法。是指蛋清、蛋黄与砂糖一起抽打起发的方法
戚风打法	分蛋打法一种，蛋白加糖打发后形成的蛋白糖与另外打发的蛋黄加其他液态材料混合打法后与粉类材料拌匀成面糊
海绵打法	全蛋打法，全蛋与糖一起搅拌至浓稠状，呈乳白色且勾起乳沫约 2 秒滴下，再加入其他液态材料及粉类拌合
法式海绵打法	分蛋法一种，蛋白和蛋黄分别与一半的糖打发至乳白色，将两者拌和，在加入其他料拌和的方法
天使蛋糕法	蛋白与塔塔粉混合打发，分次加入一半的糖搅拌至湿性发泡，面粉与一半糖混合过筛后，两者拌和
糖油拌合法	油类先打软，加糖或糖粉搅拌至松软绒毛状，再加蛋拌匀，最后加入粉类材料拌和，常做部分饼干、重奶油蛋糕
粉油拌合法	油类先打软，加面粉打至膨松后加糖再打发呈绒毛状，加蛋搅拌至光滑，适用于油量 60% 以上配方
湿性发泡	蛋白或鲜奶油打起泡后加糖搅拌至有纹路且雪白光滑状，勾起时有弹性挺立但尾端稍弯曲
干性发泡	蛋白或鲜奶油打起泡后加糖搅拌至纹路明显且雪白光滑，勾起时有弹性而尾端挺直
过筛	用筛网过滤面粉、糖粉、可可粉等粉类，以免粉类有结块现象，过筛只能用于很细的粉类材料
隔水溶化	用在不能直接放在火中加热溶化的材料中，像巧克力、鱼胶粉等材料，隔水加热，以使材料溶化
隔水打发	在打蛋过程中，为了调节温度，加快泡沫形成，需在水浴情况下打法的过程；动物性鲜奶油在打发时，隔冰水打发，更易打发
隔水烘焙	一般用在奶酪蛋糕的烘烤过程中，要在烤盘中加入热水，再将蛋糕模具放在加了热水的烤盘中隔水烘烤
室温软化	黄油一般冷冻保存，使用时需取出放于常温放置软化的过程
烤箱预热	烤箱使用前，提前加热，使烤箱达到焙烤所需温度的过程
面团松弛	蛋塔皮、油皮、油酥、面团因搓揉过后有筋性产生，经静置松弛后再擀卷更易操作，不会收缩
倒扣脱模	部分种类烤好的蛋糕从烤箱中取出倒扣在烤网上放凉后脱模的操作，主要用于戚风蛋糕，有效减轻戚风蛋糕回缩
烤模刷油撒粉	在模型中均匀的刷上黄油，或再撒上面粉，可以使烤好的产品更容易脱模

二、其他术语（见表 3 - 1 - 8）

表 3 - 1 - 8　其他术语

名　　称	基　本　释　义
上火	烤箱上部的温度
下火	烤箱下部的温度

名　称	基　本　释　义
呛脸	将生坯表面用高温烤制后,再正常烘焙的方法,多用于中点
化学起泡	以化学膨松剂为原料,使制品体积膨大的一种方法
生物起泡	利用酵母等微生物的作用,使制品体积膨大的方法
机械起泡	利用机械的快速搅拌,使制品充气而达到体积膨大的方法
焙烤百分比	以面粉总量为100%,其他原料相较于面粉总量的值,总和大于100%
实际百分比	各原材料在总体配方中的比例,总和等于100%
跑油(走油)	油脂从面团或成品中溢出的现象

注:部分糕点术语,在后面糕点术语国标中注明。

第三节　焙烤常用设备和用具

一、常用设备

焙烤常用的设备介绍如表3-1-9所示。

表3-1-9　焙烤常用设备

名　称	简　介
烘焙炉(烤炉)	热源有气、微波、电能、煤等,多用电热式烘烤炉
搅拌机(打蛋器)	一般带有圆底搅拌桶和三种不同形状的搅拌头(浆),网状(鼠笼式)用于低黏度物料如蛋液与糖的搅打,桨状(扁平花叶片)用于中黏度物质,如油脂和糖的打发,以及点心面团的调制,勾状用于高黏度如面包面团的搅拌,搅拌速度可根据需要进行调控
和面机	专门用于调制面包面团,有立式和卧式两种
压面机	多用于发酵后的面团反复挤压,有助于排出大的气泡,帮助面筋的扩展
饧发箱	发酵面团的发酵设备,可调节和控制发酵的温度、湿度
油炸锅	制品油炸的设备
面案	多采用不锈钢材质,用做焙烤制品加工的台案

二、常用用具

焙烤常用用具介绍如表3-1-10所示。

表3-1-10　焙烤常用用具

名　称	简　介
烤盘	用于摆放和盛装烘烤制品,材质很多,见前面章节
焙烤听	是蛋糕、面包(土司)成型的模具,由铝、铁、不锈钢或镀锡等材料制成,有各种尺寸形状,可根据需要选择
刀具、菜刀	用于制馅或切割面剂
锯齿刀	用于蛋糕或面包切片
抹刀(裱花刀)	用于裱奶油或抹馅心用
花边刀	两端分别为花边夹和花边滚刀,前者可将面皮的边缘夹成花边状,后者由圆形刀片滚动将面皮切成花边

续表

名 称	简 介
印模	能将点心面团(皮)经按、切成一定形状的模具,形状有圆、椭圆、三角等,有月饼模、桃酥模、饼干模等
挤注袋(裱花袋)	用于点心的挤注成形,馅料灌注和裱花装饰,面料可用尼龙、帆布、塑料制成
裱花嘴	有铜、不锈钢、塑料等品种,有平口、牙口、齿口等几十种不同形状
转台	可转动的圆形台面,主要用于装饰裱制大蛋糕
筛子	用于干性原料的过滤,有尼龙丝、铁丝、铜丝等
锅	加热用的平底锅,用于馅料炒制,糖浆熬制和巧克力的水浴溶化(炒制果酱必须用铜锅,切忌用铁锅,因为铁制品遇到果酸易氧化变色);圆底锅(或盆),用于物料的搅打混合
走槌	用于擀制面团,原料有木制、塑料和金属等三种,形状平、花齿及用于特殊制品(烧麦)的圆锥体
铲	有木、竹、塑料、铁、不锈钢等材质用于混合、搅拌或翻炒原料
漏勺	油炸及煮制时使用
长竹筷	油炸及煮制时使用
汤勺	有塑料、不锈钢、铜等品种,用于挖舀浆料如乳沫类蛋糕浇模用
羊毛刷	用于生产制品时油、蛋液、水、亮光剂的刷制
打蛋钎	用于蛋液、奶油等原料的手工搅拌混合
衡、量具	称、量杯、量勺等
金属架	摆放烘烤后,或加工暂存的制品

第二章 焙烤常用词汇及释义

一、焙烤常用词汇英汉对照

A

apricot brandy	杏桃白兰地
apricot	杏桃
almond powder	杏仁粉
almond	杏仁
apple	苹果
apple brandy	苹果白兰地
apple jam	苹果果酱
apple puree	苹果果泥
aloe	芦荟
Ardechoise	艾尔德乔瓦司
arrange(on the oven tray)	安排（烤箱托盘上）
add/admix	加入/混合
allow to thicken	允许增稠
agar	琼脂,寒天、洋菜、石花菜、海菜
aspartame	阿斯巴糖
apple tart	苹果塔
afternoon tea	下午茶(4-5点钟)
american muffin	美式马芬,美国松饼
angel cake	天使蛋糕
allspice	五香粉
apple pie	苹果派
apricot	杏
anise	大茴香,八角茴油

aging	老化,成熟的过程
algin	褐藻酸,褐藻胶
alicante	柳橙榛果慕斯
almond paste, matzipan	将杏仁砂糖混合后放入研磨机中辗压成膏糊状的产品之总称
achene	瘦果,看起来像种子一样的果实。
apricot puree	杏桃泥
arbutusberry	野草莓
arrow-root	葛(植);葛粉
avocado pear	酪梨

B

butter	奶油
baking ammonia	烘焙用阿摩尼亚
baking powder	发酵粉/泡打粉
brandy	白兰地酒
banana	香蕉
biscuit	饼干;糕饼统称
bitter chocolate	苦味巧克力
bread flour	高筋面粉
black currant	黑醋栗
brown sugar	红糖
bowl	钢盆
brush	刷子
buckwheat flour	荞麦粉
bicarbonate/baking soda	小苏打
butter unsalted	无盐奶油

butter salted	有盐奶油		炼乳,脱水牛奶
bake	烤焙	cream	鲜奶油
bake until golden	烤焙至金黄色	confectionery	点心(糕点)
boil/cook	煮	cake	蛋糕,饼
bring to a boil	煮至沸腾	candy	糖果
blanch	漂白	cake flour	低筋粉
break	打发	cacao mass	可可块
burnt cream	烧焦的奶油,坊间	cold water	冷水
	公认是一道经典	cream cheese	奶油奶酪
	的法式甜品	coffee	咖啡
brown sugar	粗糖	coconut powder	椰子粉
baked aladka	火烧冰淇淋	cinnamon	肉桂,桂皮
bakewell tart	杏仁果酱塔	chestnut paste	栗子酱
barcelona	榛果软糕	coconut milk	椰奶
bavarian cream	巴伐利亚鲜奶油	cacaopaste	纯可可酱,可可青
	蛋黄慕斯	coriander	胡荽子,芫荽,
baumkuchen	年轮蛋糕		香菜
bitter	苦的	curry	咖喱
baking powder	膨胀剂;发粉、泡	cinnamon powder	肉桂粉
	打粉	coconut puree	椰子果泥
baking soda	苏打粉	chestnut	栗子
basil	紫苏	cacao paste	可可酱
blackberry	黑莓	cocoa butter	可可脂
blueberry	小蓝莓	cognac	科涅克白兰地
Blueberry	蓝莓	can opener/tin opener	开罐器
barley	大麦	chocolate fork	巧克力叉子
barley flour	大麦粉	cornstarch	玉米淀粉
butter milk	白脱牛奶,脱脂奶	cocoa powder	可可粉
		clove	丁香
		chorion,egg membrane	蛋膜

C

cheese	奶酪,乳酪,干酪,	cottage cheese	卡特吉奶酪(音
	音译为芝士,起司		译)
cocoa	可可粉,可可豆	corgonzola	可鲁可瑞拉奶酪
chocolate	巧克力		(音译)
coffee	咖啡;咖啡豆	cut	切
cherry brandy	樱桃白兰地	cut into cubes	切丁
cherry	樱桃	chop/mince	剁/剁碎
coconut	椰子	cut roughly	粗切
condensed milk/evaporated milk		cut finely	细切

cool	使冷却	cinnamon sugar	肉桂糖
cut out	切掉	cinnamon stick	肉桂棒
crush	碾碎,粉碎	cinnamon roll	肉桂卷
crystallize	结晶	chiffon cake	戚风蛋糕
cashew nut	腰果	cream puff\cream bun	奶油泡芙
custard	奶油蛋羹,奶油冻,卡士达（音译）	curd	凝乳
		curry bread	咖喱面包
custard sauce	蛋黄沙司	cranberry	蔓越莓(小红莓)
camembert cheese	卡门贝尔奶酪	crispy	酥脆的
carrageenan	卡拉胶	clotted cream	浓缩奶油
cardamom	小豆蔻	calorie/calory	卡路里(热量的单位)
caramel\burnt sugar\toffee 焦糖		candied cherry	樱桃干
caramel custard	焦糖布丁	candied fruit	糖渍水果,蜜饯水果
crust	面包皮,硬壳	charlotte	水果布丁
cacao beans	可可豆	crescent	可颂面包;牛角面包;新月型面包
custard cream	乳蛋糕乳脂,卡士达馅	candied orange	糖渍柳橙;橘皮蜜饯
cuatard pudding	卡士达布丁	candy floss	棉花糖
cream cheese cake	奶油奶酪蛋糕	cane sugar	蔗糖
Christmas cake	圣诞蛋糕	candied	砂糖腌渍的;加上糖衣,里上糖饴的
Christmas pudding	圣诞布丁		
crepe	煎薄饼又称可丽饼	Chantilly	奶油泡芙
crepe pan	可丽饼	cream slice	千层派
cake server	蛋糕房	citric acid	柠檬酸
cone	球果,(盛冰淇淋的)锥形蛋卷筒	compressed yeast	新鲜酵母
		cube sugar/lump sugar	方糖
corn	玉米	crude sugar/brown sugar/muscovado 粗糖/红糖/黑糖	
cornflour/cornstarch/maize starch	玉米粉	crystal sugar	结晶冰糖
cocoa liquor	可可液	cream cheese	奶油干酪,白起司
cornet	(盛冰激凌的)圆锥形蛋卷	**D**	
condensed milk	炼乳	double cream	(乳脂肪浓度较高)鲜奶油(45%)
confectionery	糕点糖果的总称	Dipping	巧克力制作时的动作～外裹或沾
cake crumb	蛋糕屑		
chief	主厨		

	巧克力的意思	egg mould	蛋模子
dry egg white, egg white powder		egg powder	蛋粉末
	干燥蛋白粉	egg product	蛋产品
drain	淋干,排水	egg shell	蛋壳
de ~ freeze/thaw	解冻	egg wash	蛋洗涤\涂上蛋汁
dry/dry out/desiccate	干燥	eggs for cooking	蛋的烹调
decorate	装饰	elastic	弹性的
demold 〔= demould〕/remove from mold		elasticity	弹性,弹力
〔= mould〕/turn out	脱模	electrical heating	电加热
dilute	稀释	element	元素
desimeter	比重计	emulsifier	乳化剂
density	比重	emulsify	乳化
devil's food cake	魔鬼蛋糕	emulsion	乳化液
dough	生面团	energy, power	能量,力量
dough conditioner	面团调整剂或改	energy content	能含量,内能
	良剂	energy requirement	能量需要
doughnut	油炸面包\甜甜圈	calorific value	热值
dry peak	搅打蛋白的程度	English bread	英国面包
dry yeast	干酵母	enlarge	扩大
dried egg	干燥蛋	entire amount of flour	整个相当数量面
dairy products	乳类制品		粉
		enzymatic activity	酶活性
E		enzyme	酶
		enzyme content	酶量
egg	蛋	equilibrium moisture content	
egg yolks	蛋黄		平衡水分含量
egg white/white of an egg		equipment	设备,器材,装置
	蛋白	essence	香精,香料
Easter bunny	复活节小兔子	essential	实质,要素
Easter bunny mould	复活节小兔子	essential fatty acids	必需脂肪酸
	模子	essential flavoured oil	根本调味的油
Easter egg	复活节彩蛋	essential oil	精油
Easter egg mould	复活节彩蛋模子	ester	酯类
edible fat	食用油脂	esters of fatty acids	脂肪酸酯类
egg-white beaten to snow	蛋白打发至颜色	ethanol	乙醇,酒精
	雪白	ethyl alcohol	普通酒精,威士忌
egg-white glaze	乳白釉	ethyl vanillin	乙基香兰素
egg-white glaz	蛋白釉药	evaporate/vaporize	蒸发/消失
egg-white powder	蛋白粉末	even colouring	均匀着色
egg-white product	蛋白产品		

even texture	均匀结构
even up［taste］	口味
extraction procedure, extrusion	
	抽出做法,挤压
exudate	渗出液
emmenthal	埃门塔尔干酪(音译)
english muffin	英式松饼
eclair	长形松饼
espresso	意大利式浓缩咖啡
evapolated milk	无糖炼乳
egg custard sauce	葡式蛋挞
egg yolk powder	蛋黄粉
egg powder	蛋粉
egg white powder/dried egg white	
	蛋白粉

F

fats and oils	油脂
fruits	水果
fondant	软糖
French Pie	法式派
fresh cream	鲜奶油
food color/edible color	色素
freeze-drying	冷冻干燥
fry	油炸,油煎
level	水平
freeze	冷冻
ferment/let rise	酶,发酵剂
flatten	杆平
fig	无花果
fructose	果糖
french toast	法国吐司
French-styleice cream	含有蛋黄的冰淇淋
fermented pastry	圣诞节派用的面团
farm loaf	农村风味面包

funnel	漏斗
fermentation	发酵
flour/wheat flour	小麦粉
frozen egg white	冷冻蛋白
frozen egg yolk	冷冻蛋黄
frozen egg	冷冻蛋

G

glucose	葡萄糖
gin	琴酒,杜松子酒
grape	葡萄
granulated sugar	砂糖
gelatine	胶质,白明胶,吉利丁(音译)
ginger	姜,生姜
grapefruit	葡萄柚
gas hurner	瓦斯枪,煤气灶
gum paste	塑糖
graham	全麦粉
graham cracker	全麦饼干
graham bread	全麦面包
griddle	煎饼用浅锅
gluten	面筋
gourmet	美食家
goods	商品,货物
griddle cake	煎饼
grains variety	杂粮面包
ginger snap	姜味煎饼用面粉
glutinous rice	糯米
glace royale	蛋白糖霜
girdle scone	扇形煎饼
gingerbread	姜味面包或姜味饼干
genoese fancy	一口大小的小型西点
glace	有糖衣的,里上糖衣的
ganache	巧克力镜面淋酱
grain	谷物,谷粒

H

hazelnut	榛果
honey	蜂蜜
hazelnut powder	榛果粉
hot iron	铬铁
hard souce	奶油醇酒酱汁
hot cross bun	（复活节前星期五吃的）十字面包
honey cake	蜂蜜蛋糕
high fructose corn syrup	高果糖玉米糖浆
hearth bread	炉烤面包
harvest loaf	丰年祭的面包
herb	药草\香草\料理用植物的总称

I

icing bag	挤花袋
invert sugar	转化糖
icing	糖衣
ice cream	冰淇淋
ice cream cake	冰淇淋蛋糕
ice coffee	冰咖啡
ice milk	冰牛奶
italian meringue	意大利蛋白霜
improver	改良剂
incorporate	将材料混合

J

jam	果酱
jelly	果冻
junk food	垃圾食物
juice	果汁

K

knead	揉（面团）
kiwi	猕猴桃
kiss chocolate	热巧克力
kirsch syrup	糖浆

kitchen	厨房

L

lemon	柠檬
lemon juice	柠檬汁
lemon peel	柠檬皮
ladle	长柄勺子
leave to rest/let rest	放手
let harden/stiffen	变硬
low fat milk	低脂牛奶

M

margarine	人造奶油
milk	牛奶
meringue	蛋白霜
maple sugar	枫糖
marzipan/almond paste	杏仁膏,杏仁蛋白软糖
milk chocolate	牛奶巧克力
mango	芒果
mint	薄荷
macaron	杏仁饼
Mirliton	蜜卢顿杏仁塔
marble(table)/slab	大理石台
mixer/blender	搅拌器
marzipan stick/modeling stick	杏仁膏工具
measuring cup	量杯
measuring spoon	量匙
maple syrup	枫糖糖浆
mozzarella	马苏里拉奶酪（音译）
mascapona	玛斯卡波涅新鲜乳酪（音译）
mix	搅拌
mix well	搅均
mix lightly/fold in	搅打
make holes	钻孔
moon cake	月饼

meringue chantilly	鲜奶油蛋白糖霜	powcr sugar\icing sugar	糖粉
materials	原料	passion fruit	百香果
maltose/malt sugar	麦芽糖	pectin	果胶
maize/corn	玉米	powdered milk/dried milk/milk powder	
			奶粉
N		pepper	胡椒
nutmeg	豆蔻粉	place in the oven/put in the oven	
nougat	牛轧糖,奶油杏仁糖		放置火源上
		peel/pare	削皮
O		paint/coat	涂,表
orange	柑,橘,橙	pour boiling water	注入沸水
orange peel	橘子皮	pour into	注入……里面
orange juice	橘子汁	place/lay	放置
orange puree	橘子果泥	pulled sugar	拉糖,吹糖
Opera	欧贝拉(音译),一种有相当历史的法式蛋糕	pound cake	磅蛋糕,重糖重油蛋糕
oatmeal\oats	(燕)麦片	pikelet	磅蛋糕的一种
open kitchen	开放式厨房	pine-seed	松子
oven spring	烤焙弹性	pastry cream\confectioner's custard	
oreo	奥利奥奶油夹心巧克力饼干		蛋黄乳酱
orange curacao	波士干香橙	parkin	由生姜面包衍生而来,掺有生姜的糕饼
oolong tea	乌龙茶		
ornament	装饰	praline	杏仁糖粒
oven	烤箱	pitcaithly bannock	苏格兰 Pitcaithly 的重奶油酥饼(short bread)之一种
P			
Passon	白香果酒	Poppy	罂粟
plum	加州梅	park pie	公园派
peach	水蜜桃	powder sugar/icing sugar	(制甜食用的)糖粉
persimmon	柿子		
pineapple	凤梨,菠萝	pasteurized egg	高温杀菌蛋
pistachio	开心果(整粒)		
pistachio paste	开心果酱	**Q**	
pineapple syrup	菠萝糖浆	Quiche lorraine	洛林蛋塔
passion	百香果果泥	quantity	量,数量
passion puree	百香果果泥	quality control	质量管理
		queen cake	皇后蛋糕

R

red wine	红葡萄酒
rum	朗姆酒
raisin	葡萄干
raspberry jam	覆盆子果酱
red wine powder	红酒粉
raspberry pruee	覆盆子果粒
raspberry puree	覆盆子果泥
raspberry	覆盆子/木莓
rolling pin	擀面棍
rubber spatula	塑料刮刀
rice flour	米粉
reduce, evaporate	减少/蒸发
rosemary	迷迭香
roll out	铺开,大量生产
reduce/boil down	蒸发;煮浓
rinse	冲洗
roll into a ball	滚成一个球
roll up	卷、绕
rice	米
red currant	红醋栗
raw mazipan	杏仁糖泥
ramboutan	红毛丹
raisin cake	葡萄干蛋糕
rolling	(将面团)擀得薄薄地
rye	裸麦,黑麦
rye flour	裸麦粉,黑麦粉

S

salad oil	色拉油
shortening	起酥油
starch	淀粉
salt	食盐
strawberry	草莓
sugar	糖,食糖
sirup	糖浆,糖蜜
sour cherry	酸樱桃

sour cream	酸奶油
skim milk powder	脱脂奶粉
strawberry puree	草莓果泥
sesame oil	芝麻油,香油
sieve	筛网,过筛
skimmer	撇乳器,漏勺
syrup hydrometer	糖度计
syrup/boiling sugar	糖浆
spreading, even	传播,平衡
soft, even crust	软,均匀外壳
scrape off, even the surface	擦去、刮掉,平衡表面
strain	拉紧
slice	切片,薄片
scrape	刮,擦
soak	浸渍
separate/select/divide	分开,隔离,分散
steep (in water)/soak (in water)/sodden (with water)	浸泡(于水中)
spatula	抹刀
sour milk	酸奶
shake	摇动,颤抖
sherry	雪利酒,葡萄酒
sugar craft	糖工艺
sugar batter method	糖油拌合法
sugar paste	糖葫芦
souffle	蛋白牛奶酥(以起泡蛋白为主烤成的酥松食品)
swiss roll	(内卷果酱或奶油的)蛋糕
skim milk	脱脂牛奶
scone	烤饼
sponge cake	海绵蛋糕,松糕
soymilk	豆乳
sugar	砂糖
salad	色拉
sweet almond	甜杏仁

silced blanched almond 杏仁薄片

summer pudding　　使用覆盆子红醋栗的冰布丁

sugared almond　　杏仁糖粒

sugar syrup　　糖浆

strudel　　薄酥卷饼(以果实或干酪为馅而烤成的点心)

streusel　　(撒在糕点上的)糖粉奶油细末,长面包

stollen　　长型德国面包,果子甜面包

stewed fruit　　熬煮过的水果(泥)

stabilizer　　安定剂,稳定器

sherbet　　冰沙雪泥

seed cake　　掺入小茴香的蛋糕

scone　　苏格兰司康面包,烤饼,司康(音译)

scallop　　扇贝,干贝

savory bread　　含馅面包

sacristain　　杏仁酥卷

slab cake　　厚片蛋糕,长方模型中烤制的蛋糕

shortbread　　酥油饼干

skin　　水果的外皮,外壳

star anise　　八角,八角茴香

sponge　　海绵

self raising flour　　高筋粉

sweeteners　　增甜剂

sugar candy/rock candy 冰糖

saccharine　　糖精/浓缩糖

soya beans/soy beans　　大豆

soya bean flour　　大豆粉

semolina/cracked barley/grit　　粗粒小麦粉(过筛后留下的)

T

tangerine/mandarin　　橘子

truffle　　块菌(一种食用菌),(块菌形)巧克力糖

tea spoon　　茶匙

table spoon　　汤匙

thermometer　　温度计

turn table　　蛋糕转台

tartaric acid　　酒石酸

turn on　　开启,开始

turn off　　关掉

take out of the oven　　取出烤箱

turn over　　打翻,转交

tart　　果馅饼,小松饼

tea　　茶

tablespoon　　大汤匙

treacle　　糖蜜,甜蜜

touron　　坚果水果干牛轧糖

torte　　德国大蛋糕,果子奶油蛋糕

toffee taffy　　太妃糖

tacos　　墨西哥脆薄饼,玉米面豆卷

tutti fruit　　综合水果丁

turmeric　　姜黄

to colour lightly　　颜色慢慢变成焦黄色

to caramelize　　把糖液熬煮成焦糖状

tapioca　　木薯粉

V

vanilla　　香草

vanilla essence　　香草香料

vanilla bean　　香草豆

vanilla oil　　香草油

victoria cake	果酱夹层蛋糕	weigh/measure	秤重/测量
verjuice	用未成熟的青葡萄所制成的酸果汁	whip/beat	打发
		wipe	擦干
		wash	洗涤
vanilla sugar	香草糖	warm/mull/heat	温热
		wedding cake	婚礼蛋糕

W

whole egg	全蛋	walnut	胡桃,胡桃木
wine	葡萄酒,酒	wheat	小麦
white wine	白葡萄酒	worktable	工作台
water	水	whortleberry	欧洲越橘
white chocolate	白巧克力	washington pie	华盛顿派饼,一种夹层大蛋糕
whiskey	威士忌		
watermelon	西瓜	wafer biscuit	威化饼干
whisk/whip	打蛋器,搅拌器	white	白色(的)
wooden spatula	木匙,木制厨具	whole milk	全脂乳
whipped cream	打发鲜奶油,生奶油	wheat semolina/cracked wheat	
			硬粒小麦粉,角片全麦粉

二、焙烤常用词汇汉英对照

(一) 粉类

澄粉/澄面/小麦淀粉	non-glutinous flour/wheat flour/wheat starch
蛋糕粉	cake flour
低筋面粉	soft flour/weak flour/low protein flour
番薯粉/地瓜粉	sweet potato flour
凤片粉/熟糯米粉/糕粉/加工糕粉	fried sweet rice flour/fried glutinous rice flour
高筋面粉	strong flour/high protein flour
糕仔粉/熟米粉	cooked rice flour/cakes power
葛粉/藕粉	arrowroot flour
谷朊粉	gluten flour
绿豆粉	mung bean flour
马蹄粉/荸荠粉	water chestnut flour
面包粉	bread flour/baker's flour
面粉	flour
木薯淀粉/茨粉/菱粉/泰国生粉/太白粉/地瓜粉	Tapioca starch/tapioca flour
糯米粉	glutinous rice flour/sweet rice flour
全麦面粉	whole wheat flour
生粉/太白粉/马铃薯淀粉	potato starch/potato flour

通用粉	all-purpose flour
小麦蛋白/面筋粉	wheat gluten
小麦粉	plain flour
小麦胚芽/麦芽粉	wheat germ
玉米粉（太白粉）	cornflour/cornstarch
玉米糊/玉米面	polenta/yellow cornmeal
杂粮预拌粉	multi-grain flour
黏米粉/在来米粉	rice flour
中筋面粉	Plain flour
自发面粉	self-raising flour

（二）米豆类

红豆	red bean/adzuki bean
红豆沙/乌豆沙	red bean paste
黄豆	soy bean
绿豆	mung bean
绿豆片	split mung bean
薏米	pearl barley
珍珠西米	pearl sago
珠粒木薯淀粉	pearl tapioca

（三）膨松剂

臭粉/胺粉/阿摩尼亚粉	powdered baking ammonia/carbonate of ammonia/ammonia bicarbonate/ammonia carbonate
发粉/泡打粉/泡大粉/速发粉/蛋糕发粉	baking powder
酵母	yeast
苏打粉/小苏打/梳打粉/小梳打/食粉/重曹	baking soda/bicarb ofsoda
塔塔粉/他他粉	cream of tartar

（四）香精香料

班兰粉/香兰粉	ground pandan/ground screwpine leaves/serbok daun pandan
班兰精/香兰精	pandan paste/pasta pandan
玫瑰露/玫瑰露精	rosewater
香草豆/香草荚/香草片/香子兰荚	vanilla bean/vanilla pod
香草粉	vanilla powder
香草精/云尼拉香精/凡尼拉香精	vanilla extract/vanilla essence

（五）甜味剂

阿斯巴甜	aspartame
白砂糖/粗砂糖	white sugar/refined sugar/refined cane sugar/coarse granulated sugar
冰糖	rock candy

代糖	sugar substitute
德麦拉拉蔗糖	demerara sugar
枫糖浆／枫树糖浆／枫糖	maple syrup
果糖	fructose
黑砂糖	muscovado sugar
黑蔗糖浆／糖蜜／甘蔗糖蜜	molasses
红糖／黑糖	dark brown sugar
黄砂糖	brown sugar
焦糖	carmael
麦芽糖	maltose/malt sugar
麦芽糖浆	barley maltsyrup/maltsyrup
蜜叶糖／甜叶菊	stevia/honey leaf
棉花糖霜	marshmallow cream
葡萄糖浆	glucose syrup
日式糙米糖浆／甘酒	amazake
乳糖	lactose
糖粉	icing sugar/confectioners' sugar
糖浆	golden syrup
糖霜／点缀霜	icing/frosting
细砂糖／幼砂糖	castor sugar
椰糖／爪哇红糖	gula malacca
玉米糖浆	corn syrup/karo syrup
原料甘蔗	raw cane sugar
原蔗糖	raw sugar/unrefined cane sugar
增甜剂	sweetener
转化糖	invert sugar
棕榈糖	palm sugar

（六）油脂类

表霜	table cream
淡忌廉／淡奶油	light cream
咖啡色油膏	coffee cream
烤油	dripping
玛珈琳／玛琪琳／乳玛琳／雅玛琳／人造奶油／菜油	margarine
玛斯卡波尼起司／马司卡膨起司／马斯卡波涅起司／意大利奶酪	mascarpone cheese
奶油起司／芝士忌廉／奶油奶酪／凝脂奶酪	cream cheese
牛油／奶油	butter
起司粉	powdered cheese

起酥油/起酥玛琪琳	pastry margarine/oleo margarine
乳酪	cream
酥油/雪白奶油	shortening
酸奶油/酸忌廉/酸奶酪/酸奶酪	sour cream
鲜奶油/打发奶油	whipping cream
优格/乳果/酸奶酪/酸奶酪	yoghurt
猪油/白油/大油/板油	lard/cooking fat

（七）乳类

炼奶	condensed milk/sweetened condensed milk
炼乳/脱水乳	evaporated milk
奶粉	powdered milk/milk powder
牛奶/鲜奶/鲜乳	milk
牛油忌廉	butter cream
软化牛油	soft butter
酸奶	buttermilk
饮用酸奶	yoghurt drink/drinking yoghurt

（八）胶类物质

大菜/大菜丝/菜燕/燕菜精/洋菜/洋菜粉/琼脂	agar/agar powder
果子冻/果冻粉	jelly
凉粉/仙草	grass jelly
杏桃果胶	apricot glaze
鱼胶粉/吉利丁/明胶	gelatine sheets/powdered gelatine

（九）果料类

白果/银杏	ginkgo nut
百合	dried lily bulb
板海苔	nori seaweed/dried sea laver
北杏/苦杏仁	chinese almond/bitter almond
槟榔	betelnut
陈皮	dried orange peel/dried tangerine peel
番茄酱	ketchup
番茄酱	tomato paste（意大利料理用的）
番茄酱	tomato sauce（普通甜的）
干椰丝	dessicated coconut
瓜子/南瓜子	pepitas/dried pumpkin seeds
桂圆	dried longan
核桃/核桃仁/合桃/胡桃	walnut
黑米醋/乌醋	black vinegar
黑木耳	dried black fungus/black fungus/wood ear fungus

红枣	chinese red dates
花生	peanut
坚果/澳洲坚果/夏威夷果/澳洲胡桃/澳洲栗/澳洲核桃/昆士兰龙眼/昆士兰栗	macadamia/california nut
开心果/阿月浑子	pistachio
辣椒酱	chili sauce
栗蓉	chestnut puree/chestnut paste
栗子	chestnut
莲藕	lotus root
莲蓉	lotus paste
莲子	lotus seed
龙眼干/龙眼肉/桂圆/圆肉	dried longan
米醋	rice vinegar
蜜枣	preserved red dates
蜜渍菠萝	glace pineapple/candied pineapple
蜜渍樱桃/露桃/车梨子	glace cherry/candied cherry
抹茶粉	green tea powder
南杏	apricot kernel
苹果脯/苹果干	dried apple
葡萄干	raisin/dried currant
切片水蜜桃罐头	sliced peaches in syrup
山胡桃/胡桃	pecan
烧海苔	toasted nori seaweed
烧烤酱	Chinese barbecue sauce
石鼓仔/马加拉/油桐子	candlenut/buah keras
柿饼	dried persimmon
水蜜桃罐头	peaches in syrup
崧子/松子仁	pine nut
桃脯	dried peach
无花果干	dried fig
杏脯	dried apricot
杏仁/杏仁片/扁桃	almond
杏桃	apricot
亚答子	atap seed
洋梨	pear
腰子豆/腰果/腰果仁/介寿果	cashew nut
椰丝/椰茸/椰子粉	desiccated coconut/shredded coconut
罂粟子	poppy seed
枣泥	red date paste

榛果/榛仁	hazelnut/filbert/cobnut
芝麻	sesame seed
综合水果罐头	cocktail fruit in syrup

（十）部分产品名称

布甸/布丁	pudding
蛋塔	egg tart/custard tart
冻派/冻批	cream pie
法式蛋塔/洛林糕	quiche lorraine
法式吐司	French toast
格子松饼/华芙饼干	waffle
海绵蛋糕	sponge cake
厚松饼	pikelet/hotcake
煎饼/热饼/薄烤饼	pancake
可丽饼	crepe
裸麦面包/黑面包	rye bread
面包	bread
墨西哥面饼	tortillas
慕斯/慕思	mousse
派/批	pie
泡芙	choux pastry/puff
戚风蛋糕	chiffon cake
曲奇	cookies
手指饼干	sponge fingers
舒芙蕾/蛋白牛奶酥	souffles
司康/比司吉/烤饼	scones
松脆饼	ladyfingers
松糕/玛芬/美国松饼	american muffin
苏打饼干/威化饼干	saltine crackers
塔/挞	tart
吐司面包/吐司	toast
威化饼干	wafer biscuit
洋芋块	hash brown
英式松饼/玛芬面包/英式松饼	english muffin

（十一）其他

白矾/明矾	alum
春卷皮	spring roll wrapper
蛋白粉/蛋清粉	egg white powder
蛋蜜乳/蛋酒	eggnog
豆瓣酱	chilli bean sauce

海苔粉	ground seaweed
馄饨皮	wonton wrapper/wonton skins
碱水/(枧)水	alkaline water/lye water
姜粉	ginger powder
酱油	sauce
卡士达/克林姆/奶皇馅/蛋奶馅	custard/pastry cream
玛琳/焗蛋泡	meringue
面包糠/面包屑	breadcrumbs
南乳	fermented red beancurd
硼砂	borax
皮屑	grated zest/grated rind
巧克力米/朱古力米	chocolate vermicelli
巧克力削/朱古力削	chocolate curls
巧克力珠/朱古力珠	chocolate chips
烧海苔	roasted seaweed sushi nori
石膏	gypsum
食用色素	food colouring
水饺皮	dumpling wrapper/dumpling skins/gyoza wrapper
碳酸钾	potassium carbonate
糖粉混合物	icing sugar mixture
虾米	dried shrimp
咸蛋黄	salted egg yolk
杏仁粉	almond flour

第三章　部分焙烤产品国家标准

第一节　糕点术语的国家标准

糕点术语(Pastry Terms)——GB/T 12140—2007

1　范围

本标准确立了糕点的通用术语。

本标准适用于糕点的生产、销售、科研、教学及其他相关领域。

2　术语和定义

2.1　糕点 Pastry

以粮、油、糖、蛋等为主料,添加(或不添加)适量辅料,经调制、成型、熟制等工序制成的食品。

2.2　中式糕点 Chinese Pastry

具有中国传统风味和特色的糕点。

2.2.1　糕点帮式 local Pastry

因原辅料、配方、制作工艺不同而形成的具有地方特色和地方风味的糕点流派。

2.2.2　京式糕点 Bejing Pastry

以北京地区为代表,具有重油、轻糖,酥松绵软,口味纯甜、纯咸等特点的糕点。

注:代表品种有京八件、自来红、自来白和提浆饼等。

2.2.3　苏式糕点 Suzhou Pastry

以苏州地区为代表,馅料多用果仁、猪板油丁,具有常用桂花、玫瑰花调香,糕柔糯、饼酥松,口味清甜等特点的糕点。

注:代表品种有苏式月饼、苏州麻饼和猪油年糕等。

2.2.4　广式糕点 Guangdong Pastry

以广州地区为代表,造型美观、用料重糖轻油,馅料多用榄仁、椰丝、莲蓉、蛋黄、糖渍肥膘等,具有馅饼皮薄馅多,米饼硬脆清甜,酥饼分层飞酥等特点的糕点。

注:代表品种有广式月饼、炒米饼、白绫酥饼等。

2.2.5　扬式糕点 Yangzhou Pastry

以扬州和镇江地区为代表,馅料以黑芝麻、蜜饯、芝麻油为主,具有麻香风味突出等特点的糕点。

注:代表品种有淮扬八件和黑麻椒盐月饼等。

2.2.6　闽式糕点 Fujan Pastry

以福州地区为代表,馅料多用虾干、紫菜、桂圆、香菇、糖腌肉丁等。具有口味甜酥油润,海鲜风味突出等特点的糕点。

注:代表品种有福建礼饼和猪油糕等。

2.2.7   潮式糕点 Chaozhou Pastry

以潮洲地区为代表,馅料以豆沙、糖冬瓜、糖肥膘为主,具有葱香风味突出等特点的糕点。

注:代表品种有老婆饼和春饼。

2.2.8   宁绍式糕点 Ningbo and Shaoxing Pastry

以宁波、绍兴地区为代表,辅料多用苔菜、植物油,具有海藻风味突出等特点的糕点。

注:代表品种有苔菜饼和绍兴香糕等。

2.2.9   川式糕点 Sichuan Pastry

以成渝地区为代表,糯米制品较多,馅料多用花生、芝麻、核桃、蜜饯、猪板油丁,具有重糖、重油,软糯油润酥脆等特点的糕点。

注:代表品种有桃片和米花糖等。

2.2.10   高桥式糕点 Gaoqiao Pastry

沪式糕点

以上海高桥镇为代表,米制品居多,馅料以赤豆、玫瑰花为主,具有轻糖、轻油,口味清香酥脆、油而不腻、香甜爽口、糯而不粘等特点的糕点。

注:代表品种有松饼、松糕、薄脆、一捏酥等。

2.2.11   滇式糕点 Yunnan Pastry

云南糕点

以昆明地区为代表,以云南特产宣威火腿、鸡纵入料,具有产品重油重糖,油重而不腻,味甜而爽口等特点的糕点。

注:代表品种有鸡纵白糖酥饼、云腿月饼、重油荞串饼等。

2.2.12   秦式糕点 Shanxi Pastry

陕西糕点

以西安地区为代表,以小麦粉、糯米、红枣、糖板油丁等为原料,具有饼起皮飞酥清香适口、糕粘甜味美、枣香浓郁等特点的糕点。

注:代表品种有水晶饼、陕西甄糕等。

2.2.13   热加工糕点 Heat-Processing Pastry

以烘烤、油炸、水蒸、炒制等加热熟制为最终工艺的一类糕点

2.2.14   冷加工糕点 Reprocessing Pastry at Room or Low Temperature after Heated

在各种加热熟制工序后,在常温或低温条件下再进行二次加工的一类糕点。

2.2.15   烘烤糕点 Baked Pastry

烘烤熟制的一类糕点。

2.2.16   酥类 Short Pastry

用较多的油脂和糖,调制成塑性面团,经成形、烘烤而成的组织不分层次,口感酥松的制品。

2.2.17   松酥类 Crisp Pastry

用较少的油脂,较多的糖(包括砂糖、绵白糖或饴糖),辅以蛋品、乳品等并加入化学膨松剂,调制成具有一定韧性,良好可塑性的面团,经成型、熟制而成的制品。

2.2.18 松脆类 Light and Crisp Pastry

用较少的油脂,较多的糖浆或糖调制成糖浆面团,经成型、烘烤而成的口感松脆的制品。

2.2.19 酥层类 Puff Pastry

用水油面团包入油酥面团或固体油,经反复压片、折叠、成形后,熟制而成的具有多层次的制品。

2.2.20 酥皮类 Short and Layer Crust Pastry with Filling

用水油面团包油酥面团制成酥皮,经包馅、成形后,熟制而成的饼皮分层次的制品。

2.2.21 水油皮类 Water-Oiled Crust Pastry with Filling

用水油面团剥皮,然后包馅,经熟制而成的制品。

2.2.22 糖浆皮类 Syrup Crust Pastry with Filling

用糖浆面团制皮,然后包馅,经烘烤而成的柔软或韧酥的制品。

2.2.23 松酥皮类 Crisp Crust Pastry with Filling

用较少的油脂,较多的糖,辅以蛋品、乳品等并加入化学疏松剂,调制成具有一定韧性,良好可塑性的面团,经制皮、包馅、成形、烘烤而成的口感松酥的制品。

2.2.24 硬皮类 Hard and Short Crust Pastry with Filling

用较少的糖和饴糖,较多的油脂和其他辅料制皮,经包馅、烘烤而成的外皮硬酥的制品。

2.2.25 发酵类 Fermentated Pastry

用发酵面团,经成型或包馅成型后,熟制而成的口感柔软或松脆的制品。

2.2.26 烘糕类 Baked Pudding

以糕粉为主要原料,经拌粉、装模、炖糕、成形、烘烤而成的口感松脆的糕点制品。

2.2.27 烤蛋糕类 Cake

以鸡蛋、面粉、糖为主要原料,经打蛋、注模、烘烤而成的组织松软的制品。

2.2.28 油炸糕点 Deep Fried Pastry

油炸熟制的一类糕点。

2.2.29 水调类 Light and Crisp Pastry with Elastic Dough

以面粉和水为主要原料制成韧性面团,经成形、油炸而成的口感松脆的制品。

2.2.30 糯糍类 Pastry Made of Glutinous Rice Flour

以糯米粉为主要原料,经包馅成形、油炸而成的口感松脆或酥软的制品。

2.2.31 水蒸糕点 Steamed Pastry

水蒸熟制的一类糕点。

2.2.32 蒸蛋糕类 Steamed Cake

以鸡蛋为主要原料,经打蛋调糊、注模、蒸制而成的组织松软的制品。

2.2.33 印模糕类 Moulding Pudding

以熟或生的原辅料,经拌合、印模成型、熟制或不熟制而成的口感松软的糕类制品。

2.2.34 韧糕类 Pastry Made of Glutinous Rice Flour and Sugar

以糯米粉、糖为主要原料,经蒸制、成形而成的韧性糕类制品。

2.2.35 发糕类 Fermentated Pudding

以小麦粉或米粉为主要原料调制成面团,经发酵、蒸制、成形而成的带有蜂窝状组织的松软糕类制品。

2.2.36　松糕类 Light Pudding

以粳米粉、糯米粉为主要原料调制成面团,经成形、蒸制而成的口感松软的糕类制品。

2.2.37　熟粉糕点 Steamed or Flied Flour Pastry

将米粉、豆粉或面粉预先熟制,然后与其他原辅料混合而成的一类糕点。

2.2.38　热调软糕类 Soft Pudding Made of Cooked Rice Flour, Sugar and Hot Water

用糕粉、糖和沸水调制成有较强韧性的软质糕团,经成形制成的柔软糕类制品。

2.2.39　切片糕类 Flake Pudding

以米粉为主要原料,经拌粉、装模、蒸制或炖糕、切片而成的口感绵软的糕类制品。

2.2.40　冷调韧糕类 Pliable But Strong Pudding Made of Cooked Rice Flour, Syrup and Cold Water

用糕粉、糖浆和冷开水调制成有较强韧性的软质糕团,经包馅(或不包馅)、成形而成的冷作糕类制品。

2.2.41　冷调松糕类 Light Pudding Made of Cooked Rice Flour, Sugar or Syrup

用糕粉、潮糖或糖浆拌合成松散性的糕团,经成型而成的松软糕类制品。

2.2.42　上糖浆类 Coating Syrup Pastry

先制成生坯,经油炸后再拌(浇、浸)入糖浆的口感松酥或酥脆的制品。

2.2.43　萨其马类 Sa Qi Ma Pastry

以面粉、鸡蛋为主要原料,经调制面团、静置、压片、切条、过筛、油炸、拌糖浆、成型、装饰、切块而制成。

2.2.44　月饼 Chinese Moon Cake

使用面粉等谷物粉,油、糖或不加糖调制成饼皮,包裹各种馅料,经加工而成在中秋节食用为主的传统节日食品。

2.3　西式糕点 Foreign Pastry

从外国传入我国的糕点的统称,具有西方民族风格和特色的糕点。

2.3.1　干点心 Dry Light Refreshments

将面粉、奶油、糖、蛋等调成不同性质的面糊或面团,经成型、烘烤而成的口感松、脆的制品。

2.3.2　小干点 Small Cookies

用面粉、奶油、糖、蛋等为原料,经挤糊、烘烤而成的小巧别致,香酥、松脆的制品。

2.3.3　裱花蛋糕 Decorative Cake

由蛋糕坯和装饰料组成,制品装饰精巧,图案美观的制品。

2.3.4　清蛋糕 Non-fat Cake

以蛋、糖、面粉为主要原料,采用蛋糖搅打工艺,经调制面糊、注模、烘烤而成的组织松软的制品。

2.3.5　油蛋糕 Butter Cakes

以面粉、蛋、糖和油脂为主要原料,采用糖油搅打工艺,经调制面糊、注模、烘烤而成的组织细腻的制品。

2.3.6　海绵蛋糕 Sponge Cake

以蛋、面粉、糖为主要原料,添加适量油脂,经打蛋、注模、烘烤而成的组织松软的制品。

2.3.7　戚风蛋糕 Chiffon Cake

分别搅打面糊和蛋白,再将面糊和蛋白混合在一起,经注模成型、烘烤而成的制品。

2.3.8　慕斯蛋糕 Mousse Cake

起源于法国,以牛奶、糖、蛋黄、食用胶为主要原料,以搅打奶油为主要充填材料而成的装饰蛋糕或夹心蛋糕。

2.3.9　乳酪蛋糕 Cheese Cake

奶酪蛋糕

以海绵蛋糕、派皮等为底坯,将加工后的乳酪混合物倒入上面,经过(或不经过)烘烤、装饰而成的制品。

2.3.10　蛋白点心 Meringue Pastry

以蛋白、糖和面粉为主要原料,经烘烤而成的制品。

2.3.11　奶油起酥糕点 Puff Pastry

面团包入奶油,经反复压片、折叠、冷藏、烘烤而成的层次清晰,口感酥松的制品。

2.3.12　奶油混酥糕点 Short Butter Pastry

将奶油、糖等和入面团中,经成型、烘烤而成的没有层次,口感酥松的制品。

2.3.13　泡夫糕点 Cream Puff

气鼓、哈斗(拒用)

以面粉、油脂、蛋为主要原料,加热调制成糊,经挤注、烘烤成空心坯,冷却后加馅、装饰而成的制品。

2.3.14　派 Pie

以小麦粉、鸡蛋、糖等为主要原料,添加油脂、乳化剂等辅料,经搅打充气(或不充气)、挤浆(或注模)等工序加工而成的蛋类芯饼(蛋黄派),俗称派。

2.3.15　蛋塔 Tart

以油酥面团为坯料,借助模具,通过制坯、烘烤、装饰等工艺而成的内盛水果或馅料的一类小型点心。

2.4　主要原辅料

2.4.1　预混粉 Premixed Flour

预拌粉

按配方将某种焙烤食品所用的原辅料(除液体原辅料外)预先混合好的制品。

注:有面包预混粉、糕点预混粉、蛋糕预混粉、冰皮月饼预混粉。

2.4.2　谷朊粉 Vital Gluten

小麦活性面筋

由小麦经水洗得生面筋,再经酸、碱液化,喷雾干燥后而制成的未变性的小麦蛋白粉末制品。

2.4.3　植脂奶油 Nondairy Whipping Cream

植物忌廉(被取代)

以植物脂肪为原料,糖、玉米糖浆、水和盐为辅料,添加乳化剂、增稠剂、品质改良剂、酪蛋白酸钠、香精等经搅打制成的乳白色膏状物。主要用于裱花蛋糕表面装饰或制作慕斯。

2.4.4　奶油 Butter

以经发酵或不发酵的稀奶油为原料,加工制成的固态产品。

2.4.5　无水奶油 Anhydrous Butter

以熔融了的奶油或稀奶油(经发酵或不发酵)为原料,经加工制成的水分含量较低的固态产品。

2.4.6　食用氢化油 Hydrogenated Fat

用食用植物油,经氢化和精炼处理后制得的食品工业用原料。

2.4.7　人造奶油 Margarine

以氢化后的精炼食用植物油为主要原料,添加水和其他辅料,经乳化、急冷而制成的具有天然奶油特色的可塑性制品。

2.4.8　起酥油 Shortening

指动、植物油脂的食用氢化油、高级精制油或上述油脂的混合物,经过速冷捏和制造的固状油脂,或不经速冷捏和制造的固状、半固体状或流动状的具有良好起酥性能的油脂制品。

2.4.9　乳化油 Emulsified Shortening

乳化剂添加量较多的人造奶油或起酥油,具有良好的加工性、乳化性和起酥性。

2.4.10　麦芽糖饴(饴糖) Maltose Syrup

以 α - 淀粉酶、麦芽(或 β - 淀粉酶)分解淀粉质原料所制得的以麦芽糖和糊精为主要成分的糖浆。

2.4.11　液体葡萄糖 Maltose Syrup

葡萄糖浆

淀粉经过酸法、酶法或酸酶法水解、净化而制成的糖浆。

2.4.12　转化糖浆 Inverting Syrup

蔗糖加水,经水解转化成葡萄糖和果糖为主要成分的糖浆。

2.4.13　果葡糖浆 High Fructose Corn Syrup

高果糖浆

淀粉质原料,用酶法或酸酶法水解制得高 DE 值的糖液,再经葡萄糖异构酶转化而得的糖浆。

2.4.14　蛋糕乳化剂 Cake Emulsifier

蛋糕油(被取代)

以分子蒸馏单甘酯、蔗糖酯、司盘 60 等多种乳化剂为主要原料而制成的膏状产品。

2.4.15　奶酪粉 Cheese Powder

芝士粉(被取代)

牛奶在凝乳酶的作用下,使酪蛋白凝固,经过自然发酵过程加工而成的制品。

2.4.16　吉士粉 Custard Powder

由鸡蛋、乳品、变性淀粉、乳糖、植物油、食用色素和香料等组成的呈浅柠檬黄色粉状物质。

2.4.17　慕斯粉 Mousse Powder

用水果或酸奶、咖啡、坚果的浓缩粉和颗粒、增稠剂、乳化剂、香料等制成的粉状或带有颗粒的制品。

2.4.18　果冻粉 Jelly Powder

用粉状动物胶或植物胶、水果汁、糖等,以一定比例调合浓缩成干燥的即溶粉末。

2.4.19　果膏 Autpiping Jelly

果占

用增稠剂、蔗糖、葡萄糖、柠檬酸、食用色素、食用水果香精和水加工而成的制品。

2.4.20　布丁粉 Pudding Powder

以增稠剂(玉米淀粉、明胶等)、糖粉、蛋黄、奶粉为主要原料,视不同的口味添加巧克力、咖啡、奶油、香草等而制成的粉状混合物。

2.4.21　塔塔粉 Cream of Tartar

以酒石酸氢钾为主要成分,淀粉作为填充剂而制成的粉状物质。

2.4.22　复合膨松剂 Baking Powder

泡打粉(被取代)

由碳酸氢钠、酸性物质和填充剂构成的膨松剂。

2.5　半成品

2.5.1　面团 Dough

面粉和其他原辅料经调制而成的团块状物质。

2.5.2　水调面团 Elastic Dough

筋性面团

韧性面团

面粉和水调制而成的具有较强筋性的面团。

2.5.3　水油面团 Water-Oiled Dough

水、油脂和面粉调制而成的面团。

2.5.4　油酥面团 Oil-Mixed Dough

油脂和面粉调制而成的面团。

2.5.5　糖浆皮面团 Syrup-Mixed Dough

糖浆和面粉等原辅料调制而成的面团。

2.5.6　酥类面团 Short Pastry Dough

油脂和面粉等原辅料调制而成的面团。

2.5.7　松酥面团 Crisp Pastry Dough

混糖面团

面粉、糖、蛋晶、油脂等调制而成的面团。

2.5.8　发酵面团 Fermented Dough

面团或米粉、酵母、糖等原辅料经调制、发酵而成的面团。

2.5.9　米粉面团 Rice Flour Dough

米粉和水等原辅料调制而成的面团。

2.5.10　淀粉面团 Starch Dough

淀粉和水等原辅料调制而成的面团。

2.5.11　面糊 Batter

面浆

面粉和其他原辅料经调制而成的流体或半流体。

2.5.12　蛋糕糊 Cake Batter

蛋糖经搅打后,加入其他辅料和面粉调制而成的糊状物。

2.5.13　蛋白膏 Egg White Icing

蛋白、糖和其他辅料经搅打而成的膏状物。

2.5.14　奶油膏 Cream Icing

奶油、糖和其他辅料经搅打而成的膏状物。

2.5.15　杏仁膏 Almond Paste

用杏仁,砂糖加少许朗姆酒或白兰地酒制成。形同面团状,质地柔软细腻,气味香醇,有浓郁的杏仁香气,可塑性强。可用于制作西式干点、馅料、挂面和捏制各种装饰物用于蛋糕的装饰。

2.5.16　黄淇淋 Pudding Filling

黄酱

面粉或淀粉、鸡蛋、牛奶和糖等调制而成的膏状物。

2.5.17　白马糖 Semi-Inverted Sugar

糖、水煮沸后加入转化剂再煮沸、冷却、搅拌成乳白色的半转化糖

2.5.18　亮浆 Bright Invert Syrup

明浆(被取代)

挂在制品上光亮透明的糖浆。

2.5.19　砂浆 Opaque Syrup

挂在制品上返砂不透明的糖浆。

2.5.20　糕粉 Frying Polished Glutinous Rice Flour

潮洲粉

炒糯米粉

糯米经熟制、粉碎而成的粉。

2.5.21　擦馅 Mixing Filling

不经加热拌合而成的馅料。如五仁、椒盐馅等。

2.6　生产工艺

2.6.1　烘焙比 Baker's Percent

烘焙百分比

以一种主要原料的添加量为基准,各种原辅料的添加量与该基准的配比,用百分率表示。

2.6.2　实际百分比 True Percent

以所有原辅料的添加量之和为基准,各种原辅料的添加量与该基准的配比,用百分率表示。

2.6.3　蛋糖搅打法 Egg-Sugar Whipping Method

在打蛋机内首先搅打蛋和糖,使蛋液充分充气起泡,然后加入面粉等其他原辅料的蛋糕面糊

2.6.4　糖油搅打法 Creaming Method

在打蛋机内首先搅打糖和油使之充分乳化,然后加入面粉等其他原辅料的蛋糕面糊制作

方法。

2.6.5　粉油搅打法 Blending Method

在打蛋机内首先搅打面粉和油使之充分混合,然后加入其他原辅料的蛋糕面糊制作方法。

2.6.6　乳化 EmulsifiCation

用搅拌的方法将蛋、油、糖等原辅料充分混合均匀的过程。

2.6.7　面团筋力 Doughstrength

面团筋性

面团中面筋的弹性、韧性、延伸性和可塑性等物理属性的统称。

2.6.8　面团弹性 Doughelasticity

面团被拉长或压缩后,能够恢复至原来状态的特性。

2.6.9　面团延伸性 Dough Extensibility

面团拉伸性

面团被拉长到一定程度而不致断裂的特性。

2.6.10　面团韧性 Doughresistance

面团被拉长时所表现的抵抗力。

2.6.11　面团可塑性 Dough Plasticity

面团被拉长或压缩后不能恢复至原来状态的特性。

2.6.12　发面 Fermentation

发酵

面团在一定温度、湿度条件下,让酵母充分繁殖产气,促使面团膨胀的过程。

2.6.13　擦酥 Mixed up Flou Rand Oil

在调制油酥面团时,反复搓擦使油脂和面粉混合均匀的过程。

2.6.14　擦粉 Mixed up Flour and Syrup

在调制米粉面团时,反复搓擦使糕粉和糖浆混合均匀的过程。

2.6.15　包酥 Making Dough of Short Crust Pastry

用水油面团包油酥面团制成酥皮的过程。

2.6.16　混酥 Leaked Oil Mixed Dough Out

在包酥过程中,由于皮酥硬度不同或操作不当等原因,造成皮酥混合,层次不清的现象。

2.6.17　包油嵌面 Rolling and Folding

用面皮包入油脂,反复压片、折叠、冷藏而形成酥层的方法。

2.6.18　增筋 Strengthening

加入面团改良剂或采取其他工艺措施,以促进面筋的形成。

2.6.19　降筋 Softening

加入面团改良剂或采取其他工艺措施,以限制面筋的形成。

2.6.20　坯子 Pieces Ofshaped Dough

经成型后具有一定形状,而未经熟制工序的坯子。

2.6.21　裱花 Mounting Patterns

用膏状装饰料,在蛋糕坯或其他制品上挤注不同花纹和图案的过程。

2.6.22 装饰 Decorating

在生坯或制品表面上点缀不同的辅料或打上各种标记的过程。

2.6.23 糕点上彩装 the Color Predends on Pastry

在糕点表面或内部组织(含馅芯)应用食品添加剂或其他辅料着色的过程。

2.6.24 挂糖粉 Coating or Icing

拌糖粉

将糖粉撒在制品表面上的过程。

2.6.25 炝脸 Baking the Shaped Dough Faced Down

烫饼面

将成形后的生坯先表面朝下摆在烤盘上烘烤,使制品表面平整,烙有独特色泽的过程。

2.6.26 烘烤 Baking

糕点生坯在烤炉(箱)内加热,使其由生变熟的过程。

2.6.27 上色 Colouring

在熟制过程中,生坯表面受热生成有色物质的现象。

2.6.28 跑糖 Leaked Sugar Out

糕点馅料在熟制过程中流淌出来的现象。

2.6.29 走油 Leaked Oil Out

糕点或半成品在放置过程中,油脂向外渗透的现象。

2.6.30 拌浆 Mixed Invert Syrup with Deep Fried Pastry

将炸制的半成品放入糖浆内进行拌合的过程。

2.6.31 上浆 Sprinking Invert Syrup on Products

将糖浆浇到制品上的过程。

2.6.32 透浆 Soaking Pastry in Invert Syrup

将半成品放入糖浆内浸泡的过程。

2.6.33 熬浆 Making Invert Syrup

将糖和水按一定比例混合,经加热、加酸后,制成转化糖浆的过程。

2.6.34 提浆 Purifying Syrup

用蛋白或豆浆去除转化糖浆中的杂质的方法。

2.6.35 塌斜 Side Tallness Low

月饼一边高一边低的现象。

2.6.36 摊塌 Superficies Small Bottom Big

月饼面小底大的变形现象。

2.6.37 露酥 Outcrop Layer

月饼油酥外露,表面呈毛糙感的现象。

2.6.38 凹缩 Concave Astringe

月饼饼面和侧面凹陷现象。

2.6.39 青墙 Celadon Wall

月饼未烤透而产生的腰部呈青色的现象。

2.6.40 拔腰 Protrnde Pepium

月饼烘烤过度而产生的腰部过分凸出的变形现象。

第二节 面包的国家标准

面包(Bread)——GB/T 20981—2007

1 范围

本标准规定了面包的术语和定义、产品分类、技术要求、试验方法、检验规则、标签、包装、运输及贮存与展卖。

本标准适用于面包产品。

2 规范性引用文件

下列文件中的条款通过本标准的引用而成为本标准的条款。凡是注日期的引用文件,其随后所有修改单(不包括勘误的内容)或修订版均不适用于本标准,然而,鼓励根据本标准达成协议的各方研究是否可使用这些文件的最新版本。凡是不注日期的引用文件,其最新版本适用于本标准。

GB/T 601 化学试剂 标准滴定溶液的制备

GB 2760 食品添加剂使用卫生标准

GB/T 5009.3 食品中水分的测定

GB 7099 糕点、面包卫生标准

GB 7718 预包装食品标签通则

GB 14880 食品营养强化剂使用卫生标准

JJF 1070 定量包装商品净含量计量检验规则

国家质量监督检验检疫总局[2005]第 75 号令 定量包装商品计量监督管理办法

卫法监发[2003]180 号 散装食品卫生管理规范

3 术语和定义

下列术语和定义适用于本标准。

3.1 面包 Bread

以小麦粉、酵母、食盐、水为主要原料,加入适量辅料,经搅拌面团、发酵、整形、醒发、烘烤或油炸等工艺制成的松软多孔的食品,以及烤制成熟前或后在面包坯表面或内部添加奶油、人造黄油、蛋白、可可、果酱等的制品。

3.2 软式面包 Soft Bread

组织松软、气孔均匀的面包。

3.3 硬式面包 Hard Bread

表皮硬脆、有裂纹,内部组织柔软的面包。

3.4 起酥面包 Puff Bread

层次清晰、口感酥松的面包。

3.5 调理面包 Prepared Bread

烤制成熟前或后在面包坯表面或内部添加奶油、人造黄油、蛋白、可可、果酱等的面包。不包括加入新鲜水果、蔬菜以及肉制品的食品。

4　产品分类

按产品的物理性质和食用口感分为软式面包、硬式面包、起酥面包、调理面包和其他面包五类,其中调理面包又分为热加工和冷加工两类。

5　技术要求

5.1　感官要求

应符合表 3 - 3 - 1 的规定。

表 3 - 3 - 1　感官要求

项目	软式面包	硬式面包	起酥面包	调理面包	其他面包
形态	完整,丰满,无黑泡或明显焦斑,形状应与品种造型相符	表皮有裂口,完整,丰满,无黑泡或明显焦斑,形状应与品种造型相符	丰满,多层,无黑泡或明显焦斑,光洁,形状应与品种造型相符	完整,丰满,无黑泡或明显焦斑,形状应与品种造型相符	符合产品应有的形态
表面色泽	金黄色、淡棕色或棕灰色,色泽均匀、正常				
组织	细腻,有弹性,气孔均匀,纹理清晰,呈海绵状,切片后不断裂	紧密,有弹性	有弹性,多孔,纹理清晰,层次分明	细腻、有弹性,气孔均匀,纹理清晰,呈海绵状	符合产品应有的组织
滋味与口感	具有发酵和烘烤后的面包香味,松软适口,无异味	耐咀嚼,无异味	表皮酥脆,内质松软,口感酥香,无异味	具有品种应有的滋味与口感,无异味	符合产品应有的滋味与口感,无异味
杂质	正常视力无可见的外来异物				

5.2　净含量偏差

预包装产品应符合国家质量监督检验检疫总局[2005]第 75 号令《定量包装商品计量监督管理办法》。

5.3　理化要求

应符合表 3 - 3 - 2 的规定。

表 3 - 3 - 2　理化要求

项目	软式面包	硬式面包	起酥面包	调理面包	其他面包
水分/(%)　≤	45	45	36	45	45
酸度/(°T)　≤	6				
比容/(mL/g)　≤	7.0				

5.4　卫生要求

应符合 GB 7099 的规定。

5.5　食品添加剂和食品营养强化剂要求

食品添加剂的使用应符合 GB 2760 的规定,食品营养强化剂的使用应符合 GB 14880 的规定。

6　试验方法

6.1　感官检验

将样品置于清洁、干燥的白瓷盘中,用目测检查形态、色泽,然后用餐刀按四分法切开,观察组织、杂质;品尝滋味与口感,做出评价。

6.2　净含量偏差

按 JJF 1070 规定的方法测定。

6.3　水分

按 GB/T 5009.3 规定的方法测定,取样应以面包中心部位为准,调理面包的取样应取面包部分的中心部位。

6.4　酸度

6.4.1　试剂

a)氢氧化钠标准溶液(0.1mol/L):按 GB/T 601 规定的方法配制与标定。

b)酚酞指示液(1%):称取酚酞 l g,溶于 60 ml 乙醇(95%)中,用水稀释至 100 ml。

6.4.2　仪器

碱式滴定管:25 ml。

6.4.3　分析步骤

称取面包心 25 g,精确到 0.1 g,加入无二氧化碳蒸馏水 60 ml,用玻璃棒捣碎,移入 250 ml容量瓶中,定容至刻度,摇匀。静置 10 min 后再摇 2 min,静置 10 min,用纱布或滤纸过滤。取滤液 25 ml 移入 200 ml 三角瓶中,加入酚酞指示液 2~8 滴,用氢氧化钠标准溶液(0.1mol/l)滴定至微红色 30 s 不退色,记录耗用氢氧化钠标准溶液的体积。同时用蒸馏水做空白试验。

6.4.4　分析结果的表述

酸度 T 按式(1)计算:

$$T = \frac{c \times (V_1 - V_2)}{m} \times 1\,000 \tag{1}$$

式中:

T——酸度,单位为酸度(°T);

c——氢氧化钠标准溶液的实际浓度,单位为摩尔每升(mol/L);

V_1——滴定试液时消耗氢氧化钠标准溶液的体积,单位为毫升(ml);

V_2——空白试验消耗氢氧化钠标准溶液的体积,单位为毫升(ml);

m——样品的质量,单位为克(g)。

6.4.5　允许差

在重复性条件下获得的两次独立测定结果的绝对差值,应不超过 0.1°T。

6.5　比容

6.5.1　方法一

6.5.1.1　仪器

天平:感量 0.1 g。

6.5.1.2 装置

面包体积测定仪:测量范围 0 ~ 1 000 ml。

6.5.1.3 分析步骤

a) 将待测面包称量,精确至 0.1 g。

b) 当待测面包体积不大于 400 ml 时,先把底箱盖好,打开顶箱盖子和插板,从顶箱放入填充物,至标尺零线,盖好顶盖后,反复颠倒几次,调整填充物加入量至标尺零线;测量时,先把填充物倒置于顶箱,关闭插板开关,打开底箱盖,放入待测面包,盖好底盖,拉开插板使填充物自然落下,在标尺上读出填充物的刻度,即为面包的实测体积。

c) 当待测面包体积大于 400 ml 时,先把底箱打开,放入 400 ml 的标准模块,盖好底箱,打开顶箱盖子和插板,从顶箱放入填充物,至标尺零线,盖好顶盖后,反复颠倒几次,消除死角空隙,调整填充物加入量至标尺零线;测量时,先把填充物倒置于顶箱,关闭插板开关,打开底箱盖,取出标准模块,放入待测面包,盖好底盖,拉开插板使填充物自然落下,在标尺上读出填充物的刻度,即为面包的实测体积。

6.5.1.4 分析结果的表述

面包比容 P 按式(2)计算:

$$P = \frac{V}{m} \tag{2}$$

式中:

P——面包比容,单位为毫升每克(ml/g);

V——面包体积,单位为毫升(ml);

m——面包质量,单位为克(g)。

6.5.1.5 允许差

在重复性条件下获得的两次独立测定结果的绝对差值,应不超过 0.1 ml/g。

6.5.2 方法二

6.5.2.1 仪器

a) 天平:感量 0.1 g;

b) 容器:容积应不小于面包样品的体积。

6.5.2.2 分析步骤

取一个待测面包样品,称量后放入一定容积的容器中,将小颗粒填充剂(小米或油菜籽)加入容器中,完全覆盖面包样品并摇实填满,用直尺将填充剂刮平,取出面包,将填充剂倒入量筒中测量体积,容器体积减去填充荆体积得到面包体积。

6.5.2.3 分析结果的表述

面包比容计算同 6.5.1.4。

6.5.2.4 允许差

在重复性条件下获得的两次独立测定结果的绝对差值,应不超过 0.1 ml/g。

6.6 卫生要求

按 GB 7099 规定的方法检验。

7 检验规则

7.1 出厂或现场检验

a) 预包装产品出厂前应进行出厂检验,出厂检验的项目包括:感官、净含量偏差、水分、酸度、比容。

　　b）现场制作产品应进行现场检验,现场检验的项目包括:感官、净含量偏差、水分、酸度和比容。其中,感官和净含量偏差应在售卖前进行检验;水分、酸度、比容应每月检验一次。

7.2　型式检验

　　型式检验的项目包括本标准中规定的全部项目。正常生产时应每6个月进行一次型式检验,但菌落总数和大肠菌群应每两周检验一次;此外有下列情况之一时,也应进行型式检验:

　　a）新产品试制鉴定时;

　　b）原料、生产工艺有较大改变,可能影响产品质量时;

　　c）产品停产半年以上,恢复生产时;

　　d）出厂检验结果与上一次型式检验结果有较大差异时;

　　e）国家质量监督部门提出要求时。

7.3　抽样方法和数量

7.3.1　同一天同一班次生产的同一品种的产品为一批。

7.3.2　预包装产品应在成品仓库内,现场制作产品(产品应冷却至环境温度)应在售卖区内随机抽取样品,抽样件数见表3－3－3。

表3－3－3　抽样件数

每批生产包装件数/件	抽样件数/件
200(含200)以下	3
201～800	4
801～1 800	5
1 801～3 200	6
3 200以上	7

7.4　判定规则

7.4.1　检验结果全部符合本标准规定时,判该批产品为合格品。

7.4.2　检验结果中微生物指标有一项不符合本标准规定时,判该批产品为不合格品。

7.4.3　检验结果中如有两项以下(包括两项)其他指标不符合本标准规定时,可在同批产品中双倍抽样复检,复检结果全部符合本标准规定时,判该批产品为合格品;复检结果中如仍有一项指标不合格,判该批产品为不合格品。

8　标签

8.1　预包装产品的标签应符合GB 7718的规定。

8.2　散装销售产品的标签应符合《散装食品卫生管理规范》。

9　包装

9.1　包装材料应符合相应的食品卫生标准。

9.2　包装箱应清洁、干燥、严密、无异味、无破损。

10　运输

10.1　运输工具及车辆应符合卫生要求,不得与有毒、有污染的物品混装、混运。

10.2　运输过程中应防止曝晒、雨淋。

10.3 装卸时应轻搬、轻放,不得重压和挤压。

11　贮存与展卖

11.1 仓库内应保持清洁、通风、干燥、凉爽,有防尘、防蝇、防鼠等设施,不得与有毒、有害物品混放。

11.2 产品不应接触墙面或地面,堆放高度应以提取方便为宜。

11.3 产品应勤进勤出,先进先出,不符合要求的产品不得入库。

11.4 散装销售的产品应符合《散装食品卫生管理规范》。

第三节　月饼的国家标准

月饼(Moon cake)GB 19855 – 2005(已按修改单修改)

本标准由国家质检总局、国家标准化委员会于 2005 年 9 月 2 日发布,2006 年 6 月 1 日实施。2006 年 3 月 29 日、2007 年 9 月 5 日国家标准化委员会两次对相关内容进行了修改。

本标准的 5.1、5.4、5.5、8.1、8.2、8.4、9.3.1、9.3.2 和 9.3.3 为强制性,其余条文为推荐性。

1　范围

本标准规定了月饼的范围、规范性引用文件、术语和定义、产品分类、技术要求、试验方法、检验规则、标签标志、包装、运输和贮存要求。

本标准适用于符合 3.1 规定的产品。

2　规范性引用文件

下列文件中的条款通过本标准的引用而成为本标准的条款。凡是注日期的引用文件,其随后所有的修改单(不包括勘误的内容)或修订版均不适用于本标准,然而,鼓励根据本标准达成协议的各方研究是否可使用这些文件的最新版本。凡是不注日期的引用文件,其最新版本适用于本标准。

　　GB /T 191　　包装储运图示标志

　　GB 317　　白砂糖

　　GB 1355　　小麦粉

　　GB 2716　　食用植物油卫生标准

　　GB 2748　　鲜鸡蛋卫生标准

　　GB 2749　　蛋制品卫生标准

　　GB 2760　　食品添加剂使用卫生标准

　　GB/T 3865　　中式糕点质量检验方法

　　GB 4789.24　　食品卫生微生物学检验　糖果、糕点、果脯检验

　　GB/T 5009.3 – 2003　　食品中水分的测定方法

　　GB/T 5009.5　　食品中蛋白质的测定方法

　　GB/T 5009.6 – 2003　　食品中脂肪的测定方法

　　GB/T 5737　　食品塑料周转箱

　　GB/T 6388　　运输包装收发货标志

　　GB 7099　　糕点、面包卫生标准

GB 7718　　预包装食品标签通则

GB/T 11761　　芝麻

GB 13432　　预包装特殊膳食用食品标签通则

GB 14884　　蜜饯卫生标准

GB 16325　　干果食品卫生标准

QB/T 2347　　麦芽糖饴(饴糖)

国家质量监督检验检疫总局令第 75 号(2005)《定量包装商品计量监督规定》

3　术语和定义

下列术语和定义适用于本标准。

3.1　月饼　Moon Cake

使用面粉等谷物粉、油、糖或不加糖调制成饼皮,包裹各种馅料,经加工而成在中秋节食用为主的传统节日食品。

3.2　塌斜　Side Tallness Low

月饼高低不平整,不周正的现象。

3.3　摊塌　Superficies Small Bottom Big

月饼面小底大的变形现象。

3.4　露酥　Outcrop Layer

月饼油酥外露、表面呈粗糙感的现象。

3.5　凹缩　Concave Astringe

月饼饼面和侧面凹陷的现象。

3.6　跑糖　Sugar Pimple

月饼馅心中糖融化渗透至饼皮,造成饼皮破损并形成糖疙瘩的现象。

3.7　青墙　Celadon Wall

月饼未烤透而产生的腰部呈青色的现象。

3.8　拔腰　Protrude Peplum

月饼烘烤过度而产生的腰部过分凸出的变形现象。

4　产品分类

月饼按加工工艺、地方风味特色和馅料进行分类。

4.1　按加工工艺分类

4.1.1　烘烤类月饼:以烘烤为最后熟制工序的月饼。

4.2.2　熟粉成型类月饼:将米粉或面粉等预先熟制,然后制皮、包馅、成型的月饼。

4.2.3　其他类月饼:应用其他工艺制作的月饼。

4.2　按地方风味特色分类

4.2.1　广式月饼

以广东地区制作工艺和风味特色为代表的,使用小麦粉、转化糖浆、植物油、碱水等制成饼皮,经包馅、成形、刷蛋、烘烤等工艺加工而成的口感柔软的月饼。

4.2.2　京式月饼

以北京地区制作工艺和风味特色为代表的,配料上重油、轻糖,使用提浆工艺制作糖浆皮面团,或糖、水、油、面粉制成松酥皮面团,经包馅、成形、烘烤等工艺加工而成的口味纯甜、纯咸,口感松酥或绵软,香味浓郁的月饼。

4.2.3　苏式月饼

以苏州地区制作工艺和风味特色为代表的,使用小麦粉、饴糖、油、水等制皮,小麦粉、油制酥,经制酥皮、包馅、成形、烘烤等工艺加工而成的口感松酥的月饼。

4.2.4　其他:以其他地区制作工艺和风味特色为代表的月饼。

4.3　以馅料分类

4.3.1　蓉沙类

4.3.1.1　莲蓉类:包裹以莲子为主要原料加工成馅的月饼。除油、糖外的馅料原料中,莲籽含量应不低于60%。

4.3.1.2　豆蓉(沙)类:包裹以各种豆类为主要原料加工成馅的月饼。

4.3.1.3　栗蓉类:包裹以板栗为主要原料加工成馅的月饼。除油、糖外的馅料原料中,板栗含量应不低于60%。

4.3.1.4　杂蓉类:包裹以其他含淀粉的原料加工成馅的月饼。

4.3.2　果仁类

包裹以核桃仁、杏仁、橄榄仁、瓜子仁等果仁和糖等为主要原料加工成馅的月饼。馅料中果仁含量应不低于20%。

4.3.3　果蔬类

4.3.3.1　枣蓉(泥)类:包裹以枣为主要原料加工成馅的月饼。

4.3.3.2　水果类:包裹以水果及其制品为主要原料加工成馅的月饼。馅料中水果及其制品的用量应不低于25%

4.3.3.3　蔬菜类:包裹以蔬菜及其制品为主要原料加工成馅的月饼。

4.3.4　肉与肉制品类

包裹馅料中添加了火腿、叉烧、香肠等肉与肉制品的月饼。

4.4.5　水产制品类

包裹馅料中添加了虾米、鱼翅(水发)、鲍鱼等水产制品的月饼。

4.3.6　蛋黄类

包裹馅料中添加了咸蛋黄的月饼。

4.3.7　其他类

包裹馅料中添加了其他产品的月饼。

5　技术要求

5.1　主要原料和辅料

5.1.1　小麦粉

应符合 GB 1355 的规定。

5.1.2　白砂糖

应符合 GB 317 的规定。麦芽糖饴(饴糖)应符合 QB/T 2347 的规定。

5.1.3　食用植物油

应符合 GB 2716 的规定。

5.1.4　鸡蛋

应符合 GB 2748 的规定。

5.1.5 咸蛋黄

5.1.5.1 感官要求:色泽橘红或黄色,球形凝胶体,有咸蛋正常气味,无异味。

5.1.5.2 卫生要求应符合 GB 2749 的规定。

5.1.6 蜜饯

应符合 GB 14884 的规定。

5.1.7 干果

应符合 GB 16325 的规定。

5.1.8 芝麻

应符合 GB/T 11761 的规定。

月饼中使用食品添加剂应符合 GB 2760 的规定。

5.1.9 月饼馅料

具有该品种应有的色泽、气味、滋味及组织状态,无异味,无杂质。不应使用回收馅料。

其他原辅料应符合相关标准的规定。

5.2 感官要求

5.2.1 广式月饼见表 3-3-4。

表 3-3-4　广式月饼感官要求

项目		要求
形 态		外形饱满,表面微凸,轮廓分明,品名花纹清晰,无明显凹缩、爆裂、塌斜、摊塌和漏馅现象
色 泽		饼面棕黄或棕红,色泽均匀,腰部呈乳黄或黄色,底部棕黄不焦,无污染
组织	蓉沙类	饼皮厚薄均匀,馅料细腻无僵粒,无夹生,椰蓉类馅芯色泽淡黄、油润
	果仁类	饼皮厚薄均匀,果仁大小适中,拌和均匀,无夹生
	水果类	饼皮厚薄均匀,馅芯有该品种应有的色泽,拌和均匀,无夹生
	蔬菜类	饼皮厚薄均匀,馅芯有该品种应有的色泽,无色素斑点,拌和均匀,无夹生
	肉与肉制品类	饼皮厚薄均匀,肉与肉制品大小适中,拌和均匀,无夹生
	水产制品类	饼皮厚薄均匀,水产制品大小适中,拌和均匀,无夹生
	蛋黄类	饼皮厚薄均匀,蛋黄居中,无夹生
	其他类	饼皮厚薄均匀,无夹生
滋味与口感		饼皮松软,具有该品种应有的风味,无异味
杂 质		正常视力无可见杂质

5.2.2 京式月饼见表 3-3-5。

表 3-3-5　京式月饼感官要求

项目	要求
形 态	外形整齐,花纹清晰,无破裂、漏馅、凹缩、塌斜现象,有该品种应有的形态
色 泽	表面光润,有该品种应有的色泽且颜色均匀,无杂色
组 织	皮馅厚薄均匀,无脱壳,无大空隙,无夹生,有该品种应有的组织
滋味与口感	有该品种应有的风味,无异味
杂 质	正常视力无可见杂质

5.2.3 苏式月饼见表3-3-6。

表3-3-6 苏式月饼感官要求

项目		要求
形　态		外形圆整,面底平整,略呈扁鼓形;底部收口居中不漏底,无僵缩、露酥、塌斜、跑糖、漏馅现象,无大片碎皮;品名戳记清晰
色　泽		饼面浅黄或浅棕黄,腰部乳黄泛白,饼底棕黄不焦,不沾染杂色,无污染现象
组织	蓉沙类	酥层分明,皮馅厚薄均匀,馅软油润,无夹生、僵粒
	果仁类	酥层分明,皮馅厚薄均匀,馅松不韧,果仁粒形分明、分布均匀。无夹生、大空隙
	肉与肉制品类	酥层分明,皮馅厚薄均匀,肉与肉制品分布均匀,无夹生,大空隙
	其他类	酥层分明,皮馅厚薄均匀,无空心,无夹生
滋味与口感		酥皮爽口,具有该品种应有的风味,无异味
杂　质		正常视力无可见杂质

5.3 理化指标

5.3.1 广式月饼见表3-3-7。

表3-3-7 广式月饼理化指标

项目		蓉沙类	果仁类	果蔬类	肉与肉制品类	水产制品类	蛋黄类	其他类
干燥失重/(%)	≤	25.0	19.0	25.0	22.0	22.0	23.0	企业自定
蛋白质/(%)	≥	—	5.5	—	5.5	5.0	—	—
脂肪/(%)	≤	24.0	28.0	18.0	25.0	24.0	30.0	企业自定
总糖/(%)	≤	45.0	38.0	46.0	38.0	36.0	42.0	企业自定
馅料含量/(%)	≥	70						

5.3.2 京式月饼见表3-3-8。

表3-3-8 京式月饼理化指标

项目		要求
干燥失重/(%)	≤	17.0
脂肪/(%)	≤	25.0
总糖/(%)	≤	40.0
馅料含量/(%)	≥	35

5.3.3 苏式月饼见表3-3-9。

表3-3-9 苏式月饼理化指标

项目		蓉沙类	果仁类	肉与肉制品类	其他类
干燥失重/(%)	≤	19.0	12.0	30.0	企业自定
蛋白质/(%)	≥	—	6.0	7.0	—
脂肪/(%)	≤	24.0	30.0	33.0	企业自定
总糖/(%)	≤	38.0	27.0	28.0	企业自定
馅料含量/(%)	≥	60			

5.4 卫生指标

按 GB 7099 规定执行。

5.5 净含量

净含量负偏差应符合《定量包装商品计量监督规定》的规定。

6 试验方法

6.1 感官检查

取样品一份,去除包装,置于清洁的白瓷盘中,目测形态、色泽,然后取两块用刀按四分法切开,观察内部组织、品味并与标准规定对照,作出评价。

6.2 理化指标的检验

6.2.1 馅料含量

取样品 3 块,分别以最小分度值为 0.1 g 感量的天平称净重后,分离饼皮与馅芯,称取饼皮质量,按公式(1)计算:

$$X = \frac{m}{M} \times 100\% \tag{3}$$

式中:X——馅料含量(%);

m——饼馅质量(g);

M——饼总质量(g)。

并以 3 块样品算术平均值计。

6.2.2 干燥失重的检验

按 GB/T 5009.3－2003 中直接干燥法测定。

6.2.3 蛋白质的检验

按 GB/T 5009.5 测定。

6.2.4 脂肪的检验

按 GB/T 5009.6－2003 中酸水解法测定。

6.2.5 总糖的检验

按 GB/T 3865 规定的方法测定。

6.3 卫生指标的检验

按 GB 7099 规定的方法测定。

7 检验规则

7.1 出厂检验

7.1.1 产品出厂须经工厂检验部门逐批检验,并签发合格证。

7.1.2 出厂检验项目包括:感官要求、净含量、馅料含量、菌落总数、大肠菌群。

7.2 型式检验

按本标准第 5 章规定的全部项目进行检验。

7.2.1 季节性生产时应于生产前进行型式检验,常年生产时每六个月应进行型式检验。

7.2.2 有下列情况之一时应进行型式检验。

a)新产品试制鉴定;

b)正式投产后,如原料、生产工艺有较大改变,影响产品质量时;

c)产品停产半年以上,恢复生产时;

d）出厂检验结果与上次型式检验有较大差异时：

e）国家质量监督部门提出要求时。

7.3 抽样方法和数量

同一天同一班次生产的同一品种为一批。在市场上或者企业成品仓库内的待销产品中随机抽取。抽样件数见表 3－3－10。

表 3－3－10 抽样件数

每批生产包装件数（以基本包装单位计）	抽样件数（以基本包装单位计）
200（含 200）以下	3
201～800	4
801～1 800	5
1 801～3 200	6
3 200 以上	7

7.3.1 出厂检验时，在抽样件数中随机抽取三件，每件取出大于等于 100g 的单件包装商品，以满足感官要求检验、净含量检验、卫生指标检验的需要。

7.3.2 型式检验时，在抽样件数中随机抽取三件，每件取出大于等于 300g 的单件包装商品，以满足感官要求检验，净含量、干燥失重、总糖、脂肪和卫生指标检验的需要。

7.3.3 微生物抽样检验方法：按照 GB 4789.24 的规定执行。

7.3.4 理化检验样品制备：检样粉碎混合均匀后放置广口瓶内保存在冰箱中。

7.4 判定规则

7.4.1 出厂检验判定和复检

7.4.1.1 出厂检验项目全部符合本标准，判为合格品。

7.4.1.2 感官要求检验中如有异味、污染、霉变、外来杂质或微生物指标有一项不合格时，则判为该批产品不合格，并不得复检。其余指标不合格，可在同批产品中对不合格项目进行复检，复检后如仍有一项不合格，则判为该批产品不合格。

7.4.2 型式检验判定和复检

7.4.2.1 型式检验项目全部符合本标准，判为合格品。

7.4.2.2 型式检验项目不超过两项不符合本标准，可以加倍抽样复检。复检后仍有一项不符合本标准，则判定该批产品为不合格品。超过两项或微生物检验有一项不符合本标准，则判定该批产品为不合格品。

7.4.2.3 在检验和判定食品中食品添加剂指标时，应结合配料表各成份中允许使用的食品添加剂范围和使用量综合判定。

8 标签标志

应符合 GB 7718 和 GB 13432 的规定。

8.1 月饼名称

8.1.1 应符合本标准第 4 章的要求。使用"新创名称"、"奇特名称"、"商标名称"、"牌号名称"等时，应同时注明表明产品真实属性的准确名称。不得只标注代号名称、汉语拼音或外文缩写名称。

8.1.2 莲蓉类月饼应标示"纯莲蓉月饼"或"莲蓉月饼"，以示区别。

注:纯莲蓉月饼是指包裹以莲子为主要原料加工成馅的月饼。除油、糖外的馅料原料中,莲籽含量为100%。

8.1.3 蔬菜类月饼应选择标示含量超过馅料总量25%或含量最高的蔬菜名称。

8.1.4 当几种月饼混装一盒时,在标明"新创名称"、"奇特名称"、"牌号名称"或"商标名称"之后,还应注明盒内月饼的具体名称。

8.2　配料清单

8.2.1 豆蓉(沙)类月饼应标示是何种豆制作的豆蓉(沙)。

8.2.2 果仁类月饼应标示所用每一种果仁的名称。

8.2.3 水果类月饼应标示使用的水果名称。

8.2.4 使用着色剂、防腐剂、甜味剂,应按 GB 7718 的规定标注。

8.2.5 当多种月饼产品混装一盒时,可以用一个包括所有产品的总配料清单,亦可使用每个产品各自的配料清单。

8.3　配料的定量标示

以某种配料作为月饼名称时,应标示其含量。

8.4　盒装月饼日期标示

当多种月饼产品混装一盒时,生产日期以最早生产的月饼的生产日期为准。

8.5　运输包装标志

应符合 GB 191 和 GB/T 6388 的规定。

9　包装

9.1 月饼包装应符合国家相关法律法规的规定,应选择可降解或易回收,符合安全、卫生、环保要求的包装材料。

9.2 月饼宜采用单粒包装。

注:单粒包装是指直接与月饼接触的封闭包装。

9.3 包装可有箱装、盒装等形式。包装应对月饼的品质提供有效保护。

9.3.1 包装成本应符合 GB 23350 的要求。

9.3.2 包装孔隙率和包装层数应符合 GB 23350 的要求。

9.3.3 脱氧剂、保鲜剂不应直接接触月饼。

9.4 周转专用箱应使用食品专用箱,内填衬纸。食品专用箱应符合 GB/T 5737 要求。

10　运输和贮存

10.1　运输

10.1.1 运输车辆应符合卫生要求。

10.1.2 不得与有毒、有污染的物品混装、混运。应防止暴晒、雨淋。

10.1.3 装卸时应轻搬、轻放,不得重压。

10.2　贮存

10.2.1 应贮存在清洁卫生、凉爽、干燥的仓库中。仓库内有防尘、防蝇、防鼠等设施。

10.2.2 不得接触墙面或地面,间隔应在 20 cm 以上,堆放高度应以提取方便为宜。

10.2.3 应勤进勤出,先进先出。不符合要求的产品不得入库。

GB 19855—2005《月饼》
国家标准第 1 号修改单

（资料性附录）
每千克月饼的销售包装容积的测定

1 仪器

1.1 天平(感应量 0.1 g)

1.2 直尺(最小刻度 mm)

2 测定方法

2.1 月饼质量测定

将销售包装中的物品月饼从单粒包装中取出,用天平称量月饼的总质量。

2.2 月饼销售包装容积测定

先将月饼取出,再将内置和底托等所有包装附属物从销售包装中取出。

长方体销售包装:沿内壁测量长、宽、高,按式(1)计算出该销售包装的容积。

$$V = l \times w \times h \tag{1}$$

式中:

l——月饼销售包装内部的长度,单位为厘米(cm);

w——月饼销售包装内部的宽度,单位为(cm);

h——月饼销售包装内部的高度,单位为(cm);

V——月饼销售包装容积,单位为(cm³)。

圆柱体销售包装:沿内壁测量直径、高,按式(2)计算出该销售包装的容积。

$$V = 3.14 \times D^2 / 4 \times h \tag{2}$$

式中:

D——月饼销售包装内部的直径,单位为(cm);

h——月饼销售包装内部的高度,单位为(cm);

V——月饼销售包装容积,单位为(cm³)。

注:其他形状销售包装参照此方法计算该销售包装容积。

3 每千克月饼的销售容积

每千克月饼的销售容积按式(3)计算:

$$y = V / m \tag{3}$$

式中:

y——每千克月饼的销售包装容积,单位为立方厘米每千克(cm³/kg);

m——月饼总质量,单位为千克(kg);

V——月饼销售包装容积,单位为立方厘米(cm^3)。

第四节 焙烤食品可能涉及的其他标准

GB/T 20977－2007 糕点通则

GB/T 20980－2007 饼干

GB/T 26627.1－2011 粮油检验 小麦谷蛋白溶胀指数测定 第1部分:常量法

GB/T 15685－2011 粮油检验 小麦沉淀指数测定 SDS法

GB 2760－2011 食品安全国家标准 食品添加剂使用标准(含3个增补公告)

GB/T 26433－2010 粮油加工环境要求

GB 5009.3－2010 食品安全国家标准 食品中水分的测定

GB/T 14614.4－2005 小麦粉面团流变特性测定 吹泡仪法

GB 2715－2005 粮食卫生标准

GB/T 10361－2008 小麦、黑麦及其面粉,杜伦麦及其粗粒粉降落数值的测定 Hagberg-Perten法

GB/T 10463－2008 玉米粉

GB/T 25005－2010 感官分析方便面感官评价方法

DB11/ 613－2009 方便面米食品卫生要求

GB/T 191 包装储运图示标志

GB 317 白砂糖

GB 1355 小麦粉

GB 2716 食用植物油卫生标准

GB 2748 鲜鸡蛋卫生标准

GB 2749 蛋制品卫生标准

GB/T 3865 中式糕点质量检验方法

GB 4789.24 食品卫生微生物学检验糖果、糕点、果脯检验

GB/T 5009.5 食品中蛋白质的测定方法

GB/T 5009.6－2003 食品中脂肪的测定方法

GB/T 5737 食品塑料周转箱

GB/T 6388 运输包装收发货标志

GB 7099 糕点、面包卫生标准

GB 7718 预包装食品标签通则

GB/T 11761 芝麻

GB 13432 预包装特殊膳食用食品标签通则

GB 14884 蜜饯卫生标准

GB 16325 干果食品卫生标准

QB/T 2347 麦芽糖饴(饴糖)

国家质量监督检验检疫总局令第75号(2005)《定量包装商品计量监督规定》

GB/T 601　化学试剂 标准滴定溶液的制备

GB 14880　食品营养强化剂使用卫生标准

JJF 1070　定量包装商品净含量计量检验规则

国家质量监督检验检疫总局［2005］第 75 号令定量包装商品计量监督管理办法

卫法监发［2003］180 号　散装食品卫生管理规范

注：上文国家标准来源于网络，准确标准请参照国家标准委发布。

参 考 文 献

[1] 吴加根. 谷类与大豆食品工艺学[M]. 北京:中国轻工业出版社,1995.

[2] 沈冉春. 现代方便面和挂面生产实用技术[M]. 北京:中国科学技术出版社,2001.

[3] 刘志皋. 食品营养学[M]. 北京:中国轻工业出版社,2001.

[4] 揭广州. 方便与休闲食品生产技术[M]. 北京:中国轻工业出版社,2001.

[5] 陆自玉,等. 方便面生产技术[M]. 郑州:中原农业出版社,1994.

[6] 叶敏,等. 米面制品加工技术[M]. 北京:化学工业出版社,2001.

[7] 张妍,等. 焙烤食品加工技术[M]. 北京:化学工业出版社,2001.

[8] 李里特,等. 焙烤食品工艺学[M]. 北京:中国轻工业出版社,2002.

[9] 张守文. 面包科学与加工工艺[M]. 北京:中国轻工业出版社,1996.

[10] 天津轻工学院. 食品添加剂[M]. 北京:中国轻工业出版社,1994.

[11] 尚崇俊. 西式糕点制作新技术精选[M]. 北京:中国轻工业出版社,1994.

[12] 吴孟. 面包糕点饼干工艺学[M]. 北京:中国商业出版社,1992.

[13] 王璋. 食品化学[M]. 北京:中国轻工业出版社,1991.

[14] 贡汉坤. 焙烤食品工艺学[M]. 北京:中国轻工业出版社,1996.

[15] 刘江汉. 焙烤工业实用手册[M]. 北京:中国轻工业出版社,2003.

[16] 徐华强,等. 蛋糕与西点[M]. 台北:中华谷类食品工业技术研究所,美国小麦协会银行,1983.

[17] 张守文. 焙烤工基础知识[M]. 北京:中国轻工业出版社,2005.

[18] 李培圩. 面点生产工艺与配方[M]. 北京:中国轻工业出版社,1999.

[19] 许洛晖. 面点面包烘焙[M]. 沈阳:辽宁科学技术出版社,2004.

[20] 卢艳杰. 焙烤食品生产技术[M]. 北京:科学出版社,2004.

[21] 林作楫. 食品加工与小麦品质改良[M]. 北京:中国农业出版社,1994.

[22] 河田昌子. 糕点"好吃"的科学[M]. 福冈:柴田书店,1993.

[23] 白满美,孙彦芳. 粮油方便食品[M]. 北京:中国食品出版社,1987.

[24] 李庆龙. 粮食食品加工技术[M]. 北京:中国食品出版社,1987.

[25] 田忠昌. 各式面包配方与制作[M]. 北京:中国轻工业出版社,1988.

[26] 食品科技杂志社编. 中国糕点集锦[M]. 北京:中国旅游出版社,1983.

[27] 吴孟. 面包生产技术[M]. 北京:中国轻工业出版社,1986.

[28] 贺文华,西点制作技术[M]. 上海:上海科学技术出版社,1983.

[29] 孔宪化. 各类点心制作[M]. 北京:中国食品出版社,1986.

[30] 中国人民解放军空军后勤部军需部. 美味面点 400 种[M]. 北京:金盾出版社,1990.

[31] 广州市糖业烟酒公司. 广式糕点[M]. 北京:中国轻工业出版社,1986.

[32] 陈芳烈,等. 蛋糕制作工艺及基本理论(7)[J]. 食品工业,1998(1).

[33] 徐良栋. 乳化剂在蛋糕中的应用[J]. 食品工业,1997(2).

[34] 吴雪辉,等. 戊聚糖对面粉品质的影响[J]. 华南农业大学学报,1998,19(1).

[35] 陈芳烈,等. 蛋糕制作工艺及基本理论(11)[J]. 食品工业,1999(4).

[36] 曹特平,等. 吉士粉在面包糕点中的应用实例[J]. 广州食品工业,1999,15(3).

[37] 林家永.乳化剂对降低蛋糕中蛋用量的作用[J].商业科技开发,1997(3).

[38] 林家莲,等.延长月饼保质期的研究[J].食品科学,1999,20(7).

[39] 宋贤良,等.面包老化作用的研究进展——老化机理探讨[J].粮食与饲料工业,2002(5).

[40] 王玮,等.面团流变学特性与面包烘焙品质[J].食品科技,2009(7).

[41] DOBRASZCZYK B,等.面团的应变硬化度和小麦面粉面包烘烤体积的关系[J].郑州工程学院学报,2003(2).

[42] 李志西,等.小麦蛋白质组分与面团特性和烘焙品质关系的研究[J].中国粮油学报,1998(3).

[43] 曾浙荣,李英婵,孙芳华,等.37个小麦品种面包烘烤品质的评价和聚类分析[J].作物学报,1994(6).

[44] 盛月波.面粉的理化特性与烘焙品质[J].粮食与饲料工业,1992(6).

[45] 董彬,等.小麦粉的组成对其烘焙品质的影响[J].粮食加工,2005(6).

[46] 高红岩,等.葡萄糖氧化酶复合改良剂对面粉烘焙品质改良效果的验证实验[J].食品工业科技,2005(4).

[47] 武传欣,等.芽麦烘焙品质的改良研究[J].郑州工程学院学报,1991(3).

[48] 周惠明.面粉白度与其烘焙品质的关系[J].食品与生物技术学报。1992(4).

[49] 邱舜钿.在面包、蛋糕生产中如何实施质量安全管理[J].广东科技,2009(8).

[50] 陈伟路.蛋糕生产及质量控制[J].食品科技,1997(5).

[51] 党要卫.蛋清蛋糕的生产[J].食品科技,1998(1).

[52] 蒋予箭,等.面包、蛋糕质量控制的HACCP方式[J].粮油食品科技,2000(6).

[53] 李亦武,等.蛋糕的质量评价与常见生产问题分析[J].食品科学,2000(11).

[54] 李道龙.饼干的焙烤技术(一)[J].食品工业,2000(6).

[55] 李培圩.饼干加工设备及工艺技术的发展概况[J].食品与机械,1995(6).

[56] 李松林,等.响应面法优化马铃薯脆饼焙烤工艺研究[J].安徽农业科学,2011(36).

[57] 赵海珍.发酵对苏打饼干的影响[J].食品工业,1992(3).

[58] 刘桂梅.饼干生产的基本知识及食用香精在其中的应用[J].食品研究与开发,2006(4).

[59] 侯学武,等.饼干生产的关键[J].商业科技开发,1995(2).

[60] 王显伦,等.糖对饼干生产影响之探讨[J].食品工业,1995(6).

[61] 王敏.糖、油、面配比对韧性饼干断裂的影响[J].西部粮油科技,2002(2).

[62] 李道龙.饼干的焙烤技术(二)[J].食品工业,2001(1).